名师名校新形态
通识教育系列教材

U0734314

大学物理学

下册 | 微课版

颜晓红 王登龙 谢月娥 ● 主编

COLLEGE PHYSICS

人民邮电出版社
北　京

图书在版编目（CIP）数据

大学物理学. 下册 : 微课版 / 颜晓红, 王登龙, 谢
月娥主编. -- 北京 : 人民邮电出版社, 2023.6
名师名校新形态通识教育系列教材
ISBN 978-7-115-61239-7

Ⅰ. ①大… Ⅱ. ①颜… ②王… ③谢… Ⅲ. ①物理学
－高等学校－教材 Ⅳ. ①O4

中国国家版本馆CIP数据核字(2023)第033759号

内 容 提 要

本书分为上、下两册，上册包括力学基础和热学两大部分，下册包括电磁学、光学和量子力学三大部分．本册为下册，共 7 章，主要内容包括静电场、稳恒磁场、变化的电磁场、几何光学、波动光学、量子力学简介、量子力学新应用等．

本书采用经典知识体系，反映新科技发展方向，注重体现各部分知识之间的内在联系，同时保持难度适中．本书结构清晰、表述精练，理论与实际结合紧密．本书的重点和难点内容被录制成微课视频进行讲解，方便学生自学．

本书可作为高等院校理工类专业大学物理课程的教材．

◆ 主　　编　颜晓红　王登龙　谢月娥
责任编辑　孙　澍
责任印制　王　郁　陈　犇

◆ 人民邮电出版社出版发行　　　北京市丰台区成寿寺路 11 号
邮编　100164　电子邮件　315@ptpress.com.cn
网址　https://www.ptpress.com.cn
三河市祥达印刷包装有限公司印刷

◆ 开本：787×1092　1/16
印张：16.5　　　　　　　　　2023 年 6 月第 1 版
字数：379 千字　　　　　　　2025 年 7 月河北第 5 次印刷

定价：59.80 元

读者服务热线：(010)81055256　印装质量热线：(010)81055316
反盗版热线：(010)81055315

CONTENTS

目 录

第三篇　电磁学

第五篇　量子力学

二维码数字资源目录

第三篇
电磁学

电磁学是研究电和磁的相互作用现象、规律及其具体应用的一门学科. 电磁现象广泛存在于自然界中，电磁作用是物质相互作用的重要形式，电结构是物质构成的基本形式，电磁场是物质世界的重要组成部分.

人类很早就对静电现象和静磁现象有了一定的认识. 公元 3 世纪，晋朝张华的《博物志》中有梳头和脱衣服时产生火花和响声的记载，这是人类关于摩擦起电的早期记录. 我国是世界上最早认识磁性和应用磁性的国家，早在战国时期（公元前 300 年），人们就已发现磁石吸铁的现象. 11 世纪（北宋）时，我国科学家沈括创造航海用的指南针，并发现了地磁偏角. 地球的北极（N 极）在地理南极附近，地球的南极（S 极）在地理北极附近.

16 世纪，人类开始对电磁现象进行系统研究. 1785 年，法国物理学家库仑开始研究电荷之间的相互作用；之后人们研究了静电、静磁和电流等现象，总结出一些实验定律，使电磁学进入定量研究阶段. 但是，电磁学的重大进展是在人们认识到电现象和磁现象之间的深刻内在联系后才开始的. 1820 年，丹麦物理学家奥斯特发现了电流的磁效应；随后法国物理学家安培发现电流元之间相互作用的规律，指出磁现象是由电荷的运动产生的；毕奥和萨伐尔发现了电流元产生磁场的规律. 1831 年，英国物理学家法拉第发现了电磁感应现象，并提出场和力线的概念. 至此，电现象和磁现象作为矛盾统一的整体开始被人们所认识. 1864 年，麦克斯韦总结前人的成果，再加上他关于涡旋电场和位移电流两个大胆的假说，建立了描述宏观电磁场的重要理论——麦克斯韦方程组，并从理论上预言了电磁波的存在. 1888 年，德国物理学家赫兹利用振荡器从实验上证实了麦克斯韦关于电磁波的预言. 麦克斯韦的电磁场理论是从牛顿建立经典力学理论到爱因斯坦提出相对论这段时期中物理学界重要的理论成果.

1905 年，爱因斯坦创立了相对论，解决了经典力学时空观与电磁现象新的实验事实之间的矛盾．根据电磁现象的规律必须满足相对论时空洛伦兹变换的要求，人们发现：从不同参考系观测，同一电磁场可表现为或只是电场或只是磁场或电场和磁场并存，这说明电磁场是一个统一的整体，而描述电磁场的物理量——电场强度和磁感应强度是随参考系而改变的．

　　电磁学的知识是许多工程技术和科学研究的基础．电能是应用广泛的能源之一，电磁波的传播实现了信息传递，研究新材料的电磁性质促进了新技术的诞生．显然，电磁学和工程技术在各个领域都有十分密切的联系，电磁学的研究在理论方面也很重要．物质的各种性能是由物质的电结构所决定的，在分子和原子等微观领域，电磁相互作用起主要作用，许多物理现象，如物质的弹性、金属的导热性、光学的折射率等，都可从物质的电结构中得到解释，所以，电磁学理论在现代物理学中也占有重要地位．

　　本篇主要研究电磁场的规律以及物质的电磁性质，先介绍电场的描述方式及其规律，接着介绍静电场中的导体和电介质；然后介绍磁场的描述方式及其规律，接着介绍磁场中的磁介质；最后介绍电场和磁场的相互联系——电磁感应，以及宏观电磁场的理论——麦克斯韦方程组．

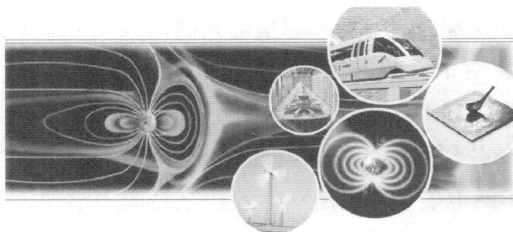

第 9 章

静电场

相对于观察者静止的电荷称为静电荷，由静电荷产生的电场称为静电场，静电荷之间的相互作用是通过电场来传递的．本章主要研究静电场的基本性质与基本规律．

电场强度和电势是描述电场性质的两个重要物理量．静电场的高斯定理和安培环路定理是反映静电场性质的基本规律．对于具有特殊对称性分布的静电场，其电场强度可以基于库仑定律来求解，也可通过高斯定理来求解．其中所涉及的对称性分析是现代物理学的一种基本分析方法．在电场的作用下，导体和电介质中的电荷将重新分布，电荷的重新分布又会反过来影响电场分布，最后达到静电平衡．本章还将讨论电场与物质的相互作用规律，以及电容器和电场的能量．

本章所介绍的一些概念、规律以及研究和处理问题的方法贯穿整个电磁学，是学习电磁学的入门知识，大家在学习过程中应注意不断加强对这些知识的理解．

9.1 电荷、库仑定律及电场强度

一、电荷

人们对电荷的认识最初来自摩擦起电. 两种不同材料的物体，如丝绸与玻璃棒，相互摩擦后，它们都能吸引小纸片等轻微物体. 这时，我们说丝绸和玻璃棒处于带电状态，它们分别带有电荷. 电荷是物体状态的一种属性. 宏观物体或微观粒子处于带电状态就说它们带有电荷.

美国的富兰克林在实验的基础上指出：自然界只存在正负两种电荷，并且带同种电荷的物体（简称同号电荷）互相排斥，带异种电荷的物体（简称异号电荷）互相吸引.

静止电荷之间的相互作用力称为静电场力，根据带电体之间相互作用力的大小能够确定物体所带电荷的多少，表示电荷多少的量叫作电量. 在国际单位（SI）制中，电量的单位是库仑，符号为 C.

组成物质的原子都具有带正电的质子和带负电的电子. 现代物理实验证实，电子的电荷集中在半径小于 10^{-18} m 的空间内，因此，人们常把电子看成一个无内部结构而只具有有限质量和电量的"点". 质子只有正电荷，都集中在半径约为 10^{-15} m 的空间内. 中子内部也有电荷，靠近中心是正电荷，靠外为负电荷，正负电荷电量相等，所以对外不显带电.

由物质的分子结构知识可知，在正常状态下，物体内部的正电荷和负电荷量值相等，物体处于电中性状态，使物体带电的过程就是使它获得或失去电子的过程. 在一孤立系统内，无论发生怎样的物理过程，该系统电荷的代数和保持不变，这就是电荷守恒定律. 在粒子的相互作用过程中，电荷是可以产生和消失的. 例如，一个高能光子与一个重原子核作用时，该光子可以转化为一个正电子和一个负电子（这叫电子对的"产生"）；而一个正电子和一个负电子在一定条件下相遇，又可同时消失而产生两个或 3 个光子（这叫电子对的"湮灭"）. 在已观察到的各种过程中，正、负电荷总是成对出现或成对消失，由于光子不带电，正、负电子又各带等量异号电荷，所以这种电荷的产生和消失并不改变系统中电荷的代数和，电荷守恒定律仍然适用. 电荷守恒定律是物质的属性之一.

到目前为止，所有的实验表明电子是自然界中具有最小电荷（$e=1.6\times10^{-19}$ C）的粒子，任何带电体的电量都是基本电量的整数倍，即物体所带电荷电量是分立的数值而不能连续变化，这种性质称为电荷的量子化. 在研究宏观电磁现象时，所涉及的电荷通常是电子电荷的许多倍，可认为电荷连续分布在带电体上，从而忽略了电子电荷的量子性.

近代物理理论认为，存在带电量为±号和±号 c 的粒子，这些粒子称为夸克，质子、中子等微观粒子是由这些更深层次的夸克组成的. 但是，自然界中至今仍没有发现单个夸克的存在.

需要指出的是，电荷量是一个相对论不变量. 电荷量与带电粒子的运动状态无关，也就是说，在不同参考系中观测，同一带电粒子的电荷量不变. 电荷的这一性质称为电荷的相对论不变性.

二、库仑定律

实验发现，静止带电体之间的作用力不仅和两个带电体的电量、距离有关，而且与它们的大小、形状及电荷分布有关. 如果带电体本身的线度远小于带电体之间的距离，则带电体的大小、形状对相互作用力的影响非常小，可以忽略不计. 这种带电体称为点电荷，如图 9.1 所示. 库仑定律可表述为：**真空中两个静止点电荷之间的相互作用力与这两个点电荷的电量的乘积成正比，与它们之间的距离的平方成反比，作用力的方向沿两点电荷的连线，同种电荷相互排斥，异种电荷相互吸引**. 库仑定律的表达式为

$$\vec{F}=\frac{1}{4\pi\varepsilon_0}\frac{q_1q_2}{r^2}\vec{r_0},\tag{9.1}$$

图 9.1　点电荷

式中 $\dfrac{1}{4\pi\varepsilon_0}$ 为恒量，ε_0 为真空中的介电常数，$\varepsilon_0=8.85\times10^{-12}\,\text{C}^2/(\text{N}\cdot\text{m}^2)$，$\vec{r_0}$ 是施力电荷指向受力电荷的矢径的单位矢量.

由式（9.1）知，当 q_1,q_2 为同种电荷时，静电场力 $\vec{F}$ 与 $\vec{r_0}$ 同向，表明两电荷相互排斥；当 q_1,q_2 为异种电荷时，静电场力 $\vec{F}$ 与 $\vec{r_0}$ 反向，两电荷相互吸引. 两个点电荷之间的距离在 $10^{-17}\,\text{m}\sim10^7\,\text{m}$ 范围内时，库仑定律是极其准确的. 但库仑定律只适用于两个点电荷之间的作用. 当空间同时存在多个点电荷时，作用于某一点电荷的静电场力 $\vec{F}$ 等于各点电荷单独存在时作用在该点电荷上的静电场力 $\vec{F_i}$ 的矢量和，表示为

$$\vec{F}=\sum_{i=1}^{n}\vec{F_i}=\sum_{i=1}^{n}\frac{1}{4\pi\varepsilon_0}\frac{q_iq_0}{r_i^2}\vec{r_{i0}},\tag{9.2}$$

这表明静电场力满足叠加原理.

三、电场强度

电荷与电荷之间通过特殊物质传递相互作用，这种特殊物质就是电场. 它们之间的关系可以表示如下.

典型带电体的
电场分布

电荷⟸⟹电场⟸⟹电荷

近代物理证实电场和一切实物一样，具有质量、动量和能量等重要性质. 但不同的是，几个电场可以同时分布于同一空间；电场是一种特殊物质，具有可叠加性.

静电场对外表现出以下性质：

（1）置于电场中的任意带电体都受到电场的作用力；

（2）当带电体在电场中移动时，电场力对其做功.

电场是一个与位置有关的物理量，任意一点电场的性质可以通过电荷在电场中受力进行定量描述. 把一个电量很小的试验电荷 q_0 放置于静电场中不同位置，其受到的电场力的大小和方向一般不相同；把试验电荷 q_0 放置在一固定位置（场点），改变 q_0 的电量，其受到的电场力的大小随着电量的增加而增加，但受力方向始终不变，同时静电场力 $\vec{F}$ 和 q_0 的比值 $\dfrac{\vec{F}}{q_0}$ 为常矢量.

这一常矢量与试验电荷 q_0 无关，反映了 q_0 所在位置电场的性质，称为电场强度矢量，简称电场强度或场强，用 $\vec{E}$ 表示，即

$$\vec{E} = \frac{\vec{F}}{q_0}. \tag{9.3}$$

当 $q_0 = +1$ 即单位正电荷时，电场强度表述为：静电场中某点的电场强度在数值上等于单位正电荷受到的静电场力，方向与正电荷在该点所受静电场力方向相同. 在国际单位制中，电场强度的单位为牛/库（N/C）.

式（9.3）中，$\vec{F}$ 是单个点电荷单独存在时作用在点电荷上的静电场力的矢量和；$\vec{E}$ 是单个点电荷单独存在时在该点产生的电场强度的矢量和，即

$$\vec{E} = \sum_{i=1}^{n} \vec{E}_i. \tag{9.4}$$

这就是电场强度叠加原理. 对于任意的带电体，可以将其看作点电荷的集合，根据叠加原理可计算任意带电体的电场强度.

四、电场强度的计算

在已知场源电荷的分布情况后，一般可以通过叠加原理，求得电场分布情况.

1. 点电荷的电场

设真空中有一点电荷 q，P 为空间一点，$\vec{r}$ 为从场源点到场点 P 点的位置矢量，如图 9.2 所示. 把试验电荷 q_0 放在 P 点时，试验电荷所受到的静电场力为

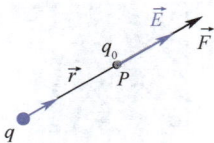

图 9.2　点电荷的电场

$$\vec{F} = \frac{1}{4\pi\varepsilon_0} \frac{qq_0}{r^2} \vec{r}_0,$$

式中$\vec{r}_0$为矢径$\vec{r}$方向的单位矢量．

P 点的电场强度为

$$\vec{E} = \frac{\vec{F}}{q_0} = \frac{1}{4\pi\varepsilon_0} \frac{q}{r^2} \vec{r}_0. \tag{9.5}$$

当 q 为正电荷时，$\vec{E}$ 与 $\vec{r}$ 方向相同；当 q 为负电荷时，$\vec{E}$ 与 $\vec{r}$ 方向相反．从式（9.5）得知，点电荷的电场具有球对称性，在以 q 为中心的同一球面上，各点电场强度的大小相等；场源电荷为正点电荷时，电场强度方向垂直球面向外；场源电荷为负点电荷时，电场强度方向垂直球面向里．

2. 点电荷系的电场

求多个点电荷的电场分布，实质上利用的是电场强度叠加原理．

设真空中有 n 个点电荷，电量分别为 $q_1, q_2, \cdots, q_n$，根据式（9.5）知，任一点电荷 q_i 在 P 点的电场强度为

$$\vec{E}_i = \frac{1}{4\pi\varepsilon_0} \frac{q_i}{r_i^2} \vec{r}_{i0},$$

其中$\vec{r}_{i0}$是电量为 q_i 的点电荷到 P 点的位置矢量．

根据电场强度叠加原理，由式（9.4）得到 P 点总的电场强度为

$$\vec{E} = \sum_{i=1}^{n} \vec{E}_i = \sum_{i=1}^{n} \frac{1}{4\pi\varepsilon_0} \frac{q_i}{r_i^2} \vec{r}_{i0}, \tag{9.6}$$

在直角坐标系中可表示为

$$\begin{cases} E_x = \displaystyle\sum_{i=1}^{n} E_{ix}, \\[2mm] E_y = \displaystyle\sum_{i=1}^{n} E_{iy}, \\[2mm] E_z = \displaystyle\sum_{i=1}^{n} E_{iz}. \end{cases}$$

例 9.1　电偶极子由两个电量相等、符号相反的点电荷 $+q$ 和 $-q$ 组成，场点到电偶极子的距离远远大于两点电荷之间的距离．负电荷 $-q$ 指向正电荷 $+q$ 的矢径$\vec{l}$为电偶极子的轴，$q\vec{l}$ 为电偶极矩，用$\vec{P}$表示．试确定电偶极子轴的中垂面上一点 A 的电场强度．

解　通过分析知，点电荷 $+q$ 和 $-q$ 在中垂面上 A 点的电场强度大小相等，选择直角坐标系，如图 9.3 所示．

点电荷 $+q$ 和 $-q$ 在 A 点产生的电场强度大小为

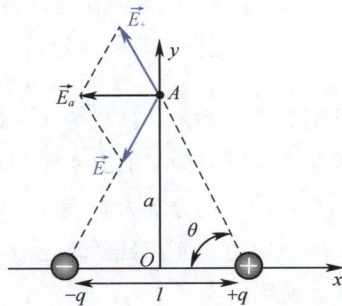

图 9.3　电偶极子的电场

$$E_+ = E_- = \frac{1}{4\pi\varepsilon_0}\frac{q}{r_+^2},$$

其中

$$r_+^2 = r^2 + \left(\frac{l}{2}\right)^2.$$

A 点总的电场强度大小为

$$E_A = 2E_+\cos\theta$$

$$= 2 \times \frac{q}{4\pi\varepsilon_0\left(r^2 + \frac{l^2}{2^2}\right)}\frac{\frac{l}{2}}{\left(r^2 + \frac{l^2}{2^2}\right)^{1/2}}.$$

因为 A 点总的电场强度方向沿 x 轴的正方向，与电偶极矩 $\vec{P}$ 方向相同，且 $r \gg l$，所以 A 点总的电场强度为

$$\vec{E}_A \approx \frac{\vec{P}}{4\pi\varepsilon_0 r^3}.$$

> **! 注意** 在有关电偶极子的问题中，坐标系原点通常选为两点电荷连线的中点．电偶极子的物理模型在研究电介质的极化和电磁波的辐射时会使用到．

3. 连续电荷分布的带电体的电场

我们可以将带电体作为无限小电荷元 $\mathrm{d}q$ 来处理．由式（9.5）得，$\mathrm{d}q$ 在 P 点产生的电场强度为

$$\mathrm{d}\vec{E} = \frac{1}{4\pi\varepsilon_0}\frac{\mathrm{d}q}{r^2}\vec{r}_0.$$

由电场强度叠加原理得，带电体在 P 点产生的总电场强度为

$$\vec{E} = \int_V \mathrm{d}\vec{E} = \frac{1}{4\pi\varepsilon_0}\int_V \frac{\mathrm{d}q}{r^2}\vec{r}_0. \tag{9.7}$$

式（9.7）中积分上下限由电荷分布的范围而定．

如电荷连续分布在一空间立体内，用 ρ 表示电荷的体密度，则 $\mathrm{d}q = \rho\mathrm{d}V$；如电荷连续分布在一曲面上，用 δ 表示电荷的面密度，则 $\mathrm{d}q = \delta\mathrm{d}S$；如电荷连续分布在一曲线上，用 λ 表示电荷的线密度，则 $\mathrm{d}q = \lambda\mathrm{d}l$．相对应的积分分别为体积分、面积分和线积分．

例 9.2 真空中有长为 L、总电量为 q 的均匀带电直线，试求与直线距离为 a 的 P 点的电场强度．P 点与直线两端的连线和直线的夹角分别为 θ_1 和 θ_2．

解 以 P 点到直线的垂足 O 为原点，建立直角坐标系，如图 9.4 所示．

设单位长度上电荷密度为 λ，取电荷元

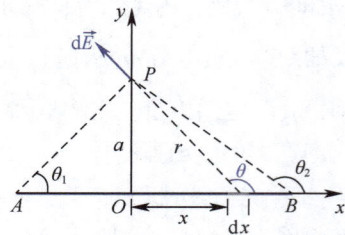

图 9.4 均匀带电直线的电场

$$dq = \lambda dx = \frac{q}{L}dx,$$

电荷元在 P 点产生的电场强度为

$$d\vec{E} = dE_x\vec{i} + dE_y\vec{j},$$

电荷元在 P 点产生的电场强度大小为

$$dE = \frac{1}{4\pi\varepsilon_0}\frac{\lambda dx}{r^2},$$

其中 r 是电荷元与场点 P 点的距离，r 与 x 轴正方向的夹角为 θ.

在直角坐标系中有

$$dE_x = dE\cos\theta = \frac{\lambda dx}{4\pi\varepsilon_0 r^2}\cos\theta,$$

$$dE_y = dE\sin\theta = \frac{\lambda dx}{4\pi\varepsilon_0 r^2}\sin\theta.$$

由图 9.4 中的几何关系，可得

$$r^2 = \frac{a^2}{\sin^2\theta},$$

$$x = a\tan\left(\theta - \frac{\pi}{2}\right) = -a\cot\theta,$$

$$dx = a\frac{d\theta}{\sin^2\theta}.$$

统一变量后，电荷元 dq 在 P 点的电场强度在直角坐标系中可表示为

$$dE_x = \frac{\lambda}{4\pi\varepsilon_0 a}\cos\theta d\theta,$$

$$dE_y = \frac{\lambda}{4\pi\varepsilon_0 a}\sin\theta d\theta,$$

积分后得

$$E_x = \int dE_x = \int_{\theta_1}^{\theta_2}\frac{\lambda}{4\pi\varepsilon_0 a}\cos\theta d\theta = \frac{\lambda}{4\pi\varepsilon_0 a}(\sin\theta_2 - \sin\theta_1),$$

$$E_y = \int_L dE_y = \frac{\lambda}{4\pi\varepsilon_0 a}\int_{\theta_1}^{\theta_2}\sin\theta d\theta = \frac{\lambda}{4\pi\varepsilon_0 a}(\cos\theta_1 - \cos\theta_2).$$

与均匀带电直线距离为 a 的 P 点的电场强度为

$$\vec{E} = E_x\vec{i} + E_y\vec{j} = \frac{\lambda}{4\pi\varepsilon_0 a}(\sin\theta_2 - \sin\theta_1)\vec{i} + \frac{\lambda}{4\pi\varepsilon_0 a}(\cos\theta_1 - \cos\theta_2)\vec{j}. \tag{9.8}$$

讨论：当 λ 不变，L 无限长时，$\theta_1 = 0, \theta_2 = \pi$，有

$$E_x = 0, \tag{9.9a}$$

$$E_y = \frac{\lambda}{2\pi\varepsilon_0 a}, \tag{9.9b}$$

即无限长均匀带电直线的电场强度具有轴对称性. 把有限长当作无限长是处理实际问题的有

效方法，这个过程是把问题简化的过程，其目的是便于进行理论分析.

例 9.3 求真空中半径为 R、带电量为 q 的圆环在中心轴上一点 P 的电场强度. 圆环上的电荷分布均匀，并作为线电荷处理.

解 如图 9.5 所示，以圆环轴线为 x 轴，轴上场点 P 点到圆环中心 O 的距离为 x.

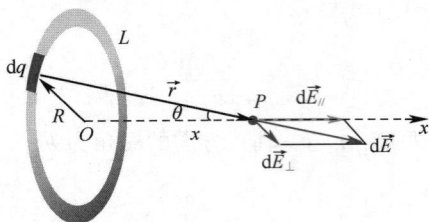

图 9.5 均匀带电圆环轴线上 P 点的电场

圆环上的电荷元 dq，对应的线长度为 dl，到 P 点的位置矢量为 $\vec{r}$，电场强度的方向与 $\vec{r}$ 在同一直线.

电荷元

$$dp = \lambda dl = \frac{q}{2\pi R}dl,$$

电荷元 dq 在 P 点产生的电场强度大小为

$$dE = \frac{1}{4\pi\varepsilon_0}\frac{dq}{r^2} = \frac{1}{4\pi\varepsilon_0}\frac{\lambda dl}{r^2}.$$

$d\vec{E}$ 在 x 轴上的分量为

$$dE_{/\!/} = \frac{\lambda dl}{4\pi\varepsilon_0 r^2}\cos\theta,$$

在垂直 x 轴上的分量为

$$dE_{\perp} = \frac{\lambda dl}{4\pi\varepsilon_0 r^2}\sin\theta.$$

根据圆环上电荷分布的对称性，在圆环上任一直径两端的两个电荷元 dq 产生的电场强度在垂直 x 轴上的分量互相抵消. 这样 P 点总电场强度方向必定沿 x 轴. P 点总电场强度的大小为

$$E = \int_L dE_{/\!/} = \int_L \frac{\lambda dl}{4\pi\varepsilon_0 r^2}\cos\theta = \int_L \frac{\lambda dl}{4\pi\varepsilon_0 r^2}\frac{x}{r}$$

$$= \frac{x}{4\pi\varepsilon_0 r^3}\int_0^{2\pi R}\lambda dl = \frac{qx}{4\pi\varepsilon_0(R^2+x^2)^{3/2}}. \tag{9.10}$$

当 $q>0$ 时，电场强度 $\vec{E}$ 的方向为沿 x 轴离开原点 O 的方向；当 $q<0$ 时，电场强度 $\vec{E}$ 的方向为沿 x 轴指向原点 O 的方向；在原点 O 处，$\vec{E}=0$；当 $x\gg R$ 时，$\vec{E}\approx\frac{q}{4\pi\varepsilon_0 x^2}\vec{i}$，带电圆环近似为点电荷.

例 9.4　均匀带电圆盘轴线上一点 P 的电场强度大小.

解　设均匀带电圆盘的电荷面密度为 σ. 沿轴线建立坐标轴 Ox 轴，如图 9.6 所示. 通过例 9.3 知，圆盘可分割成许多带电细圆环，取半径为 r、宽度为 dr 的细圆环，其电荷量为 $dq = \sigma dS = \sigma 2\pi r dr$.

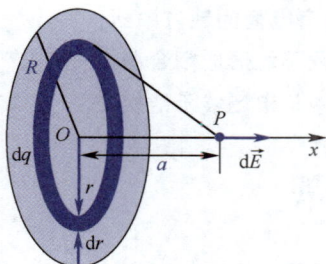

图 9.6　均匀带电圆盘轴线上 P 点的电场

由式（9.10）知，细圆环在 P 点的电场强度大小为 $dE = \dfrac{x dq}{4\pi\varepsilon_0 \left(r^2 + x^2\right)^{3/2}}$，则 P 点总的电场强度大小为

$$E = \int_0^R \frac{x \cdot \sigma 2\pi r dr}{4\pi\varepsilon_0 \left(r^2 + z^2\right)^{3/2}}$$

$$= \frac{\sigma}{2\varepsilon_0}\left(1 - \frac{x}{\sqrt{R^2 + x^2}}\right).$$

讨论：当 $R \gg a$ 时，轴线上 P 点电场强度的大小 $E = \dfrac{\sigma}{2\varepsilon_0}$，说明无限大均匀带电平面两侧是匀强电场，电场强度的方向垂直于该平面；当 $R \ll a$ 时，轴线上 P 点电场强度的大小 $E \approx \dfrac{\sigma R^2}{4\varepsilon_0 a^2} = \dfrac{q}{4\pi\varepsilon_0 a^2}$，说明带电圆盘可视为点电荷. 这也说明物理具有相对性.

9.2　静电场的高斯定理

一、电场线

场线的概念是英国物理学家法拉第提出的，是形象描述场的一种工具. 为了形象地描述电场，通常在电场中画一组有向曲线，曲线上每一点的切线方向与该点 $\vec{E}$ 的方向一致，曲线的密疏表示电场强度的大小，这组曲线称为电场线. 一般约定：电场中任意点电场强度的大小等于通过垂直 $\vec{E}$ 单位面积的电场线的条数，即曲线的数密度. **电场线较密的地方，电场强度**

较大；电场线稀疏的地方，电场强度较小，所以电场线能够反映场强的分布情况. 图 9.7 所示为几种带电体的电场线.

在静电场中，电场线具有以下性质：

（1）电场线起始于正电荷（或无穷远处），终止于负电荷（或无穷远处），不会在没有电荷的地方中断；

（2）电场线不能形成闭合曲线；

（3）任意两条电场线不能相交.

二、电通量

电场中通过任一给定截面的电场线的总数称为通过该截面的电场强度通量，简称电通量，记为 Φ_e.

如图 9.8（a）所示，在均匀电场 $\vec{E}$ 中，有平面 S 与 $\vec{E}$ 垂直，平面 S 的法线向量 $\vec{n}$ 与 $\vec{E}$ 方向相同，则通过平面 S 的电通量为

$$\Phi_e = ES = \vec{E} \cdot \vec{S},$$

其中矢量面积 $\vec{S} = S\vec{n}_0$，$\vec{n}_0$ 为平面 S 的法线方向单位矢量.

如平面 S 的法线向量 $\vec{n}$ 与 $\vec{E}$ 的夹角为 θ，如图 9.8（b）所示，则平面 S 在与 $\vec{E}$ 垂直方向的面积为 $S' = S\cos\theta$，通过平面 S 的电通量等于通过 S' 的电通量，有

$$\Phi_e = ES' = ES\cos\theta = \vec{E} \cdot \vec{S}.$$

如计算图 9.8（c）所示的非均匀电场中任一曲面 S 的电通量，则需要把曲面细分为无限多个面元. 一个无限小的面元 $\mathrm{d}S$ 的法线向量 $\vec{n}$ 与 $\vec{E}$ 的夹角为 θ，那么通过面元 $\mathrm{d}S$ 的电通量为

$$\mathrm{d}\Phi_e = \vec{E} \cdot \mathrm{d}\vec{S}.$$

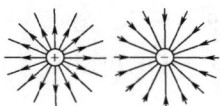

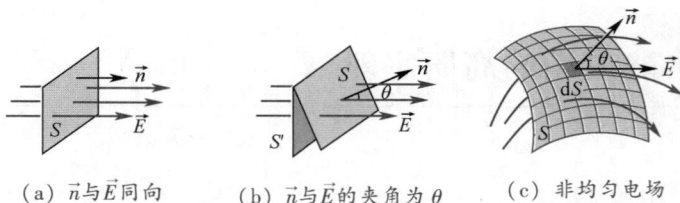

（a）点电荷电场的电场线

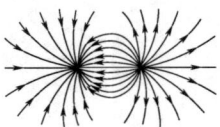

（b）一对等量异号点电荷电场的电场线

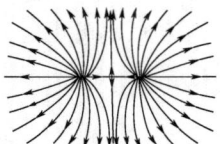

（c）一对等量正点电荷电场的电场线

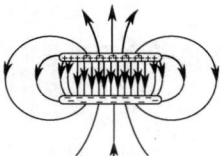

（d）一对带等量异号电荷的平行板电场的电场线

图 9.7 几种带电体的电场线

（a）$\vec{n}$ 与 $\vec{E}$ 同向　　（b）$\vec{n}$ 与 $\vec{E}$ 的夹角为 θ　　（c）非均匀电场

图 9.8 电通量

通过曲面 S 的总电通量等于所有面元电通量的总和，有

$$\Phi_e = \iint_S \mathrm{d}\Phi_e = \iint_S \vec{E} \cdot \mathrm{d}\vec{S}. \tag{9.11a}$$

当曲面 S 为闭合曲面时，式（9.11a）写成

$$\Phi_e = \oiint_S \mathrm{d}\Phi_e = \oiint_S \vec{E} \cdot \mathrm{d}\vec{S}. \tag{9.11b}$$

一般约定，面元 dS 的法线向量 $\vec{n}$ 的正方向指向闭合曲面的外侧. 当电场线从闭合曲面穿出时，电通量为正值，即 $\varPhi_e > 0$；当电场线从闭合曲面穿入时，电通量为负值，即 $\varPhi_e < 0$；当电场线与闭合曲面相切或未穿过闭合曲面时，电通量为零，即 $\varPhi_e = 0$.

三、高斯定理

高斯定理是静电场的一条基本规律，它给出了静电场中通过任意闭合曲面的电通量与该闭合曲面所包围电荷之间的定量关系.

1. 点电荷电场

首先讨论点电荷在闭合曲面内的情况. 以点电荷 q 为中心，取任意长度 r 为半径作闭合球面 S 包围点电荷，如图 9.9 所示. 在闭合球面 S 上取面元 dS，其法线向量 $\vec{n}$ 与面元处的电场强度 $\vec{E}$ 方向相同. 通过 dS 的电通量为

高斯面的选取方法

$$d\varPhi_e = E\cos 0\, dS = \frac{1}{4\pi\varepsilon_0}\frac{q}{r^2}dS,$$

通过整个闭合球面的电通量为

$$\varPhi_e = \oiint_S d\varPhi_e = \oiint_S \frac{1}{4\pi\varepsilon_0}\frac{q}{r^2}dS = \frac{q}{\varepsilon_0}.$$

从上式知通过闭合球面的电通量 $\varPhi_e$ 与半径 r 无关，只与被球面包围的电荷 q 有关. 当 q 为正电荷时，$\varPhi_e > 0$，电场线起于正电荷且穿出球面；当 q 为负电荷时，$\varPhi_e < 0$，电场线止于负电荷且穿入球面.

如果选取的闭合曲面为任意曲面 S'，如图 9.9 (b) 所示. 可以在曲面 S' 外面作一以 q 为中心的球面 S，由于 S 与 S' 之间没有其他电荷，从 q 发出的电场线不会中断，因此穿过 S' 的电场线数与穿过 S 的电场线数相等，即通过包围点电荷 q 的任意闭合曲面的电通量仍为

$$\varPhi_e = \oiint_S \vec{E}\cdot d\vec{S} = \frac{q}{\varepsilon_0}.$$

其次讨论点电荷 q 在闭合曲面 S 之外的情况，如图 9.9 (c) 所示. 因为只有跟闭合曲面 S 相切的锥体内的电场线才能通过闭合曲面 S，但电场线在没有电荷的地方不中断，穿入闭合曲面 S 的电场线必定从其他地方穿出，正负电通量相互抵消，所以通过闭合曲面 S 的总电通量为零，即

$$\varPhi_e = \oiint_S \vec{E}\cdot d\vec{S} = \frac{q}{\varepsilon_0}$$

仍然成立.

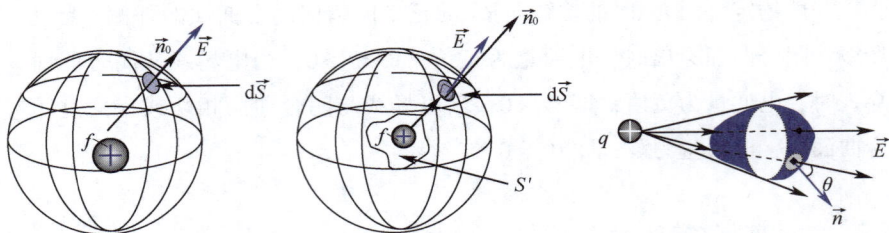

（a）点电荷在闭合球面内 （b）点电荷在闭合的任意曲面内 （c）点电荷在闭合曲面外

图 9.9　高斯定理说明图 1

2. 点电荷系电场

如图 9.10 所示，闭合曲面 S 包围 $q_1, \cdots, q_k$，曲面外有 $q_{k+1}, \cdots, q_n$ 点电荷. 根据电场强度叠加原理 $\vec{E} = \sum_{i=1}^{n} \vec{E}_i$，其中 $\vec{E}_i$ 是体系中某个点电荷 q_i 产生的电场强度，通过任意闭合曲面 S 的电通量为

图 9.10　高斯定理
说明图 2

$$\Phi_e = \oiint_S \vec{E} \cdot \mathrm{d}\vec{S} = \oiint_S \left(\sum_{i=1}^{n} \vec{E}_i \right) \cdot \mathrm{d}\vec{S}.$$

当闭合曲面一定时，上式为

$$\oiint_S \left(\sum_{i=1}^{n} \vec{E}_i \right) \cdot \mathrm{d}\vec{S} = \sum_{i=1}^{n} \oiint_S \vec{E}_i \cdot \mathrm{d}\vec{S},$$

则电通量

$$\Phi_e = \sum_{i=1}^{n} \oiint_S \vec{E}_i \cdot \mathrm{d}\vec{S} = \frac{q_1}{\varepsilon_0} + \frac{q_2}{\varepsilon_0} + \cdots + \frac{q_n}{\varepsilon_0}.$$

上式表明，通过某闭合曲面的电通量与该曲面所包围的电荷有关，这一结论适用于任意带电体的电场.

因此，在静电场中，通过任意闭合曲面的电通量，等于该曲面内电荷量的代数和除以真空中的介电常数，与闭合曲面外的电荷无关. 这就是静电场的高斯定理，闭合曲面 S 常称为高斯面. 静电场的高斯定理可表示为

$$\Phi_e = \oiint_S \vec{E} \cdot \mathrm{d}\vec{S} = \sum_{i=1}^{n} \oiint_S \vec{E}_i \cdot \mathrm{d}\vec{S} = \frac{1}{\varepsilon_0} \sum_{S内} q_i. \tag{9.12}$$

高斯

> ⚠ 注意 | 高斯定理只说明通过闭合曲面的电通量只与曲面内的电荷有关. 电场中任一点的电场强度 $\vec{E}$ 是由闭合曲面内、外所有电荷共同产生的. 高斯定理说明静电场是有源场，电场线起始于正电荷，终止于负电荷.

四、高斯定理的应用

1. 用高斯定理求任意曲面的电通量（需要构造合适的高斯面）

例 9.5　面电荷密度为 σ 的均匀无限大带电平板，以平板上的一点 O 为中心、以 R 为半径作一半球面，如图 9.11 所示. 求通过此半球面的电通量.

解 假设在平板下面补一个半球面，与上面的半球面合成一个闭合球面.

闭合球面内包含的电荷量为 $q = \pi R^2 \sigma$，由高斯定理［式(9.12)］得到，通过闭合球面的电通量为 $\Phi_e = \dfrac{q}{\varepsilon_0}$，则通过半球面的电通量为 $\Phi_e' = \dfrac{\Phi_e}{2} = \dfrac{\pi R^2 \sigma}{2\varepsilon_0}$.

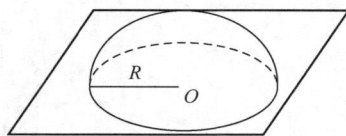

图 9.11 半球面

2. 用高斯定理计算特殊对称性带电体的电场强度

首先分析电荷分布及电场强度分布的对称性，常见的对称性有球对称性、轴对称性、面对称性；其次根据对称性选择合适的高斯面，常见的有柱面和球面，计算所作高斯面内的电荷量，以避免复杂的积分计算；最后利用高斯定理容易求得电场强度. 下面计算一些特殊对称性带电体的电场强度.

例 9.6 求均匀带电球面的电场强度. 已知总电量为 q，球面的半径为 R.

解 如图 9.12 所示，电荷均匀分布具有球对称性，球面内任一点的电场强度一定为零；球面外的电场分布具有球对称性，电场强度沿矢径方向.

设空间场点 P 到球心的距离为 r，作以球心为中心、半径为 r 的闭合球面 S（高斯面），则球面 S 上的面元 $\mathrm{d}S$ 的法线向量 $\vec{n}$ 与面元处电场强度方向相同，且高斯面上各点电场强度大小相等. 通过闭合球面的电通量为

$$\Phi_e = \oiint_S \vec{E} \cdot \mathrm{d}\vec{S} = \oiint_S E \mathrm{d}S = E \oiint_S \mathrm{d}S = E 4\pi r^2.$$

根据高斯定理，由式（9.12）得

$$E = \frac{\sum\limits_{S内} q_i}{4\pi \varepsilon_0 r^2}.$$

当场点 P 在带电球面内（$r<R$）时，$\sum\limits_{S内} q_i = 0$，所以

$$E = 0 \ (r<R).$$

当场点 P 在带电球面外（$r>R$）时，$\sum\limits_{S内} q_i = q$，所以

$$E = \frac{1}{4\pi \varepsilon_0} \frac{q}{r^2} \ (r>R).$$

因此，均匀带电球面的电场强度为

$$\vec{E} = \begin{cases} 0 \ (r \leqslant R), \\ \dfrac{1}{4\pi \varepsilon_0} \dfrac{q}{r^2} \vec{r}_0 \ (r>R), \end{cases} \tag{9.13}$$

其中 $\vec{r}_0$ 为场点 P 的位置矢量 $\vec{r}$ 的单位矢量. 当 q 为正电荷时，$\vec{E}$ 呈辐射状向外；当 q 为负电荷时，$\vec{E}$ 呈辐射状向里，相当于位于球心的点电荷在空间中的场强分布.

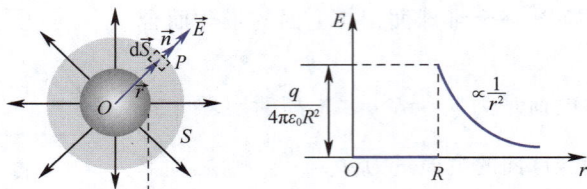

图 9.12　均匀带电球面的电场

采用相同的方法可得到半径为 R、总电量为 q 的均匀带电球体的电场分布，为

$$\vec{E} = \begin{cases} \dfrac{1}{4\pi\varepsilon_0}\dfrac{q}{R^2}\vec{r}_0 \ (r \leqslant R)\,, \\[3mm] \dfrac{1}{4\pi\varepsilon_0}\dfrac{q}{r^2}\vec{r}_0 \ (r > R)\,. \end{cases} \tag{9.14}$$

> **！注意**　当 $r = R$，即球面上的点，在球内外的介电常数相等时，均匀带电球体在这些点处的电场强度连续，但不均匀带电球体在这些点处的电场强度不连续.

例 9.7　求无限长均匀带电圆柱面的电场强度.（半径为 R，沿轴线方向单位长度带电量为 $+\lambda$.）

解　如图 9.13 所示，由电荷分布轴对称性知，电场强度分布具有轴对称性. 过场点 P 作高为 l、半径为 r、与带电圆柱面同轴的圆柱面为高斯面 S，则通过圆柱形高斯面的电通量为

$$\oiint_S \vec{E}\cdot\mathrm{d}\vec{S} = \iint_{\text{上下底}} \vec{E}\cdot\mathrm{d}\vec{S} + \iint_{\text{侧面}} \vec{E}\cdot\mathrm{d}\vec{S} = \iint_{\text{侧面}} E\mathrm{d}S = E\cdot 2\pi rl.$$

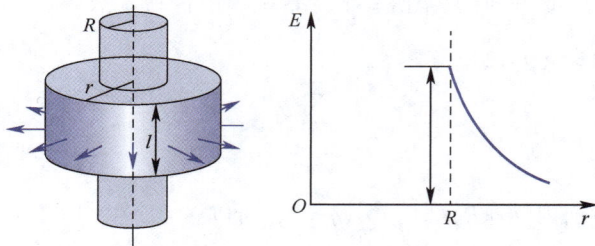

图 9.13　无限长均匀带电圆柱面的电场

根据高斯定理，由式（9.12）得

$$E = \frac{\displaystyle\sum_{S内} q_i}{2\pi\varepsilon_0 lr}.$$

当高斯面在柱面内（$r < R$）时，$\displaystyle\sum_{S内} q_i = 0$，所以

$$E = 0 \ (r < R)\,.$$

当高斯面在柱面外（$r > R$）时，$\displaystyle\sum_{S内} q_i = \sigma 2\pi Rl = \lambda l$，所以

$$E = \frac{\lambda}{2\pi\varepsilon_0 r} \ (r < R)\,. \tag{9.15}$$

可见，无限长均匀带电圆柱面外各点的电场强度，等同于将全部电荷集中在轴线上的无限长带电直线的电场强度. 大家可自行推导无限长均匀带电圆柱体的电场强度.

例 9.8　求均匀带电无限大平面的电场强度，已知面电荷密度为 σ.

解　如图 9.14 所示，通过分析可知均匀带电无限大平面的电场分布具面对称性. 作轴线垂直于带电平面的圆柱形高斯面，底面积为 ΔS.

通过圆柱形高斯面的电通量为

$$\oiint_S \vec{E} \cdot d\vec{S} = \iint_{\text{两底面}} \vec{E} \cdot d\vec{S} + \iint_{\text{侧面}} \vec{E} \cdot d\vec{S} = 2E\Delta S,$$

高斯面内包围的电荷量为

$$\sum_{S内} q_i = \sigma \Delta S,$$

由高斯定理有

$$\oiint_S \vec{E} \cdot d\vec{S} = \frac{\sum_{S内} q_i}{\varepsilon_0},$$

从而得到电场强度的大小为

$$E = \frac{\sigma}{2\varepsilon_0}, \tag{9.16}$$

电场强度的方向垂直平面.

本例说明，均匀带电无限大平面的电场中，各点的电场强度相等，是一常数，与距离无关，这与例 9.4 所得结论一致. 大家可自行推导带等量异号电荷的两块无限大均匀带电平面的电场强度.

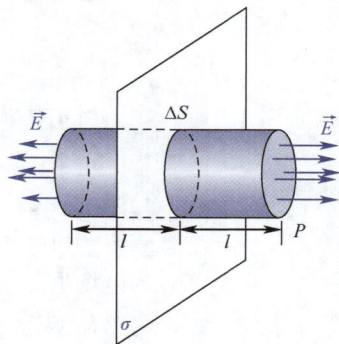

图 9.14　均匀带电无限大平面的电场

9.3　静电场力做功及电势

一、静电场力做功

前面 9.1 节中提到电荷在电场中受到静电场力的作用，当电荷在电场中移动时，静电场力就会对它做功. 本节讨论电荷在电场中移动时静电场力做的功，在此基础上引入描述静电场的基本物理量——电势.

如图 9.15 所示，静止的点电荷 q（处于 O 点）的电场中，试验电荷 q_0 从 a 点经任意路径移动到 b 点，计算静电场力对试验电荷 q_0 所做的功.

在 q_0 移动的路径上任取一段元位移 $d\vec{l}$，q_0 在 $d\vec{l}$ 上受到的静电场力 $\vec{F} = q_0\vec{E}$，$\vec{F}$ 与 $d\vec{l}$ 的夹角为 θ，则静电场力在 $d\vec{l}$ 上对 q_0 做的元功为

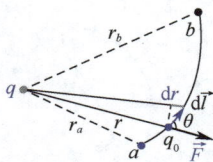

图 9.15　静电场力做功

$$\mathrm{d}W = \vec{F} \cdot \mathrm{d}\vec{l} = q_0 \vec{E} \cdot \mathrm{d}\vec{l} = q_0 E \mathrm{d}l \cdot \cos\theta.$$

由图可知 $|\mathrm{d}\vec{l}|\cos\theta = \mathrm{d}r$，则

$$\mathrm{d}W = q_0 E \mathrm{d}r = q_0 \frac{q}{4\pi\varepsilon_0 r^2}\mathrm{d}r.$$

当 q_0 从 a 点移动到 b 点时，静电场力做的总功为

$$W_{ab} = \int_{r_a}^{r_b} \frac{q_0 q \cdot \mathrm{d}r}{4\pi\varepsilon_0 r^2} = -\frac{qq_0}{4\pi\varepsilon_0}\left(\frac{1}{r_b} - \frac{1}{r_a}\right), \tag{9.17a}$$

式中 r_a 和 r_b 分别表示场源电荷到场点起点和终点的距离. 可见，在点电荷 q 的电场中，静电场力对 q_0 做的功只与移动路径的起点和终点的位置有关，与路径无关，并与移动电荷的电量 q_0 的大小成正比.

上述结论可以推广到任意带电体系产生的电场，任意带电体系都可以看成点电荷系，总的电场强度 $\vec{E}$ 等于各个点电荷电场强度的矢量和，即

$$\vec{E} = \sum_{i=1}^{n} \vec{E}_i = \sum_{i=1}^{n} \frac{1}{4\pi\varepsilon_0} \frac{q_i}{r_i^2}\vec{r}_{i0}.$$

设在 n 个静止的点电荷 $q_1, q_2, \cdots, q_n$ 的体系中，将试验电荷 q_0 由 a 点沿任意路径移动到 b 点，电场力所做的功为

$$W_{ab} = q_0 \int_a^b \vec{E} \cdot \mathrm{d}\vec{l} = q_0 \int_a^b \sum_{i=1}^{n} \vec{E}_i \cdot \mathrm{d}\vec{l} = \sum_{i=1}^{n} \frac{q_0 q_i}{4\pi\varepsilon_0} \int_{r_a}^{r_b} \frac{\mathrm{d}r}{r_i^2}$$

$$= \sum_{i=1}^{n} \frac{q_0 q_i}{4\pi\varepsilon_0}\left(\frac{1}{r_{ai}} - \frac{1}{r_{bi}}\right), \tag{9.17b}$$

式中 r_{ai} 和 r_{bi} 分别表示路径的起点和终点离点电荷 q_i 的距离. 式（9.17b）表明，静电场力做的功仍只取决于路径的起点和终点的位置，而与路径无关. 试验电荷在任何静电场中移动时，静电场力所做的功，只与电场的性质、试验电荷的电量有关，而与路径无关. 这说明静电场力是保守力，**静电场是保守力场**.

二、静电场的安培环路定理

在静电场中，电场强度 $\vec{E}$ 沿任意闭合路径 L 的线积分，叫作静电场的环流. 设试验电荷 q_0 在静电场中分别沿任意两条路径从 a 点移动到 b 点. 由于静电场力做功只跟始末位置有关，而与路径无关，因此 q_0 沿闭合路径 $acbda$ 运动一周（见图 9.16），静电场力所做的功为零，可表示为

$$W = \oint_l q_0 E \mathrm{d}l = 0.$$

图 9.16 静电场力
沿闭合路径做功

由于 $q_0 \neq 0$，所以

$$\oint_l \vec{E} \cdot \mathrm{d}\vec{l} = 0. \tag{9.18}$$

上式表明在静电场中，电场强度 $\vec{E}$ 的环流恒等于零，这一结论称为静

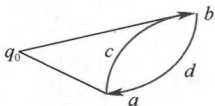

电场的环流定理，它是反映静电场为保守场的数学表述，也是引入电势能和电势概念的依据.

三、电势能

从前面讨论中知，静电场力做功与重力做功相似，静电场和重力场一样是保守场. 相应地，我们可以引入电势能，即试验电荷 q_0 在静电场中处于一定位置时，具有一定的电势能. 试验电荷 q_0 在静电场中从 a 点移动到 b 点的过程中，静电场力所做的功等于相应电势能增量的负值，有

$$W_{ab} = q_0 \int_a^b \vec{E} \cdot \mathrm{d}\vec{l} = -(E_{pb} - E_{pa}),\qquad(9.19)$$

式中 E_{pa} 和 E_{pb} 分别是试验电荷在 a 点和 b 点的电势能. 静电场力做正功时，$W_{ab} > 0$，电势能减少，$E_{pa} > E_{pb}$；反之，电势能增加，$E_{pa} < E_{pb}$.

与所有形式的势能一样，电势能是相对量. 要确定电荷在某一点的电势能量值，需要先选定电势能为零的参考点. 电势能零点可以任意选择，如令 $E_{pb} = 0$，即选择电荷在 b 点的电势能为零，则由式（9.19）得到 a 点的电势能为

$$E_{pa} = W_{ab} = q_0 \int_a^b \vec{E} \cdot \mathrm{d}\vec{l}.$$

上式表明，**试验电荷 q_0 在静电场中任意点 a 的电势能等于试验电荷从该点移动到电势能零点过程中静电场力所做的功**. 当场源电荷局限在有限大小的空间时，常把电势能零点选在无穷远处. 试验电荷 q_0 在 a 点的电势能表示为

$$E_{pa} = q_0 \int_a^\infty \vec{E} \cdot \mathrm{d}\vec{l}.\qquad(9.20)$$

电势能是试验电荷和电场的相互作用能，属于试验电荷和电场组成的系统.

四、电势和电势差

电势能是电场和试验电荷系统共有的，从式（9.20）中可以看出，它与电荷 q_0 有关，不能单一反映电场的特性. 但比值 $\dfrac{E_{pa}}{q_0}$ 与 q_0 无关，仅由电场性质和 a 点位置决定. 因此，$\dfrac{E_{pa}}{q_0}$ 是描述电场中任一点 a 电场性质的一个基本物理量，称为 a 点的电势，用 U_a 表示，即

$$U_a = \frac{E_{pa}}{q_0} = \frac{W_{ab}}{q_0} = \int_a^b \vec{E} \cdot \mathrm{d}\vec{l}.\qquad(9.21)$$

式（9.21）表明，**若规定无穷远处为电势零点，则电场中某点 a 的电势在数值上等于把单位正电荷从该点沿任意路径移到无穷远处时电场力所做的功**.

电势是标量. 在 SI 制中，电势的单位是伏特，符号为 V.

静电场中任意两点 a 和 b 电势之差称为 a、b 两点的电势差，也称为电压，用 U_{ab} 表示，即

$$U_{ab} = U_a - U_b = \int_a^\infty \vec{E} \cdot \mathrm{d}\vec{l} - \int_b^\infty \vec{E} \cdot \mathrm{d}\vec{l} = \int_a^b \vec{E} \cdot \mathrm{d}\vec{l}. \tag{9.22}$$

上式表明，**静电场中 a、b 两点的电势差等于单位正电荷从 a 点移到 b 点时电场力做的功**，因而，当任一电荷 q_0 从 a 点移到 b 点时，电场力做功可用 a、b 两点的电势差表示，有

$$W_{ab} = \int_a^b q_0 \vec{E} \cdot \mathrm{d}\vec{l} = q_0(U_a - U_b). \tag{9.23}$$

电势零点的选择也是任意的，通常，当场源电荷分布在有限空间时，取无穷远处为电势零点. 但当场源电荷的分布广延到无穷远处时，不能再取无穷远处为电势零点，因为会遇到积分不收敛的困难而无法确定电势. 这时可在电场内任选一合适的电势零点，在许多实际问题中，也常常选取地球为电势零点.

五、电势的计算

1. 点电荷电场中的电势

点电荷电场中，场点 P 的电场强度为

$$\vec{E} = \frac{q}{4\pi\varepsilon_0 r^2} \vec{r}_0.$$

根据电势的定义，选取无穷远处为电势零点，由式（9.21）推出场点 P 的电势为

$$U_P = \int_P^\infty \vec{E} \cdot \mathrm{d}\vec{l} = \int_r^\infty \frac{q}{4\pi\varepsilon_0 r^2} \mathrm{d}r = \frac{q}{4\pi\varepsilon_0 r}. \tag{9.24a}$$

式（9.24a）表明，**电势跟电场强度一样具有球对称性，以 q 为球心的同一球面上的点电势相等. 以无限远处为电势零点时，正点电荷的电场中电势恒为正值，离点电荷越近电势越高；反之，电势恒为负值，离点电荷越近电势越低**.

2. 点电荷系电场中的电势

场源为 $q_1, q_2, \cdots, q_n$ 的点电荷系，场点 P 的电场强度满足叠加原理，

$$\vec{E} = \sum_{i=1}^n \vec{E}_i = \sum_{i=1}^n \frac{1}{4\pi\varepsilon_0} \frac{q_i}{r_i^2} \vec{r}_{i0}.$$

根据电势的定义，选取无穷远处为电势零点，由式（9.21）推出场点

功、电势能和电势差三者的关系

P 的电势为

$$U_P = \int_P^\infty \vec{E} \cdot \mathrm{d}\vec{l} = \int_r^\infty \left(\sum_{i=1}^n \frac{1}{4\pi\varepsilon_0} \frac{q_i}{r_i^2} \vec{r}_{i0} \right) \cdot \mathrm{d}\vec{r}_i = \sum_{i=1}^n \frac{1}{4\pi\varepsilon_0} \frac{q_i}{r_i}. \quad (9.24\mathrm{b})$$

以上结果表明，**点电荷系电场中某点的电势是各点电荷单独存在时在该点电势的代数和，电势也满足叠加原理.**

例 9.9　求电偶极子电场中任一点 P 的电势，电偶极子距离为 l.

解　建立图 9.17 所示坐标系 xOy，以 $+q$ 和 $-q$ 连线的中点为坐标系原点 O，连线为 x 轴，垂线为 y 轴，场点 P 的坐标为 (x,y)，$+q,-q,O$ 点到 P 点的距离分别为 r_1,r_2,r. 在点电荷系的电场中 P 点的电势是由 $+q$ 和 $-q$ 在 P 点的电势叠加而成的，由式（9.24b）得到

$$U_P = U_1 + U_2 = \frac{q}{4\pi\varepsilon_0 r_1} - \frac{q}{4\pi\varepsilon_0 r_2} = \frac{q(r_2 - r_1)}{4\pi\varepsilon_0 r_1 r_2}.$$

因为 $r \gg l$，所以有 $r_2 - r_1 \approx l\cos\theta, r_1 r_2 \approx r^2$，从而 P 点的电势

$$U_P = \frac{q}{4\pi\varepsilon_0} \frac{l\cos\theta}{r^2},$$

其中

$$r^2 = x^2 + y^2,$$

$$\cos\theta = \frac{x}{\sqrt{x^2+y^2}}.$$

图 9.17　电偶极子电场的电势

电偶极子电场中任一点 P 的电势为

$$U_P = \frac{1}{4\pi\varepsilon_0} \frac{px}{(x^2 - y^2)^{\frac{3}{2}}}.$$

3. 有限大小电荷连续分布的带电体的电势

如果场源为有限大小电荷连续分布的带电体，则场点 P 的电势可以看成由无限小的电荷元 $\mathrm{d}q$ 叠加而形成. 每个电荷元相当于一个点电荷，根据电势的定义，选取无穷远处为电势零点，由式（9.21）得到场点 P 的电势为

$$U = \int_V \mathrm{d}U = \int_V \frac{\mathrm{d}q}{4\pi\varepsilon_0 r}, \quad (9.24\mathrm{c})$$

式中 r 是电荷元到场点 P 的距离，V 是电荷连续分布的带电体的体积.

例 9.10　有均匀带电 q 的细圆环，细圆环半径为 R，试求通过环心且与环面垂直的轴线上的电势.

解　建立直角坐标系，如图 9.18 所示. 由题知，电荷连续分布的细圆环可以分成很多无限小的电荷元，电量为 $\mathrm{d}q$，电荷元到场点 P 的距离都一样，满足 $r^2 = R^2 + x^2$. 先计算电荷元在任一点 P 的电势，然后利用电势叠加原理求出细圆环在 P 点的电势.

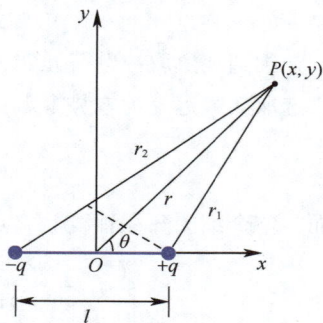

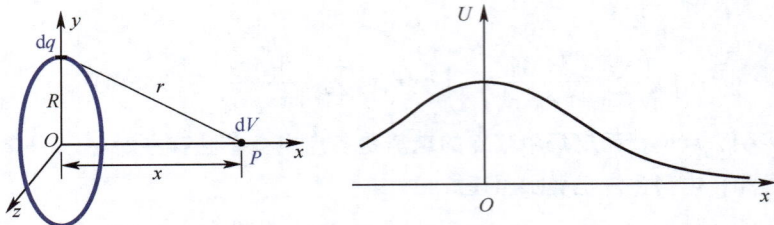

图 9.18　均匀带电细圆环中心轴线上的电势

在细圆环上取一电荷元 $\mathrm{d}l$，电量为 $\mathrm{d}q$，电荷线密度为 λ，则有 $\mathrm{d}q = \lambda\mathrm{d}l$.

选取无穷远处为电势零点，所取电荷元在 P 点产生的电势为

$$\mathrm{d}U_P = \frac{\mathrm{d}q}{4\pi\varepsilon_0 r} = \frac{\lambda\mathrm{d}l}{4\pi\varepsilon_0 r},$$

因而，整个细圆环在轴线上 P 点的电势为

$$U_P = \oint_L \frac{\lambda\mathrm{d}l}{4\pi\varepsilon_0 r} = \frac{1}{4\pi\varepsilon_0 r}\oint_q \mathrm{d}q = \frac{1}{4\pi\varepsilon_0}\frac{q}{r} = \frac{1}{4\pi\varepsilon_0}\frac{q}{\sqrt{R^2 + x^2}}.$$

如场点 P 与环心相距很远，则有

$$U_P = \frac{1}{4\pi\varepsilon_0}\frac{q}{x}.$$

上式说明，此时的带电细圆环可看成点电荷，这说明物理模型是相对的.

例 9.11　求均匀带电球面电场中的电势分布（见图 9.19）. 球半径为 R，总电量为 q.

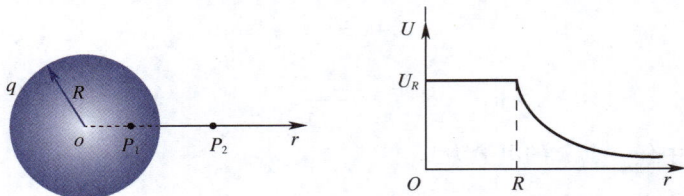

图 9.19　均匀带电球面电场中的电势（右图 r 轴为水平方向，U 轴为垂直方向）

解　在例 9.6 中由高斯定理已经求出均匀带电球面电场强度大小

$$E = \begin{cases} 0 & (r < R), \\ \dfrac{1}{4\pi\varepsilon_0}\dfrac{q}{r^2} & (r > R). \end{cases}$$

选取无穷远处为电势零点，根据电势的定义［式（9.21）］可得，球面外任意点 P_2 的电势

$$U_{P_2} = \int_r^\infty \vec{E}_2 \cdot \mathrm{d}\vec{r} = \int_r^\infty \frac{q}{4\pi\varepsilon_0 r^2}\mathrm{d}r = \frac{q}{4\pi\varepsilon_0 r} \quad (r > R), \tag{9.25a}$$

球面内任意点 P_1 的电势

$$U_{P_1} = \int_r^R \vec{E}_1 \cdot \mathrm{d}\vec{r} + \int_R^\infty \vec{E}_2 \cdot \mathrm{d}\vec{r} = \frac{q}{4\pi\varepsilon_0 R} \quad (r < R), \tag{9.25b}$$

球面上任意点 P 的电势

$$U_P = \frac{q}{4\pi\varepsilon_0 R} \quad (r = R). \tag{9.25c}$$

以上结果表明，均匀带电球面外各点的电势与把全部电荷集中在球心处的点电荷的电势相同；球面内电势处处相等，且等于球面上的电势.

同心均匀带电球面的电势差的计算

9.4 等势面及电场强度和电势的关系

一、等势面

为了形象描述电场中电势的分布，我们引入等势面的概念. 一般来说，静电场中各点的电势是逐点变化的，但是总有一些电势相等的点. 这些由电势相等的点构成的曲面叫作等势面. 图 9.20 给出了几种典型的等势面. 图 9.20（a）中正点电荷电场中的等势面，就是以正点电荷为中心的球面. 正点电荷电场的电场线沿半径方向，电场线与等势面处处正交. 任意静电场的等势面可由实验确定，并都具有以下性质.

（1）**电荷在等势面上移动，电场力不做功**. 因为等势面上任意两点 a、b 的电势相等，所以

$$W_{ab} = q_0(U_a - U_b) = 0.$$

（2）**电场线与等势面处处正交**. 由（1）知，等势面上任意两点 a、b 的电势差为零，$U_{ab} = \int_a^b \vec{E} \cdot \mathrm{d}\vec{l}$，因而要求 $\vec{E}$ 与 $\mathrm{d}\vec{l}$ 垂直，即电场线与等势面正交.

（3）**电场强度的方向为电势降低的方向**. 由电势差的定义式知，$U_a - U_b = \int_a^b \vec{E} \cdot \mathrm{d}\vec{l}$，当 $\vec{E}$ 与 $\mathrm{d}\vec{l}$ 平行同向时，有 $U_a - U_b > 0$，即 $U_a > U_b$.

（4）**等势面的疏密度可直观地描述电场强弱**（规定任意相邻的两等势面之间的电势差相等）.

等势面是研究电场的一种有用的方法. 在实际中电势差易于测量，常见做法是先找带电体电场的等势面，然后画出电场线，这样对电场的描述更加直观全面.

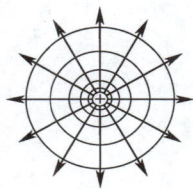

（a）正点电荷

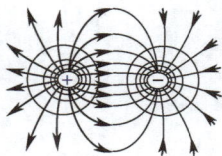

（b）电偶极子

*二、电场强度和电势的关系

电场强度和电势是描述电场性质的两个重要物理量. 前面已经讨论了静电场中电势和电场强度的积分关系，在已知电场强度分布后，可以通过电势的定义式 $U_a = \int_a^\infty \vec{E} \cdot \mathrm{d}\vec{l}$ 得到电势分布. 下面将讨论电势和电场强度的微分关系，在实际问题中，电势的分布往往更加容易得到.

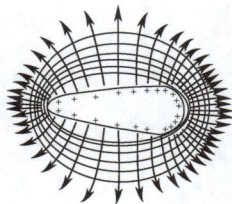

（c）不规则形状的
带电体

图 9.20　几种典型的
等势面

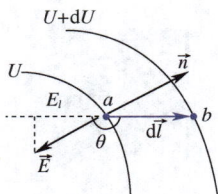

图 9.21 电场强度与
电势的关系

如图 9.21 所示，a、b 是静电场中靠近的两点，所在等势面的电势分别为 U 和 $U+\mathrm{d}U$，设 $\mathrm{d}U>0$，从 a 到 b 的位移元为 $\mathrm{d}\vec{l}$. 当试验电荷 q_0 从 a 点沿 $\mathrm{d}\vec{l}$ 移到 b 点时，电场强度 $\vec{E}$ 近似不变，根据式（9.23），电场力做功可表示为

$$\mathrm{d}W_{ab}=-q_0(U_b-U_a)=-q_0\mathrm{d}U,$$

或

$$\mathrm{d}W_{ab}=q_0\vec{E}\cdot\mathrm{d}\vec{l}=q_0E\cos\theta\mathrm{d}l,$$

其中电场强度 $\vec{E}$ 在 $\mathrm{d}\vec{l}$ 方向上的分量为 $E_l=E\cos\theta$. 从而得到电场强度和电势的关系，有 $E_l=-\dfrac{\mathrm{d}U}{\mathrm{d}l}$. 该关系表明，电场中某一点的电场强度 $\vec{E}$ 沿某一方向的分量 E_l，等于沿该方向电势的变化率的负值. 负号说明电场强度方向总是指向电势减少的方向. 电势 U 是坐标 x,y,z 的函数，在直角坐标系中，电场强度 $\vec{E}$ 的表达式为

$$\vec{E}=-\left(\frac{\partial U}{\partial x}\vec{i}+\frac{\partial U}{\partial y}\vec{j}+\frac{\partial U}{\partial z}\vec{k}\right).$$

在数学中，$\dfrac{\partial U}{\partial x}\vec{i}+\dfrac{\partial U}{\partial y}\vec{j}+\dfrac{\partial U}{\partial z}\vec{k}$ 称为电势的梯度，即得到电场强度与电势梯度的关系

$$\vec{E}=-\mathbf{grad}u=-\nabla u, \tag{9.26}$$

式中 $\nabla=\dfrac{\partial}{\partial x}\vec{i}+\dfrac{\partial}{\partial y}\vec{j}+\dfrac{\partial}{\partial z}\vec{k}$ 是矢量微分算符. 式（9.26）表明电势梯度是一个矢量，大小为电势沿等势面法线方向的变化率，方向沿等势面法线方向且指向电势增大的方向.

9.5 静电场中的导体

一、导体的静电平衡

金属导体的内部有大量可自由移动的电子，当没有外电场时，自由电子只做无规则的热运动，整个导体处于热电平衡状态，对外呈现电中性. 在电场力的作用下，原电中性导体中自由电子将做定向运动而改变导体上的电荷分布，使导体处于带电状态，这就是静电感应. 导体由于静电感应而带的电荷叫感应电荷. 我们把导体中没有电荷做任何定向运动的状态称为静电平衡状态. 这个过程所用的时间是十分短暂的，为

10^{-6} s 数量级.

如图 9.22 所示, 处于静电感应导体的内部感应电荷产生的电场 $\vec{E}'$, 方向与外电场方向 $\vec{E}_0$ 相反. 随着导体两端表面上的感应电荷积累, $\vec{E}'$ 逐渐增强, 当导体内部的总电场强度为 0, 即 $\vec{E} = \vec{E}' + \vec{E}_0 = 0$ 时, 导体中的电子不再做宏观定向运动, 同时导体表面的电子也不发生移动, 这就要求导体表面的电场线必须与导体表面垂直. 因此, 导体处于静电平衡状态时, **电场强度和电势满足以下性质:**

（1）**导体内任一点的电场强度都等于零;**

（2）**导体表面附近的电场强度处处与表面垂直;**

（3）**整个导体是一个等势体, 表面为等势面.**

在导体内部任意取两点 a、b, a、b 之间的电势差 $U_{ab} = \int_a^b \vec{E} \cdot \mathrm{d}\vec{l}$. 因为导体处于静电平衡状态时, 导体内部 $\vec{E}$ 处处为零, 导体表面上 $\vec{E}$ 处处与元位移 $\mathrm{d}\vec{l}$ 垂直. a、b 之间的电势差 $U_{ab} = U_a - U_b = 0$, 因此导体内部和表面电势都相等.

二、静电平衡时导体的电荷分布

由电荷守恒定律和高斯定理容易证明, 静电平衡时, 导体的电荷分布具有以下特点.

（1）**实心导体的静电荷只能分布在其外表面.**

在处于静电平衡的实心导体内任取一个高斯面 S, 如图 9.23 所示, 静电平衡条件指出处于静电平衡时导体内部 $\vec{E}$ 处处为零. 由高斯定理

$$\oiint_S \vec{E} \cdot \mathrm{d}\vec{S} = \frac{1}{\varepsilon_0} \sum_{S内} q_i$$

得到电通量 $\varPhi_e$ 为零, 即闭合面内的电荷代数和为零. 由于导体内高斯面 S 是任意选取的, 所以 S 可以收缩到任意小. 从而得到: 静电平衡时, **实心导体内部处处没有净电荷, 净电荷只能分布在外表面.**

（2）导体表面附近的电场强度 $\vec{E}$ 的大小和该点处面电荷密度 σ 的关系为

$$E = \frac{\sigma}{\varepsilon_0}. \tag{9.27}$$

如图 9.24 所示, 在导体外, 紧靠导体表面任取一面元 ΔS, 过该面元作一高斯面, 使其母线与 ΔS 垂直, 上、下底面 ΔS_1 和 ΔS_2 与 ΔS 平行. 设面电荷密度为 σ, 则

$$\varPhi_e = \oiint_{\Delta S} \vec{E} \cdot \mathrm{d}\vec{S} = \iint_{\Delta S_1} \vec{E}_1 \cdot \mathrm{d}\vec{S} + \iint_{\Delta S_2} \vec{E}_2 \cdot \mathrm{d}\vec{S} + \iint_{\Delta S_3} \vec{E}_3 \cdot \mathrm{d}\vec{S}.$$

ΔS 上 σ 均匀, $\vec{E}$ 为常矢量, 且垂直于导体表面. 又因为导体内部的电

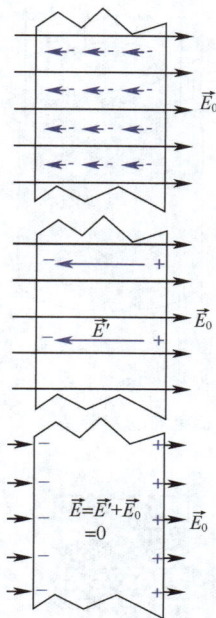

图 9.22　静电感应过程示意

导体静电平衡形成过程

图 9.23　实心导体

场强度为零，所以

$$\Phi_e = \int_{\Delta S_1} \vec{E}_1 \cdot d\vec{S} = E_1 \Delta S = \frac{\sigma \Delta S}{\varepsilon_0},$$

从而导体表面附近的电场强度 $\vec{E} = \dfrac{\sigma}{\varepsilon_0} \vec{n}$.

图 9.24　导体表面附近的电场强度大小与面电荷密度的关系

!注意　$\vec{E}$ 是导体表面所有电荷贡献的. 若电场中不止一个导体，上式对各导体任一表面都成立，但 $\vec{E}$ 是所有导体表面电荷贡献的.

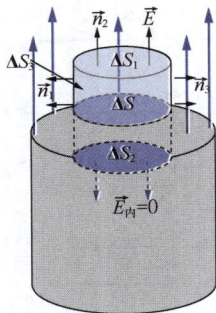

（3）**导体表面上的电荷分布情况，不仅与导体表面形状有关，还和它周围存在的其他带电体有关**. 对于孤立的导体，导体表面曲率越大，面电荷密度越大.

通过对大量的实验现象进行分析可得出规律：对于一个有尖端或有毛刺的导体，其尖端部位曲率非常大，当导体带电时，尖端附近的场强特别强，周围空气有可能被电离从而使空气被击穿，于是导体上的电荷就会向空气中泄放，这种空气被"击穿"而产生的放电现象称为尖端放电或尖端效应. 尖端放电时，在尖端物体周围往往笼罩着一层光晕，称为电晕. 尖端放电要损耗很多能量，所以高压输电线一般采用表面光滑的粗导线；高压设备的零部件一般做成光滑的球形面.

（4）空腔导体的电荷分布.

分两种情况，第一种情况是腔内无带电体，如图 9.25（a）所示，由高斯定理可以得出：**腔内无带电体的空腔导体其电荷只能分布在导体的外表面，导体及空腔内场强处处为零，电势处处相等**.

第二种情况是空腔导体内有带电体，如图 9.25（b）所示，由高斯定理可以得出：**腔体内表面的电量与腔内带电体的电量等量异号，腔体外表面的电量由电荷守恒定律决定**.

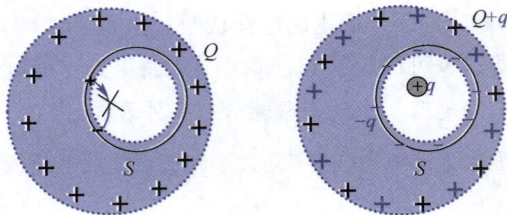

（a）空腔导体内无带电体情况　　（b）空腔导体内有带电体情况

图 9.25　静电场中的空腔导体

三、静电屏蔽

从静电平衡导体的电荷分布规律得知，在电场中的空腔导体，若腔内无电荷，达到静电平衡时，腔内电场$\vec{E}=0$. 这时由于达到静电平衡状态，导体壳外部的电荷产生的外电场与导体外表面上的电荷产生的电场，在导体内部与空腔处恰好相互抵消，因而从效果上看，导体壳对其所包围的空腔起到了"保护作用"，空腔外的带电体不会影响空腔内的场强分布. 这种现象称为静电屏蔽.

当空腔导体内有带电体时，由于静电感应，空腔内、外表面会分别感应出等量的异号电荷，如图 9.26（a）所示，导体外表面上的感应电荷对导体外部的电场必然会产生影响. 如果将导体接地，则导体外表面上的电荷会由于接地而中和，其电场便相应地消失，如图 9.26（b）所示，从效果上看，空腔对其外部所包围的电荷起到了屏蔽作用——接地空腔导体内的带电体不影响空腔外部场强的分布. 这种现象称为静电屏蔽现象.

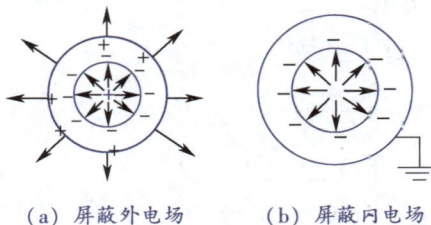

（a）屏蔽外电场　　　（b）屏蔽内电场

图 9.26　静电屏蔽

静电屏蔽原理在实际中有重要的应用. 例如，为了避免受到外界电场的干扰，精密电磁测量仪器常在仪器外表面加上金属外壳或金属网状外罩；传递信号的电缆线常用金属丝网罩作为屏蔽层；小区内的高压设备罩有金属外壳，以避免对外界产生影响.

四、有导体存在时的静电场分布

在静电场中放入导体，由于静电感应，导体内部的电荷将重新分布，但电荷的总量保持不变. 反过来，导体上重新分布的电荷又会影响原静电场. 在分析有导体存在时的静电场分布时，首先要利用电荷守恒定律和静电平衡条件确定新的电荷分布，然后由新的电荷分布求静电场的分布.

例 9.12　证明：两块无限大平行带电导体板，静电平衡时，相对的两个表面上带等量异号电荷，相背的两个表面上带等量同号电荷.

证明　设 4 个表面的电荷密度分别为 σ_1，σ_2，σ_3，σ_4，如图 9.27 所示. 根据静电平衡特性知，导体板 A 内 a 点的电场强度大小为零，即

$$\frac{\sigma_1}{2\varepsilon_0}-\frac{\sigma_2}{2\varepsilon_0}-\frac{\sigma_3}{2\varepsilon_0}-\frac{\sigma_4}{2\varepsilon_0}=0;$$

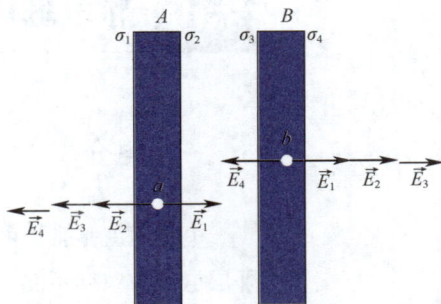

图 9.27　两块无限大平行带电导体板

特高压系统

导体板 B 内 b 点的电场强度大小为零，即

$$\frac{\sigma_1}{2\varepsilon_0}+\frac{\sigma_2}{2\varepsilon_0}+\frac{\sigma_3}{2\varepsilon_0}-\frac{\sigma_4}{2\varepsilon_0}=0.$$

解得 $\sigma_2=-\sigma_3$，$\sigma_1=\sigma_4$. 结论成立，证毕.

例 9.13 半径为 R_1 的导体小球与内外半径分别为 R_2 和 R_3 的导体球壳同心，让导体小球和导体球壳分别带上电荷量 q 和 Q，如图 9.28 所示. 求导体球壳的电场强度和电势的分布.

解 首先要弄清重新分布后的电荷. 由静电感应知，导体球壳内、外表面带电量分别为 $-q$ 和 $Q+q$. 电荷均匀分布在球壳的表面. 然后根据新的电荷分布求电场的分布.

导体小球内部和导体球壳内部，处于静电平衡，电场强度为零，即

$$E_1=0 \ (r<R_1,R_2<r<R_3).$$

图 9.28　导体球壳

在导体小球和导体球壳之间，电场强度大小为

$$E_2=\frac{q}{4\pi\varepsilon_0 r^2}.$$

在导体球壳最外部，电场强度大小为

$$E_3=\frac{q}{4\pi\varepsilon_0 r^2}+\frac{-q}{4\pi\varepsilon_0 r^2}+\frac{Q+q}{4\pi\varepsilon_0 r^2}=\frac{Q+q}{4\pi\varepsilon_0 r^2} \ (r>R_3).$$

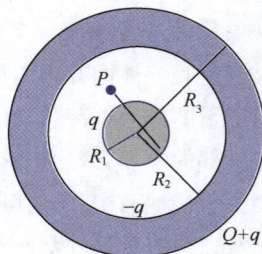

结合例 9.6 的结论，得到电势分布为

$$U_4=\frac{q}{4\pi\varepsilon_0 r}+\frac{-q}{4\pi\varepsilon_0 r}+\frac{Q+q}{4\pi\varepsilon_0 r}=\frac{Q+q}{4\pi\varepsilon_0 r} \ (r>R_3),$$

$$U_3=\frac{q}{4\pi\varepsilon_0 r}+\frac{-q}{4\pi\varepsilon_0 r}+\frac{Q+q}{4\pi\varepsilon_0 R_3}=\frac{Q+q}{4\pi\varepsilon_0 R_3} \ (R_2<r<R_3),$$

$$U_2=\frac{q}{4\pi\varepsilon_0 r}+\frac{-q}{4\pi\varepsilon_0 R_2}+\frac{Q+q}{4\pi\varepsilon_0 R_3} \ (R_1<r<R_2),$$

$$U_1=\frac{q}{4\pi\varepsilon_0 R_1}+\frac{-q}{4\pi\varepsilon_0 R_2}+\frac{Q+q}{4\pi\varepsilon_0 R_3} \ (r<R_1).$$

9.6 静电场中的电介质

一、电介质

电介质就是常说的绝缘体、绝缘材料，是不导电的. 电介质原子的最外层电子被束缚不能自由移动. 但是，在外电场作用下，电介质内的正、负电荷仍可做微观的相对移动，从而电介质内部或表面出现带电现象. 这

种现象称为电介质的极化. 电介质极化所出现的电荷, 称为极化电荷或束缚电荷.

一般地, 电介质分子中的正、负电荷都不集中在一点. 在远大于分子线度的距离处观察, 分子的全部负电荷的影响将与一个单独的负电荷等效, 这个等效负电荷的位置称为分子的负电荷中心. 同理, 每个分子的全部正电荷也有一个对应的正电荷等效中心. 如分子的正、负电荷的等效中心不相重合, 则可看成等效电偶极子, 有电偶极矩, 像 HCl、H_2O、SO_2 等, 这一类电介质叫作有极分子电介质. 如分子正、负电荷等效中心重合, 则没有电偶极矩, 如 H_2、N_2、CO_2 等, 这一类电介质叫作无极分子电介质.

无极分子电介质在外电场作用下, 正、负电荷中心发生相对位移, 形成电偶极子. 而电偶极矩的方向都沿着外电场的方向, 因此在电介质的表面将出现正、负极化电荷, 如图 9.29（a）所示. 这类极化是由于电荷中心位移引起的, 叫作位移极化.

有极分子电介质虽然有分子电偶极子, 但在没有外电场存在时, 由于分子的热运动, 各个分子电偶极矩的排列十分紊乱, 电介质呈电中性. 当电介质处于外电场中时, 每个分子电偶极矩都受到电场力矩的作用, 分子电偶极矩产生转向外电场方向的取向作用, 使电介质带电, 这种极化叫作取向极化, 如图 9.29（b）所示. 需要注意的是, 有极分子电介质也存在位移极化, 只是比取向极化弱得多.

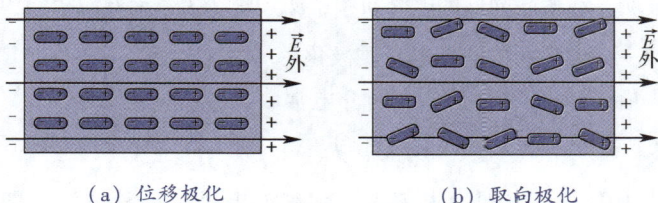

（a）位移极化   （b）取向极化

图 9.29 电介质极化

这两类电介质极化的微观机制虽有不同, 但宏观结果都是一样的, 都是在外电场的作用下极化产生极化电荷, 极化电荷产生附加电场, 与外电场方向相反. 所以做宏观描述时, 不必加以区别.

二、电介质中的高斯定理

极化强度 $\vec{P}$ 是表征电介质极化程度的物理量, 与极化电荷有关. 均匀电介质极化时, 其表面上某点的极化电荷面密度等于该处极化强度在外法线上的分量, 即 $\sigma' = \vec{P} \cdot \vec{n} = P_n$. 根据电荷守恒定律, 在电场中穿过任意闭合曲面的极化强度 $\vec{P}$ 通量等于该闭合曲面内极化电荷总量 $\sum\limits_{S内} q_i'$ 的负值, 即

$$\oiint_S \vec{P} \cdot d\vec{S} = -\sum_{S内} q_i'. \tag{9.28}$$

电介质的极化

式（9.28）给出了极化强度 $\vec{P}$ 与极化电荷之间的普遍关系.

电介质中的电场是自由电荷和极化电荷共同产生的. 所以有电介质时，高斯定理可表示为

$$\oint_S \vec{E} \cdot d\vec{S} = \frac{1}{\varepsilon_0} \left(\sum_{S内} q_i + \sum_{S内} q_i' \right),$$

其中 $\sum\limits_{S内} q_i$ 和 $\sum\limits_{S内} q_i'$ 分别为高斯面 S 内自由电荷和极化电荷的代数和.

通常极化电荷很难测定，根据式（9.28）用极化强度代替极化电荷，得到

$$\oint_S (\varepsilon_0 \vec{E} + \vec{P}) \cdot d\vec{S} = \sum_{S内} q_i,$$

引用辅助矢量——电位移矢量

$$\vec{D} = \varepsilon_0 \vec{E} + \vec{P}, \tag{9.29}$$

该式对任何电介质都适用，得到

$$\oint_S \vec{D} \cdot d\vec{S} = \sum_{S内} q_i, \tag{9.30}$$

即电介质中的高斯定理：**在静电场中通过任意闭合曲面的电位移通量等于闭合曲面内自由电荷的代数和**. 当无电介质时，极化强度 $\vec{P} = 0$，式（9.30）就是真空中的高斯定理表达式.

实验证明，在各向同性的电介质中，$\vec{D}$、$\vec{E}$、$\vec{P}$ 3 个量方向相同，有 $\vec{D} = \varepsilon_0 \vec{E} + \vec{P} = \varepsilon_0 \vec{E} + \varepsilon_0 \chi \vec{E}$，其中 χ 是电介质极化率.

令 $\varepsilon_r = 1 + \chi$，叫作电介质的相对介电常数，得

$$\vec{D} = \varepsilon_0 \varepsilon_r \vec{E} = \varepsilon \vec{E}. \tag{9.31}$$

电介质中的高斯定理为求解电场强度 $\vec{E}$ 提供了一种方法，即先求式（9.29）中的电位移矢量 $\vec{D}$，再用式（9.31）求得 $\vec{E}$.

例 9.14 半径为 R 的导体球，带有电荷 Q，球外有一均匀电介质的同心球壳，球壳的内外半径分别为 a 和 b，相对介电常数为 ε_r，如图 9.30 所示. 求：（1）电介质内外 $\vec{E}$ 和 $\vec{D}$ 的分布；（2）离球心为 r 处的电势 U.

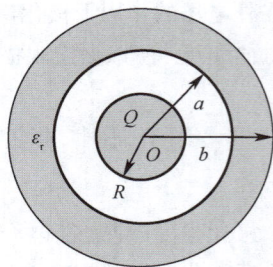

图 9.30 导体球及同心球壳

解 （1）由题设知导体球的电场分布具有球对称性，在离球心相同距离的球面上各点的电场强度大小相等. 作半径为 r 的与导体球同心的球面 S 为高斯面，由高斯定理有 $\oint_S \vec{D} \cdot d\vec{S} = D \cdot 4\pi r^2 = \sum\limits_{S内} q_i$，得到 $D = \dfrac{\sum\limits_{S内} q_i}{4\pi r^2}$.

在均匀电介质中 $\vec{D} = \varepsilon_0 \varepsilon_r \vec{E} = \varepsilon \vec{E}$.

当 $r < R$ 时，$D_1 = 0$，$E_1 = 0$.

当 $R < r < a$ 时，$D_2 = \dfrac{Q}{4\pi r^2}$，$E_2 = \dfrac{Q}{4\pi \varepsilon_0 r^2}$.

当 $a < r < b$ 时，$D_3 = \dfrac{Q}{4\pi r^2}$，$E_3 = \dfrac{Q}{4\pi \varepsilon_0 \varepsilon_r r^2}$.

当 $r > b$ 时，$D_4 = \dfrac{Q}{4\pi r^2}$，$E_4 = \dfrac{Q}{4\pi \varepsilon_0 r^2}$.

以上 $\vec{E}$ 和 $\vec{D}$ 的方向均为径向，若 Q 为正，则背离球心. 从上面的讨论结果可知，当各向同性的均匀电介质均匀充满空间时，电场强度为球壳内电场强度的 $\dfrac{1}{\varepsilon_r}$.

（2）电势的分布.

当 $r \leqslant R$ 时，$U_1 = \displaystyle\int_r^\infty \vec{E} \cdot \mathrm{d}\vec{r} = \int_r^R E_1 \mathrm{d}r + \int_R^a E_2 \mathrm{d}r + \int_a^b E_3 \mathrm{d}r + \int_b^\infty E_4 \mathrm{d}r$

$\qquad = 0 + \dfrac{Q}{4\pi \varepsilon_0}\left(\dfrac{1}{R} - \dfrac{1}{a}\right) + \dfrac{Q}{4\pi \varepsilon_0 \varepsilon_r}\left(\dfrac{1}{a} - \dfrac{1}{b}\right) + \dfrac{Q}{4\pi \varepsilon_0}\dfrac{1}{b}$.

当 $R \leqslant r \leqslant a$ 时，$U_2 = \displaystyle\int_r^\infty \vec{E} \cdot \mathrm{d}\vec{r} = \int_r^a E_2 \mathrm{d}r + \int_a^b E_3 \mathrm{d}r + \int_b^\infty E_4 \mathrm{d}r$

$\qquad = \dfrac{Q}{4\pi \varepsilon_0}\left(\dfrac{1}{r} - \dfrac{1}{a}\right) + \dfrac{Q}{4\pi \varepsilon_0 \varepsilon_r}\left(\dfrac{1}{a} - \dfrac{1}{b}\right) + \dfrac{Q}{4\pi \varepsilon_0}\dfrac{1}{b}$.

当 $a \leqslant r \leqslant b$ 时，$U_3 = \displaystyle\int_r^\infty \vec{E} \cdot \mathrm{d}\vec{r} = \int_r^b E_3 \mathrm{d}r + \int_b^\infty E_4 \mathrm{d}r = \dfrac{Q}{4\pi \varepsilon_0 \varepsilon_r}\left(\dfrac{1}{r} - \dfrac{1}{b}\right) + \dfrac{Q}{4\pi \varepsilon_0}\dfrac{1}{b}$.

当 $r \geqslant b$ 时，$U_4 = \displaystyle\int_r^\infty \vec{E} \cdot \mathrm{d}\vec{r} = \int_r^\infty E_4 \mathrm{d}r = \dfrac{Q}{4\pi \varepsilon_0 r}$.

9.7　电容器和静电场能量

一、电容

由前面内容可知，孤立的导体所带的电量 q 越多，其电势 U 越高. 但理论和实验发现，其电量与它的电势的比值与所带电量无关，而是与导体的形状和尺寸有关的物理量，称之为孤立导体的电容，用 C 表示，写成等式为

$$C = \dfrac{q}{U}. \tag{9.32}$$

由式（9.32）得到电容 C 在量值上等于升高单位电势时导体所带的电

量，反映了导体存储电荷和电能的能力.

在国际单位制中，电容的单位有法拉（F）、微法拉（μF）、皮法拉（pF），它们之间的关系为 $1F = 10^6 \mu F = 10^{12} pF$. 孤立的导体球的电容 $C = 4\pi\varepsilon_0 R$. 若把地球看成一个孤立导体球，电容大概是 $712\mu F$，电容值比较小.

二、电容器

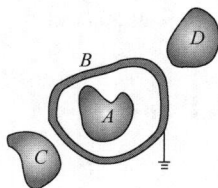

图 9.31　电容器

电容器是根据屏蔽原理设计的相隔一定距离且彼此绝缘的两导体组合，是储存电荷和电能的器件. 如图 9.31 所示，当导体 A 和导体 B 形状、大小、相对位置确定后，导体 A 所带电量 q 与导体 A 和导体 B 之间的电势差 U_{AB} 的比值称作电容器的电容，写成等式为

$$C = \frac{q}{U_A - U_B} = \frac{q}{U_{AB}}. \tag{9.33}$$

组成电容器的两导体叫作电容器的极板. 极板之间可以是真空的，但更常见的是填充电介质. 在实际应用的电容器中，对屏蔽性的要求不是太高，只需要从一极板发出的电场线终止于另一极板.

常见的电容器按极板的形状有平行板电容器、同轴圆柱形电容器和同心球形电容器等. 根据式（9.33），可以方便地计算电容器的电容. 下面以极板面积为 S、两极板间充满介电常数为 ε 的电介质且距离为 d 的平行板电容器为例，如图 9.32 所示，设平行板电容器两极板上电荷分别为 $+q$ 和 $-q$，两极板的长和宽很大而间距很小，忽略边界效应，则电荷均匀分布在内表面，两极板上的电荷面密度分别为 $\pm\sigma = \pm\dfrac{q}{S}$.

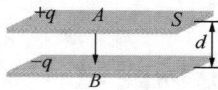

图 9.32　平行板电容器

两极板间电场强度大小为 $E = \dfrac{\sigma}{\varepsilon}$，方向垂直极板由正电荷极板指向负电荷极板. 根据电势差公式，得到两极板的电势差为

$$U = \int_+^- \vec{E} \cdot d\vec{l} = \frac{\sigma}{\varepsilon}d.$$

由式（9.33）得到平行板电容器的电容为

$$C = \frac{\varepsilon S}{d} = \frac{\varepsilon_r \varepsilon_0 S}{d}, \tag{9.34}$$

式中 ε_r 为相对介电常数.

利用类似的方法可以得到长度为 l、内外半径为 R_A 和 R_B 的同轴圆柱形

电容器的电容 $C = \dfrac{2\pi\varepsilon l}{\ln \dfrac{R_B}{R_A}}$ （$l \gg R_B - R_A$）；内外半径为 R_A 和 R_B 的同心球形电容

器的电容 $C = \dfrac{4\pi\varepsilon_0 R_A R_B}{R_B - R_A}$ （$R_B \gg R_B - R_A$）.

电容器还有很多类型，比如按性能分有固定电容器、半可变电容器和可变电容器；按所夹的电介质分有纸介质电容器、陶瓷介质电容器、电解电容器等.

实际应用中电容器的电容值和耐压值是非常重要的性能指标，首先是电容值应该满足电路的设计要求，其次耐压值应该不小于电路中可能达到的电压，否则高压可能击穿两极板间的电介质，从而使电介质从绝缘体变成导体，电容器也就失去了它的作用. 实际应用中常把几个电容器连接起来使用，基本的联接方式有串联和并联两种.

（1）将 n 个电容器串联时（见图 9.33），各电容器上的电量相等，总电压等于各个电容器上的电压之和，总电容的倒数等于各个电容的倒数之和.

$$\frac{1}{C} = \frac{1}{C_1} + \frac{1}{C_2} + \cdots + \frac{1}{C_n}. \tag{9.35}$$

（2）并联时（见图 9.34），各电容器上的电压相等，总电量等于各个电容器上的电量之和，总电容等于各个电容的代数和.

$$C = C_1 + C_2 + \cdots + C_n. \tag{9.36}$$

图 9.33　电容器串联

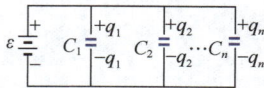

图 9.34　电容器并联

三、电容器储能

电容器的充电过程是把正电荷从电容器的负极板移到正极板，在两极板间逐渐形成稳定电场的过程. 充电过程可以设想为不断地把微小电量 $\mathrm{d}q$ 从负极板移到正极板，电源克服电场力做的功为

$$-\mathrm{d}A = U\mathrm{d}q.$$

如继续充电，则电源继续做功，功不断地转化为电能存储在电容器中. 假设充电完毕时两极板的电量为 $+Q$ 和 $-Q$，电势差为 U，则电源克服电场力做的功等于电容器所储存的电能，有

$$W = -A = \int_0^Q U\mathrm{d}q = \frac{1}{2}\frac{Q^2}{C}. \tag{9.37a}$$

式（9.37a）还可以表示为

$$W = \frac{1}{2}CU^2 = \frac{1}{2}UQ. \tag{9.37b}$$

式（9.37a）和式（9.37b）就是电容器储能公式，这两个结果对于任何电容器都成立. 在一定的电压下，电容 C 大的电容器储能也多，电容可

同轴圆柱形电容器电容的计算

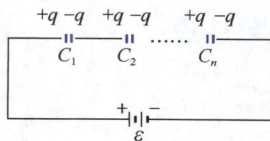

反映电容器储能本领的大小.

四、静电场能量

电容器在新能源
汽车中的应用

电容器充电过程中电源做功转化的电能储存在哪里？我们需要通过实验来得出答案. 在不随时间变化的静电场中，电场和电荷总是同时存在的，因此无法分辨电能是与电场相联系，还是与电荷相联系. 在后面我们将看到，随着时间变化的电场和磁场将形成电磁波并在空间传播，电场可以脱离电荷而传播到远处. 而现在无线电技术已经证实电磁波携带能量. 大量事实表明，电能是储存在电场中的.

电能分布在电场中，用描述电场的物理量$\vec{E}$表示. 以极板面积为S、电量为Q、两极板间的电介质相对介电常数为ε_r且两极板的距离为d的平行板电容器为例. 因为极板的电荷面密度为$\sigma = \dfrac{Q}{S}$，极板之间的电势差为$U = Ed$，利用$W = \dfrac{1}{2}UQ$得到

$$W = \frac{1}{2}\sigma SU = \frac{1}{2}DSEd = \frac{1}{2}DSV.$$

在平行板电容器内，电场是均匀的，电能也是均匀分布的. 电场中单位体积的能量即电场能量密度为

$$w = \frac{1}{2}DE = \frac{1}{2}\vec{D} \cdot \vec{E}. \tag{9.38}$$

式（9.38）可以推广到任意分布的电场. 在非均匀电场中，总的电场能量

$$W = \iiint_V w\mathrm{d}V = \iiint_V \frac{1}{2}DE\mathrm{d}V. \tag{9.39a}$$

若真空中有$D = \varepsilon_0 E$，则有$W = \iiint_V \dfrac{1}{2}\varepsilon_0 E^2 \mathrm{d}V$.

若电介质各向同性且均匀极化，有$D = \varepsilon E = \varepsilon_0 \varepsilon_r E$，则有

$$W = \iiint_V \frac{1}{2}\varepsilon E^2 \mathrm{d}V,$$

其中电能包含了电介质的极化能.

在任意的电介质中，总的电场能量采用如下表示形式：

$$W = \iiint_V \frac{1}{2}\vec{D} \cdot \vec{E}\mathrm{d}V, \tag{9.39b}$$

其中V是指整个电场空间.

能量是物质的固有属性之一，静电场具有能量的结论，证明静电场是一种特殊形态的物质.

例 9.15　已知内外球面半径分别为 R_A 和 R_B、两球面间充满均匀各向同性电介质、相对介电常数为 ε_r 的球形电容器，求球形电容器的电容和静电能.

解　设内外球面带电量分别为 $+q$ 和 $-q$，如图 9.35 所示. 通过例 9.11 知带电球面在空间的电场分布：$E=\dfrac{q}{4\pi\varepsilon_0\varepsilon_r r^2}$（$R_A<r<R_B$），

$E=0$（$r<R_A$ 和 $r>R_B$）.

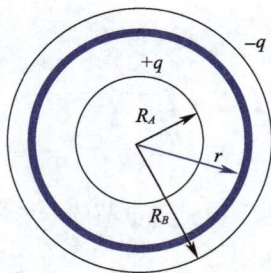

图 9.35　球形电容器

（1）内外球面的电势差

$$U_{内外}=\int_r\vec{E}\cdot\mathrm{d}\vec{r}=\int_{R_A}^{R_B}\frac{q}{4\pi\varepsilon_0\varepsilon_r r^2}\mathrm{d}r=\frac{q}{4\pi\varepsilon_0\varepsilon_r}\left(\frac{1}{R_A}-\frac{1}{R_B}\right),$$

根据电容器电容的定义［式（9.33）］得到

$$C=\frac{q}{U_{内外}}=\frac{q}{\dfrac{q}{4\pi\varepsilon_0\varepsilon_r}\left(\dfrac{1}{R_A}-\dfrac{1}{R_B}\right)}=\frac{4\pi\varepsilon_0\varepsilon_r R_A R_B}{R_B-R_A}.$$

从电容的结果知，当电容器内部充满电介质时，电容 $C=\varepsilon_r C_0$，电容扩大到原来的 ε_r 倍. 由此可见，电介质的插入可以改变电容器的电容.

（2）在两球面之间任取一体积元 $\mathrm{d}V=4\pi r^2\mathrm{d}r$，该体积元内的静电能

$$\mathrm{d}W=w\mathrm{d}V=\frac{1}{2}\varepsilon_0\varepsilon_r E^2\mathrm{d}V=\frac{1}{2}\varepsilon_0\left(\frac{q}{4\pi\varepsilon_0 r^2}\right)^2 4\pi r^2\mathrm{d}r,$$

总静电能 $W=\displaystyle\int_V\mathrm{d}W=\int_{R_A}^{R_B}\frac{q^2}{8\pi\varepsilon_0 r^2}\mathrm{d}r=\frac{q^2}{8\pi\varepsilon_0}\left(\frac{1}{R_A}-\frac{1}{R_B}\right)$

$$=\frac{1}{2}\frac{q^2}{\dfrac{R_A R_B}{4\pi\varepsilon_0\,\dfrac{R_A R_B}{R_B-R_A}}}=\frac{1}{2C}q^2,$$

这再次说明电容器储能公式［式（9.37a）和式（9.37b）］对于任何电容器都成立.

本章提要

一、基本规律

1. 库仑定律

$$\bullet\ \vec{F}=\frac{1}{4\pi\varepsilon_0}\frac{q_1q_2}{r^2}\vec{r_0}$$

2. 电场力叠加原理

$$\bullet\ \vec{F}=\sum_{i=1}^n\vec{F_i}=\sum_{i=1}^n\frac{1}{4\pi\varepsilon_0}\frac{q_iq_0}{r_i^2}\vec{r_{i0}}$$

二、基本物理量

1. 电场强度

• $\vec{E} = \dfrac{\vec{F}}{q_0}$

（1）点电荷的电场强度

$$\vec{E} = \frac{1}{4\pi\varepsilon_0} \frac{q}{r^2} \vec{r}_0$$

（2）点电荷系的电场强度

$$\vec{E} = \sum_{i=1}^{n} \vec{E}_i = \sum_{i=1}^{n} \frac{1}{4\pi\varepsilon_0} \frac{q_i}{r_i^2} \vec{r}_{i0}$$

（3）任意带电体的电场强度

$$\vec{E} = \int_V d\vec{E} = \frac{1}{4\pi\varepsilon_0} \int_V \frac{dq}{r^2} \vec{r}$$

2. 电场力做功

• $W_{ab} = \sum\limits_{i=1}^{n} \dfrac{q_0 q_i}{4\pi\varepsilon_0} \left(\dfrac{1}{r_{ai}} - \dfrac{1}{r_{bi}} \right) = q_0 (U_a - U_b)$

3. 电势（以无穷远处为电势零点）

• $U_a = \dfrac{E_{pa}}{q_0} = \dfrac{W_{ab}}{q_0} = \int_a^b \vec{E} \cdot d\vec{l}$

（1）点电荷的电势

$$U_P = \int_P^\infty \vec{E} \cdot d\vec{l} = \int_r^\infty \frac{q}{4\pi\varepsilon_0 r^2} dr = \frac{q}{4\pi\varepsilon_0 r}$$

（2）点电荷系的电势

$$U_P = \int_P^\infty \vec{E} \cdot d\vec{l} = \int_r^\infty \left(\sum_{i=1}^{n} \frac{1}{4\pi\varepsilon_0} \frac{q_i}{r_i^2} \vec{r}_{i0} \right) \cdot d\vec{r}_i = \sum_{i=1}^{n} \frac{1}{4\pi\varepsilon_0} \frac{q_i}{r_i}$$

（3）任意带电体的电势

$$U = \int_V dU = \int_V \frac{dq}{4\pi\varepsilon_0 r}$$

三、静电场的基本性质

1. 静电场中的高斯定理

• $\Phi_e = \oiint_S \vec{E} \cdot d\vec{S} = \dfrac{1}{\varepsilon_0} \sum\limits_{S内} q_i$

2. 静电场中的安培环路定理

• $\oint \vec{E} \cdot d\vec{l} = 0$

四、导体的静电平衡

（1）静电平衡条件：导体内任一点的电场强度都等于零；导体表面附近的电场强度处处与表面垂直.

（2）电荷分布：实心导体电荷只分布在导体的表面；空腔导体内无带电体时，电荷只分布在空腔导体的外表面，有带电体 q 时，空腔导体内表面的感应电荷为 $-q$，外表面的感应电荷为 $+q$.

（3）孤立的导体表面曲率越大，面电荷密度越大；表面曲率越小，面电荷密度越小.

（4）导体表面附近的电场强度 $E = \dfrac{\sigma}{\varepsilon_0}$.

（5）静电场中电介质的两种极化：位移极化和取向极化.

（6）极化强度 $\vec{P}$ 是表征电介质极化程度的物理量.

（7）电位移矢量 $\vec{D} = \varepsilon_0 \vec{E} + \vec{P}$，在各向同性的电介质中 $\vec{D} = \varepsilon_0 \varepsilon_r \vec{E} = \varepsilon \vec{E}$.

（8）电介质中的高斯定理 $\oint_S \vec{D} \cdot \mathrm{d}\vec{S} = \sum_{S内} q_i$.

五、电容及电容器

1. 孤立导体的电容

- $C = \dfrac{q}{U}$

2. 电容器的电容

- $C = \dfrac{q}{U_A - U_B} = \dfrac{q}{U_{AB}}$

3. 3 种电容器的电容

- 平行板电容器电容　$C = \dfrac{\varepsilon S}{d} = \dfrac{\varepsilon_r \varepsilon_0 S}{d}$

- 圆柱形电容器电容　$C = \dfrac{2\pi \varepsilon l}{\ln \dfrac{R_B}{R_A}}$　（$l \gg R_B - R_A$）

- 球形电容器电容　$C = \dfrac{4\pi \varepsilon_0 R_A R_B}{R_B - R_A}$　（$R_B \gg R_B - R_A$）

六、静电场的能量

1. 电容器储能

- $W = \dfrac{1}{3} C U^2 = \dfrac{1}{2} U Q$

2. 电场能量密度

- $w = \dfrac{1}{2} \vec{D} \cdot \vec{E}$

3. 电场能量

- $W = \iiint_V \dfrac{1}{2} \vec{D} \cdot \vec{E} \mathrm{d}V$

本章习题 A⁺

9.1 下列说法中，正确的是（　　）.

  A. 电场中某点电场强度的方向，就是将点电荷放在该点所受电场力的方向

  B. 在以点电荷为中心的球面上，由该点电荷所产生的电场强度处处相同

  C. 电场强度可由 $\vec{E}=\dfrac{\vec{F}}{q_0}$ 定出，其中 q_0 为试验电荷，$\vec{F}$ 为试验电荷所受的电场力

  D. 以上 3 种说法都不正确

9.2 点电荷 Q 被曲面 S 所包围，从无穷远处引入另一点电荷 q 至曲面外一点，如图 9.36 所示，则引入前后，（　　）.

  A. 曲面 S 上电通量不变，曲面上各点电场强度不变

  B. 曲面 S 上电通量变化，曲面上各点电场强度不变

  C. 曲面 S 上电通量变化，曲面上各点电场强度变化

  D. 曲面 S 上电通量不变，曲面上各点电场强度变化

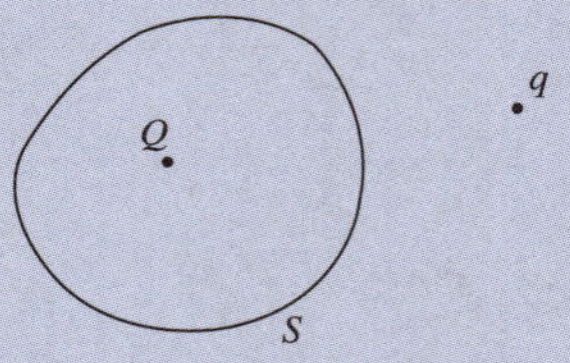

图 9.36　9.2 题图

9.3 下列说法中正确的是（　　）.

  A. 电势为零的物体一定不带电

  B. 电势为零的地方电场强度也一定为零

  C. 负电荷沿电场线方向移动时，电势能增加

  D. 正电荷处在电场中时，电势能总是正值

9.4 两个相互绝缘的同心金属球面分别带上电后，内、外金属球面的电势分别为 U_1 和 U_2（取无穷远处为电势零点）. 现用导线将两球面相连，则它们的电势为（　　）.

  A. U_1 B. U_2

  C. U_1+U_2 D. $\dfrac{U_1+U_2}{2}$

9.5 平行板电容器充电后保持与恒压电源相连，然后将其充满介电常数为 ε 的各向同性均匀电介质，保持不变的量是（　　）.

  A. 电容器的电容   B. 电容器储存的能量

  C. 电容器的电量   D. 电容器极板间的电场强度

9.6 边长为 a 的正方形，3 个顶点上分别放置电量均为 q 的点电荷，则正方形中心处的电场强度大小 $E =$ _____.

9.7 如图 9.37 所示，点电荷 q 位于正方体的顶点 A 上，则通过侧面 S 的电通量 $\varPhi_e =$ _____.

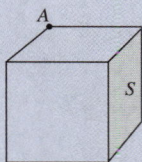

图 9.37　9.7 题图

9.8 静电场力做功的特点是：功的数值与_____有关，与_____无关. 因此，静电场力属于_____力.

9.9 电荷面密度为 σ 的无限大均匀带电平面，以该平面上的某点为电势零点，则离带电平面距离为 x 处的电势 $U =$ _____.

9.10 真空中的平行板电容器，充电后将电源断开，然后在极板之间充满相对介电常数为 ε_r 的各向同性均匀电介质. 此时两极板之间的电场强度大小变为原来的_____倍；电容变为原来的_____倍；电场能量变为原来的_____倍.

9.11 电量都是 q 的 3 个点电荷，分别放在正三角形的 3 个顶点上. 问：（1）在正三角形的中心放一个什么样的电荷，可以使这 4 个电荷都达到平衡（每个电荷受其他 3 个电荷的库仑力之和都为 0）？（2）这种平衡与正三角形的边长有什么关系？

9.12 在氢原子中，电子与质子的距离为 $5.3 \times 10^{-11}\,\mathrm{m}$，试求静电力及万有引力，并比较这两个力的数量关系.

9.13 如图 9.38 所示，在直角三角形 ACB 的 A 点，有点电荷 $q_1 = 1.8 \times 10^{-9}\,\mathrm{C}$，$B$ 点有点电荷 $q_2 = -4.8 \times 10^{-9}\,\mathrm{C}$，$AC = 3\mathrm{cm}$，$BC = 4\mathrm{cm}$，试求 C 点的电场强度.

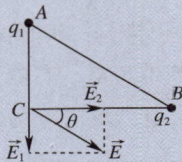

图 9.38　9.13 题图

9.14 半径为 R 的一段圆弧，圆心角为 120°，一半均匀带正电，另一半均匀带负电，其电荷线密度分别为 $+\lambda$ 和 $-\lambda$，求圆心处的电场强度.

9.15 均匀带电细棒，棒长为 a，电荷线密度为 λ. 求：

（1）棒的延长线上与棒的近端相距 r_1 处的电场强度；

（2）棒的垂直平分线上与棒的中点相距 r_2 处的电场强度.

9.16 求沿轴线方向单位长度带电量为 λ 的均匀带电圆柱面的电场分布.

9.17 如图 9.39 所示，电荷体密度为 ρ 的均匀带电球体中，挖去一个完整的小球体，大球心指向小球心的矢量为 $\vec{a}$. 求球形空腔内任一点 P 处的电场强度.

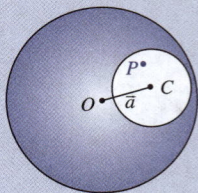

图 9.39　9.17 题图

9.18 （1）点电荷 q 位于一个边长为 a 的立方体中心，试求在该点电荷电场中穿过立方体一面的电通量.

（2）如果将该场源点电荷移到立方体的一个顶点上，这时通过立方体各面的电通量是多少？

9.19 如图 9.40 所示，在 A、B 两点处放有电量分别为 $+q$ 和 $-q$ 的点电荷，AB 间距离为 $2R$，现将另一正试验电荷 q_0 从 O 点经过半圆弧路径移到 C 点，求移动过程中电场力所做的功.

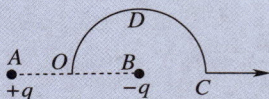

图 9.40　9.19 题图

9.20 一半径为 R 的均匀带电圆盘，电荷面密度为 σ. 设无穷远处为电势零点，计算圆盘中心 O 点的电势.

9.21 内、外半径分别为 a 和 b 的均匀带电球形壳层，电荷体密度为 ρ. 求壳层区域内任一点 P 处的电场强度大小.

9.22 如图 9.41 所示，左侧是 P 型半导体，右侧是 N 型半导体，两种半导体交界面附近的过渡区称为 PN 结. PN 结是半导体芯片的基础结构. PN 结自身是一个带电区域，假设左右两部分厚度均为 a，左侧带负电，右侧带正电. 以正、负电荷分界处为原点 O，垂直界面向右为 x 轴. 在带电区域内电场分布为

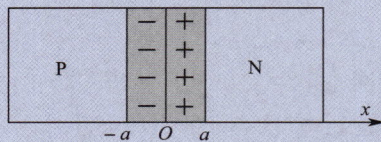

图 9.41　9.22 题图

$$E_- = -\frac{\rho}{\varepsilon_0}(x+a), \quad -a < x < 0,$$

$$E_+ = \frac{\rho}{\varepsilon_0}(x-a), \quad 0 < x < a,$$

ρ 为正常数. 不带电区域电场强度为 0. 以原点 O 为电势零点，求空间的电势 U 随 x 变化的表达式，并画出 U–x 曲线.

9.23 如图 9.42 所示，内、外半径分别为 R_1 和 R_2 的两个无限长同轴带电圆柱面，电荷在圆柱面上均匀分布，单位长度上的电量分别为 $+\lambda$ 和 $-\lambda$.

（1）求电场强度的分布，画出 E–r 曲线（r 为场点到圆柱轴线的距离）.

（2）计算内、外圆柱面之间的电势差.

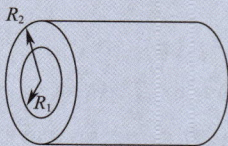

图 9.42　9.23 题图

9.24 如图 9.43 所示，两块无限大的平行带电板，A 板带正电，B 板带负电并接地（地的电势为 0），设 A 和 B 两板相隔 5.0cm，两板上的电荷面密度均为 $\sigma = 3.3 \times 10^{-6} \text{C} \cdot \text{m}^{-2}$. 求：

（1）在两板之间离 A 板 1.0cm 处 P 点的电势；

（2）A 板的电势.

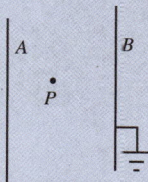

图 9.43　9.24 题图

9.25 （1）设地球表面附近的电场强度约为 $200 \text{V} \cdot \text{m}^{-1}$，方向指向地球中心，试求地球所带有的总电量.

（2）在离地面 1400m 高处，电场强度降为 $20 \text{V} \cdot \text{m}^{-1}$，方向仍指向地球中心，试计算在 1400m 下大气层里的平均电荷密度.

9.26 如图 9.44 所示，同轴电缆是由半径为 R_1 的导体圆柱和半径为 R_2 的同轴薄圆筒构成的，其间充满了相对介电常数为 ε_r 的均匀电介质. 设沿轴线单位长度上圆柱和圆筒的带电量分别为 $+\lambda$ 和 $-\lambda$，则通过电介质内长为 l、半径为 r 的同轴封闭圆柱面的电位移通量为多少？圆柱面上任一点的电场强度为多少？

9.27 设板面积为 S 的平行板电容器极板间有两层电介质，介电常数分别为 ε_1 和 ε_2，厚度分别为 d_1 和 d_2，如图 9.45 所示. 求电容器的电容.

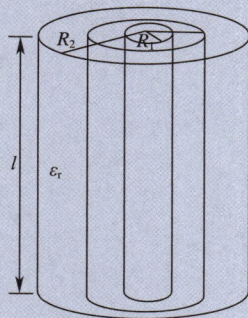

图 9.44　9.26 题图

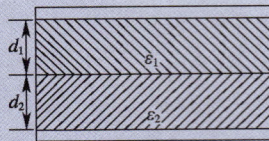

图 9.45　9.27 题图

9.28 半径为 R_1 的金属球外还有一层半径为 R_2 的均匀电介质，相对介电常数为 ε_r. 设金属球带电 Q_0，求：

（1）电介质层内、外，D、E、P 的分布；

（2）电介质层内、外表面的极化电荷面密度.

9.29 计算均匀带电导体球壳的静电场能. 已知球壳半径为 R，带电量为 Q，球壳外为真空.

9.30 平行板电容器电容为 C_0.（1）若充以电荷量 Q，其中储藏了多少电能？如果将此电容器两极板间的距离拉开一倍，所储电能变为多少？（2）若两极板间电势差为 U，其中储藏了多少电能？如果保持 U 不变而将两极板距离拉开一倍，所储电能变为多少？

本章习题
参考答案

第10章

稳恒磁场

　　磁现象起源于电荷的运动. 实验表明,在运动电荷周围的空间, 不仅伴有电场, 同时伴有磁场. 磁场跟电场一样是物质存在的一种形式. 运动电荷之间的相互作用是通过磁场来实现的. 运动的电荷、传导的电流和变化的电场周围都有磁场存在.

　　本章主要介绍稳恒电流产生的磁场, 包括磁场的产生、基本规律和磁场与物质的相互作用等内容. 本章首先引入磁感应强度来描述磁场的性质, 然后介绍电流激发磁场的基本规律及稳恒磁场的两条基本定理——磁场中的高斯定理和安培环路定理, 接着介绍运动电荷和电流在磁场中的受力规律, 最后介绍磁介质及磁介质中的安培环路定理. 本章用到的研究方法与第9章相似, 大家在学习过程中可以采用比较法学习.

10.1 电流和电动势

一、电流

图 10.1　导体回路

由第 9 章知识知，静电平衡时金属导体内部电场强度为零，导体是个等势体。尽管导体内部存在可以自由移动的电子，但没有静电场对它们产生作用，因而没有电流。如图 10.1 所示，当导体两端接入一电源时，在电场的作用下，导体内的电子将做定向运动，产生电流。

电流就是大量电荷有规则地宏观定向运动所形成的，自由电荷在导体中定向运动形成的电流称为传导电流，带电物体做机械运动形成的电流称为运流电流。电流方向为正电荷移动的方向，大小用电流强度描述。电流强度只能从整体上反映导体内电流的大小。当通过任一截面的电量不均匀时，导体的不同部分电流的大小和方向都可能不一样。引入一个描述空间不同点电流的物理量——电流密度矢量。电流密度矢量 $\vec{j}$ 指某点电场强度方向单位垂直面积上的电流大小，即有

$$\vec{j} = \frac{\mathrm{d}I}{\mathrm{d}S_{\perp}}\vec{n},$$

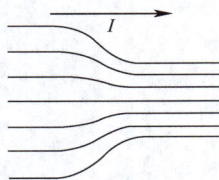

图 10.2　电流密度的流线

式中 $\vec{n}$ 是电场强度方向垂直面上的法线方向单位矢量，与电场强度方向相同。因此，电流密度矢量 $\vec{j}$ 的大小等于通过与该点电场强度方向垂直的单位面积的电流强度，单位为安培每平方米，方向沿该点电场强度方向。图 10.2 所示为电流密度的流线。

在图 10.3 中，当面元 $\mathrm{d}\vec{S}$ 的法线方向 $\vec{n}$ 与导体内某点的 $\vec{j}$ 的方向成 θ 角时，通过 $\mathrm{d}\vec{S}$ 的电流为 $\mathrm{d}I = \vec{j} \cdot \mathrm{d}S_{\perp}\vec{n} = j\cos\theta\mathrm{d}S = \vec{j} \cdot \mathrm{d}\vec{S}$，通过导体中任一面积的电流

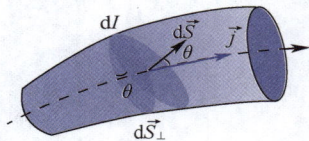

图 10.3　电流密度与
电流的关系

$$I = \iint_{s} j\cos\theta\mathrm{d}S = \iint_{s} \vec{j} \cdot \mathrm{d}\vec{S}.$$

显然，通过某一封闭曲面的电流密度的通量为

$$I = \oiint_{s} \vec{j} \cdot \mathrm{d}\vec{S}.$$

根据电荷守恒定律，单位时间内从封闭曲面流出的电量（即电流）应等于该封闭曲面内电荷 q 的减少率，即

$$\oiint_{s} \vec{j} \cdot \mathrm{d}\vec{S} = -\frac{\mathrm{d}q}{\mathrm{d}t}. \tag{10.1}$$

式（10.1）为电流的连续性方程.

导体内各处电流密度不随时间变化的电流称为稳恒电流，显然，在稳恒电流的情况下，在任意一段时间内，从封闭曲面内流出的电量应和流入的电量相等，即通过任一封闭曲面的电流密度的通量应等于零，即有

$$\oiint_s \vec{j} \cdot d\vec{S} = 0. \qquad (10.2)$$

在稳恒电流情形下，导体内电荷的分布不随时间改变. 由不随时间变化的电荷分布产生不随时间变化的电场，这种电场称为稳恒电场. 稳恒电场与静电场有很多相似之处，如服从高斯定理和电场强度环路积分为零的安培环路定理、电势差等. 稳恒电场与静电场也有不同之处，静电场是由静止电荷产生的，而稳恒电场由处于动态平衡状态下做定向运动的电荷产生，维持这种电场需要能量.

二、电动势

导体回路中要维持稳恒电流，则在导体的两端必定存在恒定的电势差. 以电容器放电时产生的电流为例来说明.

如图 10.4 所示，当用导线把充了电的电容器两极板 A、B 连接起来后，在静电力作用下，正电荷从 A 板通过导线流向 B 板，在导线内部形成电流. 因为正电荷的移动，使两极板间的电势差逐渐减小直至为零，所以整个过程电路的电流不稳定.

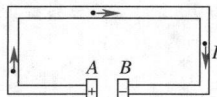

图 10.4　电容器放电

因此，要在导体两端维持恒定的电势差，获得稳恒电流，则需要把由极板 A 经导线流向极板 B 的正电荷再送回极板 A. 能把正电荷从电势较低的点送到电势较高的点的作用力，称为非静电力，记作 $\vec{F}_{非}$. 提供非静电力的装置叫作电源. 作用在单位正电荷上的非静电力称为非静电场电场强度，记作 $\vec{E}_k$，即 $\vec{E}_k = \dfrac{\vec{F}_{非}}{q}$.

电源是一种能将其他形式的能量转换成电能的装置. 为了反映各类不同的电源将其他形式的能量转换成电能的本领，我们引入电源电动势的概念.

电源电动势的大小在数值上等于将单位正电荷从电源负极经由电源内部搬至正极的过程中，非静电力所做的功，即

$$\varepsilon = \int_-^+ \vec{E}_k \cdot d\vec{l}. \qquad (10.3)$$

电动势本身是标量，但为了便于应用，常规定，由电源负极经由电源内部指向正极的方向为电源电动势的方向.

10.2 磁场和磁感应强度

一、基本的磁现象

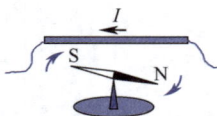

我国古代
对磁现象的认知

早在公元前 3 世纪战国时期，我国就已经发现磁石吸铁现象，到了 11 世纪，北宋科学家沈括创制了指南针，并发现地磁偏角．早期人们对磁现象的观察和实验主要是用天然磁铁进行的，磁铁有两个磁极，指北的一极称为北极，用 N 表示，指南的一极称为南极，用 S 表示．到 18 世纪，人们开始引入磁场的概念，规定小磁针的 N 极在磁场中任一点所指示的方向为磁场在该点的方向，此规定至今还在使用．

磁现象虽然发现很早，但早期其与电现象研究是相互独立进行的．直到 19 世纪初电流磁效应被发现，人们才认识到磁现象与电现象之间有密切的联系．1820 年，丹麦物理学家奥斯特发现通有电流的导线对小磁针有作用，小磁针在导线周围发生偏转，到达一个新的平衡位置，如图 10.5 所示．这是人类第一次发现磁现象和电现象之间存在联系．不久法国科学家安培发现，一根水平放置的导线悬挂在马蹄形磁铁间，通电后的导线被吸入或推出磁铁（见图 10.6）．后来人们还发现磁电之间的联系，如通电导线之间有力的作用（见图 10.7）；通电螺线管与条形磁铁相似；天然磁体能使电子束偏转等．这些现象说明电流周围的空间和磁极周围的空间一样，存在磁场，而磁场对电流，正像对磁极一样，有作用力，这深刻反映了磁现象与运动电荷之间有深刻的联系．

图 10.5　奥斯特实验

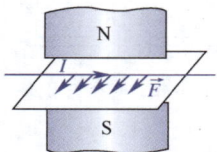

图 10.6　通电导线和
磁铁的作用

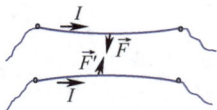

图 10.7　通电导线的
相互作用

奥斯特和安培的发现虽然揭示了磁现象与电现象之间存在联系，电流和磁极都与磁现象相联系，那么磁现象的本质是什么？

安培认为**一切磁现象都起源于电流，提出分子电流假说**．任何物质都是由分子和原子组成的，而组成分子的电子和质子等带电粒子的运动会形成微小的环形电流，称为分子电流，如图 10.8（a）所示．分子电流相当于一个基元磁铁，如图 10.8（b）所示．当物体不显磁性时，各分子电流做无规则排列，它们对外界所产生的磁性相互抵消．在外磁场作用下，与分子电流相当的基元磁铁将趋向于沿外磁场方向取向，从而使整个物体对外显示磁性．一个磁铁与其他磁铁或电流之间的相互作用，实际上就是这些已经排列整齐的分子电流之间或它们与电流之间的相互作用．基元磁铁的两个磁极对应于分子电流的正反两个面，这两个面显然是无法单独存在的．近代分子电流的概念认为，分子电流包含轨道圆电流和自旋圆电流．

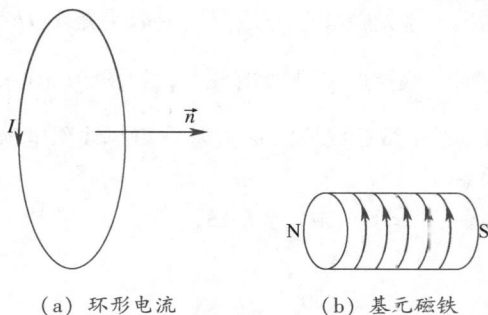

（a）环形电流　　　（b）基元磁铁

图 10.8　分子电流

由于电流是电荷定向运动形成的，所以电流之间的相互作用可以说是运动电荷之间的相互作用. 事实上，在所有情况下，**磁现象是根源于运动电荷的，磁力是运动电荷之间相互作用的表现**.

二、磁感应强度

磁场的建立源于运动的电荷. 运动电荷之间、电流与电流之间、电流与磁铁之间、磁铁与磁铁之间的相互作用是通过磁场传递的. 磁场与电场一样，是客观存在的特殊形态的物质. 其对外的重要表现为：对进入磁场中的运动电荷或载流导体有磁力的作用；载流导体在磁场中移动时，磁场的作用力对载流导体做功，磁场具有能量.

如何描述磁场？类比描述静电场的方法，我们引入磁感应强度矢量 $\vec{B}$ 来描述磁场的强弱和方向.

我们用磁场对载流线圈的作用来定量地描述磁场的性质. 取一载流平面线圈，为了确保线圈所在范围内的磁场性质处处相同，也为了确保线圈的引入不影响原有磁场的性质，要求线圈的线度必须很小，而且通过线圈的电流也必须很小，这样的平面载流线圈，我们称之为试验线圈.

已知试验线圈的面积为 ΔS，线圈中电流为 I，则定义试验线圈的磁矩为

$$\vec{P}_m = I\Delta S\,\vec{n}, \tag{10.4}$$

式中 $\vec{n}$ 表示线圈的法线方向的单位矢量，其与电流流向成右螺旋关系（见图 10.9），磁矩 $\vec{P}_m$ 是矢量，其方向与 $\vec{n}$ 的方向一致. 由式（10.4）可以看出，线圈的磁矩是表征线圈本身特性的物理量.

把试验线圈悬在磁场某处，忽略线圈悬线的扭力矩. 实验表明，线圈受到磁场作用的力矩（称为磁力矩），使试验线圈转到一定的位置而稳定平衡. 在平衡位置时，线圈所受的磁力矩为零，此时线圈正法线所指的方向，定义为线圈所在处的磁场方向，如图 10.10 中实线所示.

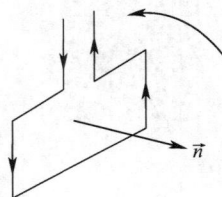

图 10.9　载流平面线圈法线方向的规定

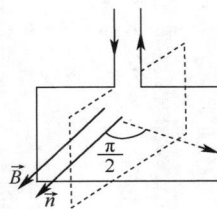

图 10.10　磁感应强度 $\vec{B}$ 定义图示

当试验线圈稍偏离平衡位置时，线圈所受磁力矩不为零. 当试验线圈从平衡位置转过 $\frac{\pi}{2}$ 时，线圈所受磁力矩最大，如图 10.10 中虚线所示，记为 M_{max}. 实验表明，对于试验线圈，最大磁力矩与线圈电流强度大小、试验线圈面积满足关系

$$M_{max} \propto I_0 \Delta S,$$

即

$$M_{max} \propto P_m.$$

$\frac{M_{max}}{P_m}$ 的值保持不变，仅与试验线圈所在位置有关，它反映了试验线圈所在处磁场的性质. 显然，该值的大小反映了各点处磁场的强弱.

人们规定，磁感应强度大小为

$$B = k \frac{M_{max}}{P_m},$$

式中系数 k 由各量的单位决定. 选择合适的单位，可使系数 $k = 1$. 这时，磁感应强度大小表示为

$$B = \frac{M_{max}}{P_m}. \tag{10.5}$$

因而，**描述磁场性质的物理量——磁感应强度的量值等于具有单位磁矩的试验线圈所受到的最大磁力矩，方向与该点处试验线圈在稳定平衡位置时的正法线方向相同.**

在国际单位制中，磁感应强度 $\vec{B}$ 的单位为特斯拉，简称特，用 T 表示. 工程上常用高斯（G）作为单位，$1T = 10^{-4}G$.

三、毕奥-萨伐尔定律

如何计算出电流产生的磁场？法国科学家毕奥、萨伐尔等通过实验、类比推演、再实验验证的方法，总结出电流激发磁场的基本规律——毕奥-萨伐尔定律.

在静电场中，任意形状的带电体所产生的电场强度 $\vec{E}$，可以看成由很多电荷元 dq 所产生的电场强度 $d\vec{E}$ 叠加而成. 采用相同的办法，在磁场中，任意形状的导线在给定点的磁感应强度 $\vec{B}$，可以看成由导线上很多电流元 $Id\vec{l}$ 所产生的电场强度 $d\vec{B}$ 叠加而成，如图 10.11 所示. 毕奥-萨伐尔定律可以这样表述：磁场中，电流元 $Id\vec{l}$ 到某点 P 的矢径为 $\vec{r}$，则电流元在 P 点产生的磁感应强度 $d\vec{B}$ 的大小与 $Id\vec{l}$ 的大小成正比，与 $Id\vec{l}$ 经过小于 $180°$ 的角转到矢径 $\vec{r}$ 的方向角的正弦成正比，与 $\vec{r}$ 的平方成反比，其方向为 $Id\vec{l} \times \vec{r}$ 的方向，其矢量表达式可写为

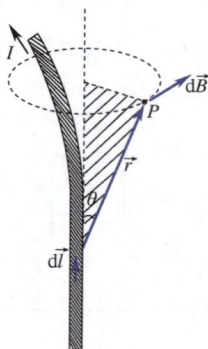

图 10.11　电流元在 P 点的磁感应强度

特斯拉

$$\mathrm{d}\vec{B} = k\frac{I\mathrm{d}\vec{l}\times\vec{r_0}}{r^2},$$

式中$\vec{r_0}$为矢径$\vec{r}$的单位矢量，k为比例系数，取值与磁场中的磁介质和单位制的选取有关.

真空中的磁场，国际单位制时，比例系数$k = \dfrac{\mu_0}{4\pi}$，$\mu_0 = 4\pi\times10^{-7}\mathrm{T}\cdot\mathrm{m}\cdot\mathrm{A}^{-1}$为真空的磁导率. 因而，国际单位制中，真空磁场的毕奥–萨伐尔定律矢量式可表示为

$$\mathrm{d}\vec{B} = \frac{\mu_0}{4\pi}\frac{I\mathrm{d}\vec{l}\times\vec{r_0}}{r^2}; \tag{10.6a}$$

或写成

$$\mathrm{d}B = \frac{\mu_0}{4\pi}\frac{I\mathrm{d}l\sin(I\mathrm{d}\vec{l}\times\vec{r})}{r^2}, \tag{10.6b}$$

方向满足$I\mathrm{d}\vec{l}\times\vec{r}$的右手螺旋关系.

磁场满足叠加原理，任意形状的通电导线在某给定点P产生的磁场，是由电流元在该点共同激发的，即有

$$\vec{B} = \int_L\frac{\mu_0}{4\pi}\frac{I\mathrm{d}\vec{l}\times\vec{r_0}}{r^2}.$$

毕奥–萨伐尔定律不可能直接由实验验证，但计算出的各种形状通电导线产生的磁场和实验测量的结果符合得很好，从而间接证实了毕奥–萨伐尔定律的正确性.

四、毕奥–萨伐尔定律应用实例

下面利用毕奥–萨伐尔定律讨论真空中几种简单形状的载流导线在场点P处的磁感应强度. 具体步骤：先选择合适的电流元，判断电流元产生磁感应强度的方向；然后选择合适的坐标系.

1. 直导线电流的磁场

如图10.12所示，真空中有长度为L的直导线MN，其电流强度为I，求与直导线附近垂直距离为a的场点P处的磁感应强度.

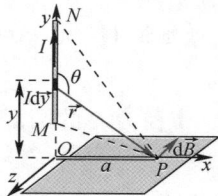

直导线电流的磁场的另一种表示形式

图 10.12　直导线电流的磁场

建立图 10.12 所示坐标系，其中 x 轴通过点 P，y 轴在直导线 MN 上，正方向为电流的方向. 在直导线上任取电流元 $Id\vec{y}$，电流元到 P 点的矢量为 $\vec{r}$，电流元 $Id\vec{y}$ 转到矢径 $\vec{r}$ 的夹角为 θ，按照毕奥-萨伐尔定律，电流元在 P 点的磁感应强度大小为

$$dB = \frac{\mu_0}{4\pi} \frac{Idy\sin\theta}{r^2},$$

方向垂直电流元 $Id\vec{y}$ 与矢径 $\vec{r}$ 构成的平面，即垂直 xOy 平面指向 z 轴的负方向.

由于所有电流元在 P 点的磁感应强度方向相同，直导线中电流在 P 点的总磁感应强度大小

$$B = \int_L dB = \int_L \frac{\mu_0}{4\pi} \frac{Idy\sin\theta}{r^2}.$$

由图 10.12 中的几何关系，得到 y, r, θ 三者之间的关系，$y = -a\cot\theta$，$dy = a\csc^2\theta d\theta$，$r = \dfrac{a}{\sin\theta}$.

因而，直导线中电流在 P 点的总磁感应强度大小又可写为

$$B = \int_{\theta_1}^{\theta_2} \frac{\mu_0}{4\pi} \frac{I\sin\theta d\theta}{a^2},$$

完成积分得到

$$B = \frac{\mu_0 I}{4\pi a}(\cos\theta_1 - \cos\theta_2) . \tag{10.7}$$

上式中 θ_1 和 θ_2 分别是直导线的起点 M 和终点 N 处电流流向与该点到场点 P 的矢径 $\vec{r}$ 的夹角.

若直导线的长度比垂直距离 a 大得多时，则载流直导线可视为"无限长"（见图 10.13），由式（10.7）知，当 $\theta_1 = 0$，$\theta_2 = \pi$ 时，无限长载流直导线的磁感应强度大小

$$B = \frac{\mu_0 I}{2\pi a}. \tag{10.8}$$

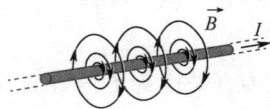

图 10.13　无限长载流导线周围的磁场

另外，若 P 点在直导线上或延长上，则 P 点的磁感应强度为零.

2. 圆形电流轴线上的磁场

真空中通有电流强度为 I、半径为 R 的圆形线圈，求轴线上 P 点的磁感应强度.

如图 10.14 所示，以圆形线圈圆心为坐标系原点 O，x 轴在过圆心的轴线上，y 轴和 z 轴在线圈平面内. 在线圈顶部取电流元 $Id\vec{l}$，电流元垂直

纸面向外，到 P 点的矢径为 $\vec{r}$，$\vec{r}$ 在 xOy 平面内，电流元 $Id\vec{l}$ 在 P 点所产生

的磁感应强度 $d\vec{B}$ 大小为 $dB = \dfrac{\mu_0}{4\pi}\dfrac{Idl}{r^2}$，方向如图 10.14 所示，垂直于电流元

$Id\vec{l}$ 和 $\vec{r}$ 构成的平面. 线圈上各电流元在 P 点产生的磁感应强度 $d\vec{B}$ 的方向都

不同，因而，可以把磁感应强度 $d\vec{B}$ 分解为平行轴线沿 x 轴方向分量 dB_x 和

垂直轴线方向分量 $dB_\perp$，由对称性可知，在垂直轴线方向总的磁感应强度

$\vec{B}_\perp = \int d\vec{B}_\perp = 0$，所以圆形线圈电流在轴线上 P 点的磁感应强度大小为

$$B_x = \int dB_x = \int \frac{\mu_0}{4\pi}\frac{Idl\sin\alpha}{r^2}.$$

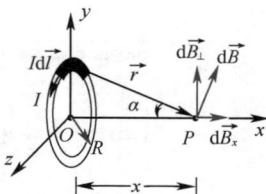

图 10.14　圆形电流轴线上的磁场

由图 10.14 可知 $\sin\alpha = \dfrac{R}{r}$，故

$$B_x = \frac{\mu_0 IR}{4\pi r^3}\int dl = \frac{\mu_0 IR}{4\pi r^3}\cdot 2\pi R = \frac{\mu_0 IR^2}{2(R^2+x^2)^{3/2}}, \tag{10.9}$$

方向沿轴线方向，且垂直于线圈平面，与圆形电流流向成右手螺旋关系，

在图 10.14 中沿 x 轴的正方向，且垂直 yOz 平面.

由式（10.9）可以推导出以下结论.

（1）当 $x \gg R$ 时，P 点的磁感应强度大小为

$$B \approx \frac{\mu_0 IR^2}{2x^3} = \frac{\mu_0}{2\pi}\frac{I\pi R^2}{x^3}. \tag{10.10a}$$

式（10.10a）中 πR^2 为圆形线圈的面积. 因而，磁感应强度的矢量形式为

$$\vec{B} = \frac{\mu_0}{2\pi}\frac{IS}{x^3}\vec{n}. \tag{10.10b}$$

式（10.10b）与电偶极子产生的电场关系相似.

（2）当 $x = 0$ 时，即 P 点在圆心处时，磁感应强度大小为

$$B = \frac{\mu_0 I}{2R}. \tag{10.11a}$$

对于一段圆心角为 θ 的圆弧，在圆心处的磁感应强度大小为

$$B = \frac{\mu_0 I}{2R}\cdot\frac{\theta}{2\pi} = \frac{\mu_0 I\theta}{4\pi R}, \tag{10.11b}$$

方向与电流流向成右手螺旋关系.

3. 直螺线管电流内部磁场

均匀地绕在圆柱面上的螺旋线圈称为螺线管. 设螺线管的半径为 R，总长度为 L，单位长度内的匝数为 n. 若线圈用细导线绕得很密，则每匝线圈可视为圆形线圈. 下面计算直螺线管［见图 10.15（a）］电流内部轴线上任一场点 P 的磁感应强度 $\vec{B}$.

如图 10.15（b）所示，在距 P 点 l 处取一小段 $\mathrm{d}l$，则该小段上有 $n\mathrm{d}l$ 匝线圈，对点 P 而言，这一小段上的线圈等效于电流强度为 $In\mathrm{d}l$ 的一个圆形电流. 根据式（10.9），该圆形电流在 P 点所产生的磁感应强度 $\mathrm{d}B$ 的大小为

$$\mathrm{d}B = \frac{\mu_0}{2}\frac{R^2 In\mathrm{d}l}{(R^2+l^2)^{3/2}},$$

方向与圆形电流构成右手螺旋关系.

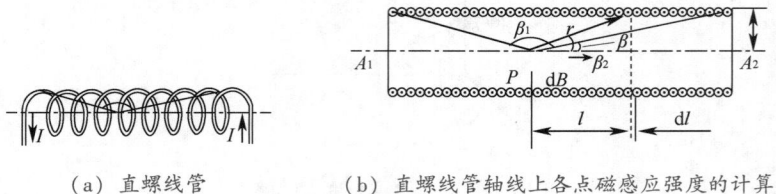

（a）直螺线管　　　　（b）直螺线管轴线上各点磁感应强度的计算

图 10.15　螺线管轴线上的磁场

由圆形电流的磁场分布可知，螺线管上各小段的圆形电流在 P 点所产生的磁感应强度方向都相同，因此整个直螺线管在 P 点所产生的磁感应强度 $\vec{B}$ 的大小为

$$B = \int \mathrm{d}B = \int \frac{\mu_0}{2}\frac{R^2 In\mathrm{d}l}{(R^2+l^2)^{3/2}}.$$

设螺线管轴线与从 P 点到 $\mathrm{d}l$ 处所引矢径 $\vec{r}$ 之间的夹角为 β，则由图 10.15（b）可知，$l,\vec{r},\beta,R$ 之间满足关系

$$l = R\cot\beta,$$

$$\mathrm{d}l = -R\csc^2\beta\mathrm{d}\beta,$$

$$R^2+l^2 = r^2,$$

$$\sin^2\beta = \frac{R^2}{r^2},$$

$$R^2+l^2 = \frac{R^2}{\sin^2\beta} = \csc^2\beta,$$

得到
$$B = \int_{\beta_1}^{\beta_2}\left(-\frac{\mu_0}{2}nI\sin\beta\right)\mathrm{d}\beta = \frac{\mu_0}{2}nI(\cos\beta_2 - \cos\beta_1), \qquad (10.12)$$

式中 β_1 和 β_2 分别表示 P 点到螺线管两端的连线与轴之间的夹角.

（1）若 $R \ll L$，即无限长的螺线管，此时 $\beta_1 \to \pi$，$\beta_2 \to 0$，有

$$B = \mu_0 nI, \qquad (10.13\mathrm{a})$$

即无限长载流直螺线管轴线上各点的磁场是匀强磁场.

（2）对于长直螺线管的端点，如图 10.15（b）中的 A_1 点，$\beta_1 \to \dfrac{\pi}{2}$，

$\beta_2 \to 0$，A_1 点处磁感应强度 $\vec{B}$ 的大小为

$$B = \frac{1}{2}\mu_0 nI. \qquad (10.13b)$$

上式表明，长直螺线管端点轴线上的磁感应强度恰是内部磁感应强度的一半. 载流长直螺线管所产生的磁感应强度 $\vec{B}$ 的方向沿螺线管轴线，可由与电流方向成右手螺旋关系确定. 轴线上各处 $\vec{B}$ 的大小变化情况大致如图 10.16 所示.

另外，实验室常用亥姆霍兹线圈获得均匀磁场，其结构为两个半径均是 R 的同轴圆线圈，两圆线圈中心相距为 a，且 $a = R$. 可以证明，轴上中点附近的磁场近似于均匀磁场.

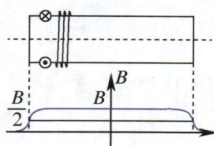

图 10.16　直螺线管
电流内部磁场

10.3 磁场中的高斯定理和安培环路定理

一、磁通量

1. 磁感线

在静电场中，我们引入电场线来形象地描绘电场的分布. 在磁场中，我们引入磁感线来描绘磁场. 在磁场中作一系列曲线，使曲线上每一点的切线方向都和该点的磁场方向一致，用磁感线的密疏反映磁场的强弱，通常约定：穿过磁场中某点垂直于磁感应强度 $\vec{B}$ 的单位面积的磁感线的条数（磁感线的密度）等于该点磁感应强度 $\vec{B}$ 的量值. 这样，磁场较强的地方，磁感线较密，反之，磁感线较疏. 注意，磁感线只是形象描述磁场中磁感应强度分布的手段，实际上并不存在，但可以通过实验方法模拟出来. 图 10.17 展示了不同形状电流周围的磁感线分布情况.

从图 10.17 所示磁感线中，可以得出磁感线的特性如下.

（1）**每一条磁感线都是环绕电流的闭合曲线，与闭合电路互相套合，因此磁场是涡旋场. 磁感线是没有起点也没有终点的闭合回线**.

（2）**任何两条磁感线在空间不相交**，这是因为磁场中任一点的磁场方向都是唯一确定的.

（3）**磁感线方向与电流方向之间满足右手螺旋关系**，如图 10.17（c）所示. 若四指方向为电流方向，则大拇指指向为磁感线方向.

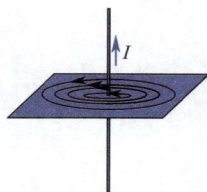

（a）直电流的磁感线

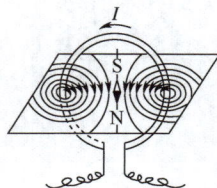

（b）圆形电流的磁感线

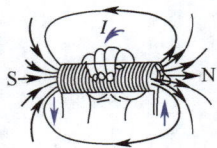

（c）直螺线管电流的
磁感线

图 10.17　不同形状
电流周围的磁感线
分布情况

2. 磁通量

穿过磁场中某一曲面的磁感线总数，称为穿过该曲面的磁通量，用符号 Φ_m 表示.

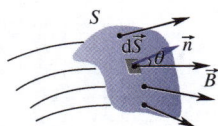

图 10.18　磁通量的计算

在非均匀磁场中，需要通过积分计算穿过任一曲面 S 的磁通量，如图 10.18 所示. 在曲面 S 上取一面积元 $\mathrm{d}\vec{S}$，面积元可视为平面，通过的磁感应强度可视为恒矢量，若面积元法线方向的单位矢量 $\vec{n}$ 与该处的磁感应强度 $\vec{B}$ 成 θ 角，则通过 $\mathrm{d}\vec{S}$ 的磁通量为

$$\mathrm{d}\Phi_m = B\cos\theta\mathrm{d}S = \vec{B} \cdot \mathrm{d}\vec{S}.$$

而通过曲面 S 的磁通量为

$$\Phi_m = \iint_S \vec{B} \cdot \mathrm{d}\vec{S} = \iint_S B\cos\theta\mathrm{d}S. \tag{10.14}$$

在国际单位制中，磁通量的单位为韦伯，符号为 Wb，$1\mathrm{Wb} = 1\mathrm{T} \cdot \mathrm{m}^2$.

二、磁场中的高斯定理

磁感线是没有起点也没有终点的闭合曲线，对磁场中任意闭合曲面 S 来说，有多少条磁感线穿入闭合曲面，就必有同样条数的磁感线穿出闭合曲面. **一般取向外的指向为闭合曲面法线的正方向，穿入闭合曲面的磁通量为负，穿出闭合曲面的磁通量为正，所以穿过任意闭合曲面的总磁通量恒为零，这就是磁场的高斯定理**，表示为

$$\oiint_S \vec{B} \cdot \mathrm{d}\vec{S} = 0. \tag{10.15}$$

闭合回路 L 与
闭合曲面的关系

由磁场中的高斯定理可知，磁场不同于电场. **静电场中的高斯定理反映了电场线起于正电荷，止于负电荷，静电场是有源场. 但磁场中的高斯定理说明穿过任意闭合曲面的总磁通量恒为零，磁感线是闭合曲线，磁场为无源场. 在自然界中至今尚未发现有磁单极存在.**

三、磁场中的安培环路定理

在静电场中，用静电场安培环路定理即 $\oint_L \vec{E} \cdot \mathrm{d}\vec{l} = 0$ 从一个侧面描述静电场的性质，知道静电场为保守场. 下面我们将讨论稳恒电流的磁场中磁感应强度 $\vec{B}$ 的环流，探讨磁场的性质.

先讨论特殊的情况——真空中无限长直导线电流的磁场. 如图 10.19 所示，在无限长直电流产生的磁场中，取与电流垂直的平面上的任一包围载流导线的闭合曲线 L，环路方向与电流方向成右手螺旋关系，由 10.2 节知曲线上任一点 P 的磁感应强度 $\vec{B}$ 的大小为

$$B=\frac{\mu_0 I}{2\pi r},$$

式中 I 为载流直导线中的电流强度，r 为 P 点离导线的垂直距离. 磁感应强度 $\vec{B}$ 的方向平行于平面且与矢径 r 垂直. 由图 10.19 可知

$$\cos\theta\mathrm{d}l=r\mathrm{d}\varphi,$$

则磁感应强度 $\vec{B}$ 沿闭合曲线 L 的线积分

$$\oint_L \vec{B}\cdot\mathrm{d}\vec{l}=\oint_L B\cos\theta\mathrm{d}l=\oint_L Br\mathrm{d}\varphi=\frac{\mu_0 I}{2\pi}\int_0^{2\pi}\mathrm{d}\varphi=\mu_0 I.$$

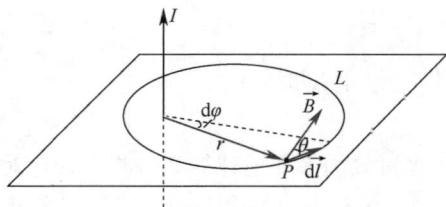

图 10.19 安培环路定理

如果使曲线积分的绕行方向（环路方向）反过来（或在图 10.19 中，积分绕行方向不变，而电流方向反过来），则磁感应强度 $\vec{B}$ 沿闭合曲线 L 的线积分将变为负值，即

$$\oint_L \vec{B}\cdot\mathrm{d}\vec{l}=-\mu_0 I.$$

如果闭合回路不包围载流导线，磁感应强度 $\vec{B}$ 沿闭合曲线 L 的线积分将等于零，即

$$\oint_L \vec{B}\cdot\mathrm{d}\vec{l}=0.$$

以上讨论对直导线电流的磁场而言，磁感应强度环流 $\oint_L \vec{B}\cdot\mathrm{d}\vec{l}$ 的量值，仅与积分环路所围的电流强度和磁导率有关，与积分回路的形状无关. 经过大量的研究发现，直导线电流的环流特性对任何形状的稳恒电流激发的磁场都成立，其结论具有普遍性. 这一具有普遍规律性的关系式称为安培环路定理，可表述如下.

在真空中的稳恒电流磁场中，磁感应强度 $\vec{B}$ 沿任意闭合曲线 L 的线积分（也称 $\vec{B}$ 矢量的环流），等于穿过这个闭合曲线的所有电流强度（即穿过以闭合曲线为边界的任意曲面的电流强度）的代数和的 μ_0 倍，表示为

$$\oint_L \vec{B}\cdot\mathrm{d}\vec{l}=\mu_0\sum_{i=1}^n I_i. \tag{10.16}$$

式（10.16）中，对于 L 内的电流的正负，我们做这样的规定：当穿过回路 L 的电流方向与回路 L 的绕行方向符合右手螺旋关系时，电流强度 I 为正，反之为负；如果电流不穿过回路 L，则对于式（10.16）右端，磁

感应强度环流 $\oint_L \vec{B} \cdot d\vec{l}$ 无贡献，大家不可误认为沿回路 L 的各点的磁感应强度仅由 L 内所包围的那部分电流所产生．

安培环路定理反映了稳恒电流的磁场与静电场的一个截然不同的性质．我们由静电场的环流 $\oint_L \vec{E} \cdot d\vec{l} = 0$ 引入电势这一物理量来描述电场，但对于稳恒电流的磁场，一般情况下 $\oint_L \vec{B} \cdot d\vec{l} \neq 0$，因此不存在标量势，磁场是非保守力场．同时环流不等于零的矢量场称为有旋场，故磁场又称有旋场（或涡旋场）．

四、安培环路定理的应用

应用安培环路定理可较为简便地计算某些具有特定对称性的载流导线的磁场分布．具体步骤：先根据电流分析磁场分布的对称性或均匀性，然后选择一个合适的积分回路，或者使某一段积分线路上磁感应强度 $\vec{B}$ 为常量，或者使某一段积分线路上磁感应强度 $\vec{B}$ 处处与 $d\vec{l}$ 垂直，最后利用安培环路定理 $\oint_L \vec{B} \cdot d\vec{l} = \mu_0 \sum_{i=1}^{n} I_i$，求出磁感应强度 $\vec{B}$．

1. 无限长直圆柱形载流导体内外磁场的分布

设无限长直圆柱形载流导体，半径为 R，电流 I 均匀地分布在导体的横截面上，如图 10.20（a）所示．显然，场源电流对中心轴线分布对称，因此，其产生的磁场对柱体中心轴线也有对称性，磁感线是一组分布在垂直于轴线的平面上并以轴线为中心的同心圆，与圆柱轴线等距离处的磁感应强度 $\vec{B}$ 的大小相等，方向与电流构成右手螺旋关系．

先讨论圆柱外任一点 P 的磁感应强度．设点 P 与轴线的距离为 r，过 P 点沿磁感线方向作圆形回路 L，则磁感应强度 $\vec{B}$ 沿此回路的环流为

$$\oint_L \vec{B} \cdot d\vec{l} = \oint_L B dl = 2\pi r B.$$

由安培环路定理 $\oint_L \vec{B} \cdot d\vec{l} = \mu_0 \sum_{i=1}^{n} I_i$ 得

$$2\pi r B = \mu_0 I,$$

$$B = \frac{\mu_0 I}{2\pi r} \quad (r > R). \tag{10.17a}$$

从式（10.17a）可看出，无限长直圆柱形载流导体外的磁场与无限长载流直导线产生的磁场相同．

再讨论圆柱内任一点 Q 的磁场．取过 Q 点的磁感线为积分回路，包围在这一回路之内的电流为 $\frac{I}{\pi R^2} \pi r^2$，所以

$$\oint_L \vec{B} \cdot \mathrm{d}\vec{l} = \mu_0 \sum_{i=1}^{n} I_i = \mu_0 \frac{I}{\pi R^2} \pi r^2 ,$$

$$B = \frac{\mu_0 I r}{2\pi R^2} \quad (r < R) . \qquad (10.17\text{b})$$

可见在圆柱内，磁感应强度 $\vec{B}$ 的大小与离轴线的距离 r 成正比；而在圆柱外，磁感应强度 $\vec{B}$ 的大小与离轴线的距离 r 成反比. 图 10.20（b）展示了磁感应强度 $\vec{B}$ 的大小 B 与 r 的关系.

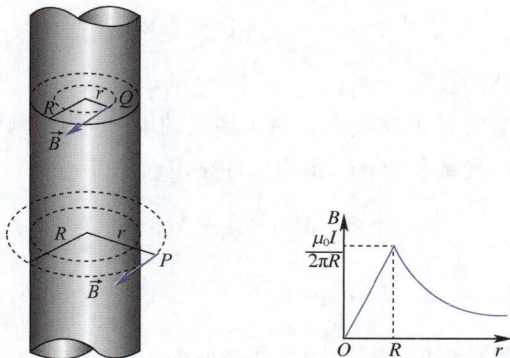

（a）无限长直圆柱形载流导体　　　（b）B 与 r 的关系

图 10.20　无限长直圆柱形载流导体内外磁场的分布

2. 长直载流螺线管内的磁场分布

设有一长直螺线管，每单位长度上密绕 n 匝线圈，通过每匝的电流强度为 I，求管内某点 P 的磁感应强度. 可以证明：由于螺线管相当长，管内中央部分的磁场是匀强的，方向与螺线管轴线平行，管外侧的磁场沿着与轴线垂直的圆周方向且与管内磁场相比很微弱，可忽略不计.

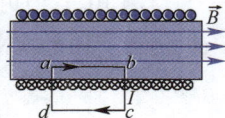

图 10.21　长直载流螺线管内的磁场

为了计算管内某点 P 的磁感应强度，过 P 点作一矩形回路 $abcda$，如图 10.21 所示，则磁感应强度沿此闭合回路的环流为

$$\oint_L \vec{B} \cdot \mathrm{d}\vec{l} = \int_{ab} \vec{B}_1 \cdot \mathrm{d}\vec{l} + \int_{bc} \vec{B}_2 \cdot \mathrm{d}\vec{l} + \int_{cd} \vec{B}_3 \cdot \mathrm{d}\vec{l} - \int_{da} \vec{B}_4 \cdot \mathrm{d}\vec{l} .$$

因为管外侧的磁场忽略不计，管内磁场沿轴线方向，所以

$$\oint_L \vec{B} \cdot \mathrm{d}\vec{l} = B\overline{ab} .$$

闭合回路 $abcda$ 所包围的电流强度的代数和为 $\overline{ab}nI$，根据安培环路定理，得

$$B\overline{ab} = \mu_0 \overline{ab}nI ,$$

故　　　　　　　　　　　　　$$B = \mu_0 nI . \qquad (10.18)$$

可以看出，式（10.18）与式（10.13a）的结果完全相同，但应用安培环路定理推导上式，比较简便.

3. 环形载流螺线管内的磁场分布

均匀密绕在环形管上的线圈形成环形螺线管，称为螺绕环，如图10.22所示. 当线圈密绕时，可认为磁场几乎全部集中在管内，管内的磁感线都是同心圆. 在同一条磁感线上，磁感应强度 $\vec{B}$ 的大小相等，方向就是该圆形磁感线的切线方向.

现在计算管内任一点 P 的磁感应强度 $\vec{B}$，在环形螺线管内取过 P 点的磁感线 L 作为闭合回路，有

$$\oint_L \vec{B} \cdot d\vec{l} = \oint_L B dl = 2\pi r B,$$

式中 L 是闭合回路的长度.

设环形螺线管共有 N 匝线圈，每匝线圈的电流为 I，则闭合回路 L 所包围的电流强度的代数和为 NI. 由安培环路定理，得

$$\oint_L \vec{B} \cdot d\vec{l} = BL = \mu_0 NI,$$

即

$$B = \mu_0 \frac{N}{L} I. \tag{10.19}$$

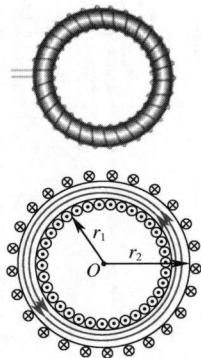

图 10.22　环形载流螺线管内的磁场

当环形螺线管截面的直径比闭合回路 L 的长度小很多时，管内的磁场可近似地认为是均匀的，L 可认为是环形螺线管的平均长度，所以 $\dfrac{N}{L} = n$ 即为单位长度上的线圈匝数，从而

$$B = \mu_0 n I.$$

例 10.1　如图 10.23 所示，一无限大导体薄平板垂直于纸面放置，其上有方向指向读者的电流，面电流密度（通过与电流方向垂直的单位长度的电流）到处均匀，大小为 i，求其磁场分布.

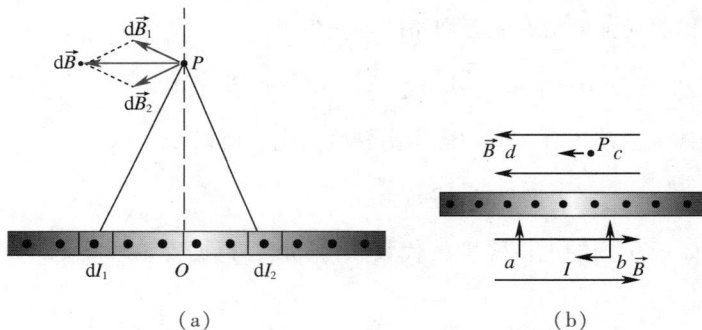

（a）　　　　　　　　　　　（b）

图 10.23　无限大导体薄平板电流的磁场分布计算

解　无限大平面电流可看成由无限多根平行排列的长直电流 dI 所组成. 先分析任一点 P 处磁场的方向，如图 10.23（a）所示，在以 OP 为对称轴的两侧分别取宽度相等的长直电流 dI_1 和 dI_2，则 $dI_1 = dI_2$，它们在 P 点产生的元磁感应强度 $d\vec{B}_1$ 和 $d\vec{B}_2$ 叠加后的合磁场 $d\vec{B}$ 的方向

一定平行于电流平面，方向向左. 由此可知，整个平面电流在 P 点产生的磁场总磁感应强度 $\vec{B}$ 的方向必然平行于电流平面向左. 同理，电流平面的下半部空间 $\vec{B}$ 的方向为平行于电流平面向右. 又由于电流平面无限大，故与电流平面等距离的各点 $\vec{B}$ 的大小相等.

根据以上所述的磁场分布的特点，过 P 点作矩形回路 $abcda$，$ab = ad = l$，如图 10.23（b）所示，其中 ab 和 cd 两边与电流平面平行，而 bc 和 da 两边与电流平面垂直且被电流平面等分. 该回路所包围的电流为 li，由安培环路定理可得

$$\oint_L \vec{B} \cdot d\vec{l} = \int_a^b \vec{B} \cdot d\vec{l} + \int_b^c \vec{B} \cdot d\vec{l} + \int_i^d \vec{B} \cdot d\vec{l} + \int_d^a \vec{B} \cdot d\vec{l}$$
$$= \mu_0 li,$$

于是 $2Bl = \mu_0 li$，进而得

$$B = \frac{1}{2}\mu_0 i. \tag{10.20}$$

上述结果说明，在无限大均匀平面电流两侧的磁场是匀强磁场，且大小相等、方向相反，其磁感线在无限远处闭合，与电流亦构成右手螺旋关系.

10.4 磁场对载流导线的作用

一、安培定律

磁场对载流导线的作用力即磁力，通常称为安培力，其基本规律是安培通过大量实验结果总结出来的，故称为安培定律. 内容如下.

位于磁场中某点处的电流元 $I d\vec{l}$ 将受到磁场的作用力 $d\vec{F}$. $d\vec{F}$ 的大小与电流强度 I、电流元的长度 dl、磁感应强度 $\vec{B}$ 的大小及 $I d\vec{l}$ 与 $\vec{B}$ 的夹角 θ 的正弦成正比，即

$$d\vec{F} = kBIdl\sin\theta.$$

$d\vec{F}$ 的方向垂直于 $I d\vec{l}$ 与 $\vec{B}$ 所组成的平面，指向按右手螺旋法则确定，如图 10.24 所示. 上式中 k 为比例系数，取决于各量所用的单位，在国际单位制中，$k = 1$，此时上式可写成

$$dF = BIdl\sin\theta, \tag{10.21a}$$

写成矢量式为

$$d\vec{F} = I d\vec{l} \times \vec{B}. \tag{10.21b}$$

电磁弹射

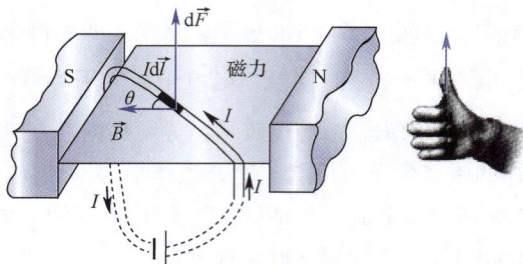

图 10.24 电流元在磁场中所受的安培力

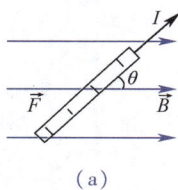

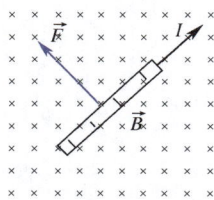

计算一给定载流导线在磁场中所受到的安培力时，必须对各个电流元所受的力 $\mathrm{d}\vec{F}$ 求矢量和，即

$$\vec{F} = \int_L \mathrm{d}\vec{F} = \int_L I\mathrm{d}\vec{l} \times \vec{B}. \qquad (10.22)$$

由于单独的电流元不能获取，因此无法用实验直接证明安培定律．但是用式（10.22），我们可以计算各种形状的载流导线在磁场中所受的安培力，结果都与实验相符合．例如，长为 l 的直导线中通有电流 I，位于磁感应强度为 $\vec{B}$ 的均匀磁场中，若电流方向与 $\vec{B}$ 的夹角为 θ，如图 10.25（a）所示，因为各电流元所受磁力的方向一致，可采用标量积分，所以这段载流直导线所受的安培力大小

$$F = \int_L IB\sin\theta\,\mathrm{d}l = IBl\sin\theta. \qquad (10.23)$$

（a）

（b）

图 10.25 均匀磁场中
一段载流直导线
所受的安培力

$\vec{F}$ 的方向垂直纸面向内，当导线电流方向与磁场方向平行时，导线所受安培力为零；当导线电流方向与磁场方向垂直时，导线所受的力最大，$F_{max} = BIl$，方向既与磁场垂直又与导线垂直，如图 10.25（b）所示．

例 10.2 载有电流 I_1 的长直导线旁边有一与长直导线垂直的共面导线，其载有电流 I_2．其长度为 l，近端与长直导线的距离为 d，如图 10.26 所示．求 I_1 作用在 l 上的力．

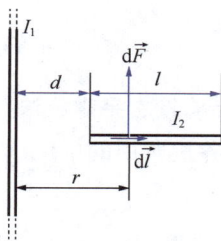

在匀强磁场中任意形状的载流导线受力

图 10.26 例 10.2 图

解 在 l 上取 $\mathrm{d}l$，它与长直导线距离为 r，电流 I_1 在此处产生的磁场方向垂直纸面向内，大小为 $B = \dfrac{\mu_0 I_1}{2\pi r}$.

$\mathrm{d}\vec{l}$ 受力
$$\mathrm{d}\vec{F}=I_2\mathrm{d}\vec{l}\times\vec{B},$$

方向垂直导线 l 向上，大小为

$$\mathrm{d}F=\frac{\mu_0I_1I_2\mathrm{d}l}{2\pi r}=\frac{\mu_0I_1I_2\mathrm{d}r}{2\pi r}.$$

所以，I_1 作用在 l 上的力，方向垂直导线 l 向上，大小为

$$F=\int_l\mathrm{d}F=\int_d^{d+l}\frac{\mu_0I_1I_2\mathrm{d}r}{2\pi r}=\frac{\mu_0I_1I_2}{2\pi}\ln\frac{d+l}{d}.$$

二、磁场对载流线圈的作用

对于载流线圈，我们通常采用磁矩来表征载流线圈的本身属性. 设载流线圈所围面积为 ΔS，线圈中电流为 I_0，则该载流线圈的磁矩定义为
$$P_m=I_0\Delta S_n.$$

磁矩 $\vec{P}_m$ 是矢量，其方向与线圈的法线方向一致，$\vec{n}$ 表示沿法线方向的单位矢量，法线方向与电流流向成右手螺旋关系，如图 10.27 所示. 显然，线圈的磁矩是表征线圈本身特性的物理量.

设在磁感应强度为 $\vec{B}$ 的均匀磁场中，有一刚性矩形线圈，线圈的边长分别为 l_1、l_2，电流强度为 I，如图 10.28（a）所示. 当线圈磁矩的方向 $\vec{n}$ 与磁场 $\vec{B}$ 的方向成 φ 角（线圈平面与磁场的方向成 θ 角，$\varphi+\theta=\dfrac{\pi}{2}$）时，由安培定律，导线 bc 和 da 所受的安培力大小分别为

$$F_1=BIl_1\sin(\pi-\theta)=BIl_1\sin\theta,$$
$$F_1'=BIl_1\sin\theta.$$

这两个力在同一直线上，大小相等而方向相反，其合力为零. 而导线 ab 和 cd 都与磁场垂直，它们所受的安培力分别为 $\vec{F}_2$ 和 $\vec{F}_2'$，其大小为

$$F_2=F_2'=Bl_2.$$

如图 10.28（b）所示，$\vec{F}_2$ 和 $\vec{F}_2'$ 大小相等、方向相反，但不在同一直线上，形成一力偶. 因此，载流线圈所受的磁力矩大小为

$$M=F_2\frac{l_1}{2}\cos\theta+F_2'\cos\theta=BIl_1l_2\cos\theta$$
$$=BIS\cos\theta=BIS\sin\varphi.$$

$S=l_1l_2$ 表示线圈平面的面积，如果线圈有 N 匝，那么线圈所受磁力矩的大小为

$$M=NBIS\sin\varphi=P_mB\sin\varphi, \tag{10.24}$$

式中 $P_m=NIS$ 就是线圈磁矩的大小，磁矩是矢量，所以式（10.24）写成矢量式为

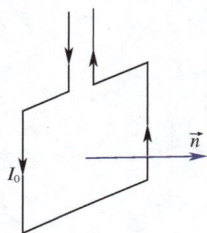

图 10.27　载流平面线圈法线方向的规定

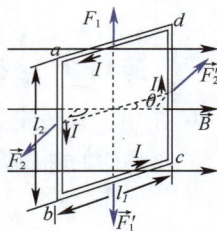

（a）侧视图

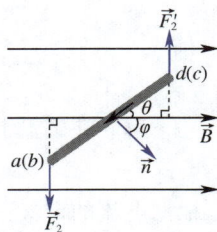

（b）俯视图

图 10.28　平面载流线圈在均匀磁场中所受的力矩

$$\vec{M} = \vec{P}_m \times \vec{B}, \tag{10.25}$$

$\vec{M}$ 的方向与 $\vec{P}_m \times \vec{B}$ 的方向一致.

式（10.24）和式（10.25）不仅对矩形线圈成立，而且对于在均匀磁场中任意形状的载流平面线圈都成立. 甚至，由于带电粒子沿闭合回路运动，以及带电粒子的自旋所具有的磁矩，带电粒子在磁场中所受的磁力矩作用均可用式（10.25）来描述.

下面讨论几种特殊情况.

（1）当 $\varphi = \dfrac{\pi}{2}$ 时，此时线圈平面与 $\vec{B}$ 平行，$\vec{P}_m$ 与 $\vec{B}$ 垂直，线圈所受的磁力矩最大，其值为 $M = NBIS$. 这时磁力矩有使 φ 减小的趋势.

（2）当 $\varphi = 0$ 时，此时线圈平面与 $\vec{B}$ 垂直，$\vec{P}_m$ 与 $\vec{B}$ 同方向，线圈所受磁力矩为零，此时线圈处于稳定平衡状态.

（3）当 $\varphi = \pi$ 时，此时线圈平面与 $\vec{B}$ 垂直，但 $\vec{P}_m$ 与 $\vec{B}$ 反向，线圈所受磁力矩也为零，这时线圈处于非稳定平衡位置. 所谓非稳定平衡位置，是指一旦外界扰动使线圈稍稍偏离这一平衡位置，磁场对线圈的磁力矩作用就将使线圈继续偏离，直到 $\vec{P}_m$ 转到 $\vec{B}$ 的方向（线圈达到稳定平衡状态）时为止.

从上面的讨论可知，平面载流刚性线圈在均匀磁场中，由于只受磁力矩作用，因此只发生转动，而不会发生整个线圈的平动.

磁场对载流线圈作用力矩的规律是制造各种电动机和电流计的基本原理.

例 10.3 半径为 R 的圆盘，带正电，其面电荷密度 $\sigma = kr$，k 是常数，圆盘放在一均匀磁场 $\vec{B}$ 中，其法线方向与 $\vec{B}$ 垂直，如图 10.29 所示. 当圆盘以角速度 ω 绕过圆心 O 点且垂直于圆盘平面的轴做逆时针旋转时，求圆盘的磁矩和磁力矩的大小与方向.

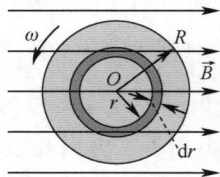

图 10.29 例 10.3 图

解 在圆盘上取 $r \rightarrow r+\mathrm{d}r$ 的圆环，则圆环上的电量为

$$\mathrm{d}q = \sigma 2\pi r \mathrm{d}r.$$

根据电流的定义，圆环以角速度 ω 旋转的等效电流为

$$\mathrm{d}I = \frac{\sigma 2\pi r \mathrm{d}r}{T} = \frac{\sigma 2\pi r \mathrm{d}r}{2\pi/\omega} = \sigma r \omega \mathrm{d}r.$$

圆环的磁矩大小为 $\mathrm{d}P_m = \pi r^2 \mathrm{d}I = \pi r^2 (kr) wr \mathrm{d}r$，故圆盘的磁矩大小为

$$P_m = \int_0^R \pi k\omega r^4 \mathrm{d}r = \frac{\pi k\omega R^5}{5}.$$

依据右手螺旋法则，可知磁矩的方向垂直纸面向外.

圆环上的磁力矩 $dM = BdP_m = B\pi k\omega r^4 dr$，所以圆盘所受总磁力矩大小为

$$M = \int dM = \int_0^R B\pi k\omega r^4 dr = \frac{\pi k\omega BR^5}{5},$$

方向由右手螺旋法则可确定为垂直于磁感应强度 $\vec{B}$ 竖直向上.

三、磁力做功

载流导线或载流线圈在磁场中运动时，其所受的磁力或磁力矩将对它们做功.

1. 载流导线在磁场中运动时磁力所做的功

设在磁感应强度为 $\vec{B}$ 的均匀磁场中，有一载流的闭合回路 abcda，电流强度 I 保持不变，电路中 ab 的长度为 l，ab 可沿 da 和 cb 滑动，如图 10.30 所示. 按安培定律，ab 所受的磁力 $\vec{F}$ 的大小为

$$F = BIl,$$

$\vec{F}$ 的方向如图 10.30 所示. 在 ab 从初始位置向右移动 Δx 距离过程中，磁力 $\vec{F}$ 所做的功为

$$W = F\Delta x = BIl\Delta x = BI\Delta S = I\Delta\varphi. \tag{10.26}$$

上式说明，当载流导线在磁场中运动时，如果电流保持不变，磁力所做的功等于电流强度乘以通过回路所环绕的面积内磁通量的增量.

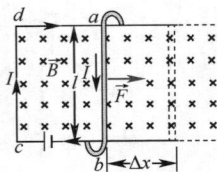

图 10.30　磁力所做的功

2. 载流线圈在磁场中转动时磁力矩所做的功

设一面积为 S、通有电流强度为 I 的线圈，处于磁感应强度为 $\vec{B}$ 的匀强磁场中，现在我们来计算线圈转动时，磁力矩所做的功.

如图 10.31 所示，设线圈转过极小的角度 $d\varphi$，使 $\vec{n}\ (\vec{P}_m)$ 与 $\vec{B}$ 之间的夹角从 φ 增为 $\varphi+d\varphi$，在此转动过程中，磁力矩做负功（磁力矩总是力图使 $\vec{P}_m$ 转向 $\vec{B}$），因此

$$dW = -Md\varphi = -BI\sin\varphi d\varphi$$
$$= BISd(\cos\varphi)$$
$$= Id(BS\cos\varphi) = Id\varphi.$$

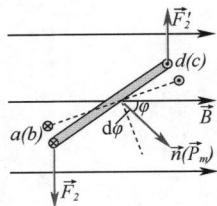

图 10.31　磁力矩所做的功

上述线圈从 φ_1 转到 φ_2 的过程中，维持线圈内电流不变，则磁力矩所做的总功为

$$W = \int_{\Phi_{m1}}^{\Phi_{m2}} Id\Phi_m = I(\Phi_{m2} - \Phi_{m1}) = I\Delta\Phi_m, \tag{10.27a}$$

式中 Φ_{m1} 和 Φ_{m2} 分别表示线圈在 φ_1 和 φ_2 时，通过线圈的磁通量.

可以证明，一个任意的闭合回路在磁场中改变位置或改变形状时，如果维持线圈上电流不变，则磁力或磁力矩所做的功都可按 $W = I\Delta\Phi_m$ 计算，

亦即磁力或磁力矩所做的功等于电流强度乘以通过载流线圈的磁通量的增量.

如果电流随时间而改变，这时磁力所做的总功要用积分计算，

$$W = \int_{\Phi_{m1}}^{\Phi_{m2}} I d\Phi_m, \tag{10.27b}$$

这是计算磁力做功的一般公式.

根据磁矩为 $\vec{P}_m$ 的载流线圈在均匀磁场中受到磁力矩的作用，可以引入线圈磁矩与磁场的相互作用能的概念. 设 φ 表示 $\vec{P}_m$ 与 $\vec{B}$ 之间的夹角，此夹角由 φ_1 增大到 φ_2 过程中，外力克服磁力矩做的功为

$$W_{外} = \int_{\varphi_1}^{\varphi_2} M d\varphi = \int_{\varphi_1}^{\varphi_2} P_m B \sin\varphi d\varphi = P_m B (\cos\varphi_1 - \cos\varphi_2),$$

此功就等于磁矩 $\vec{P}_m$ 与磁场相互作用能的增量. 通常以 $\varphi_1 = \dfrac{\pi}{2}$ 时的位置为相互作用能零值的位置. 这样，由上式可得，在均匀磁场中，当磁矩与磁场方向间夹角为 φ （$\varphi = \varphi_2$）时，磁矩与磁场的相互作用能为

$$W_m = -P_m B \cos\varphi = -\vec{P}_m \cdot \vec{B}.$$

由此可见，磁矩与磁场同向平行时，相互作用能有极小值 $-P_m B$；磁矩与磁场反向平行时，相互作用能有极大值 $P_m B$.

例 10.4　一半径为 R 的半圆形闭合线圈，通有电流 I，线圈放在均匀外磁场 $\vec{B}$ 中，$\vec{B}$ 的方向与线圈平面成 30°角，如图 10.32 所示，设线圈有 N 匝，问：

（1）线圈的磁矩是多少？

（2）此时线圈所受力矩的大小和方向如何？

（3）图示位置转至平衡位置时，磁力矩做的功是多少？

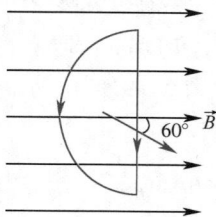

图 10.32　例 10.4 图

解　（1）线圈的磁矩

$$\vec{P}_m = NIS\vec{n} = NI\frac{\pi}{2}R^2\vec{n},$$

$\vec{P}_m$ 的方向与 $\vec{B}$ 成 60°夹角.

（2）此时线圈所受力矩的大小为

$$M = P_m B \sin 60° = NIB\frac{\sqrt{3}}{4}\pi R^2,$$

磁力矩的方向由 $\vec{P}_m \times \vec{B}$ 确定，为垂直于 $\vec{B}$ 的方向向上．即从上往下俯视，线圈是逆时针转动的．

（3）线圈转动时，磁力矩做的功为

$$W = NI\Delta\Phi_m = NI(\Phi_{m2} - \Phi_{m1})$$

$$= NI\left(B\frac{\pi}{2}R^2 - B\frac{\pi}{2}R^2\cos60°\right)$$

$$= NIB\frac{\pi}{4}R^2,$$

可见磁力矩做正功．

10.5 磁场对运动电荷的作用

本节将讨论磁场对运动电荷的磁力作用和带电粒子在磁场中的运动规律，以及霍尔效应等．

一、洛伦兹力

从安倍定律可以推算出每一个运动的带电粒子在磁场中所受到的力．由安培定律得，任一电流元 $Id\vec{l}$ 在磁感应强度为 $\vec{B}$ 的磁场中，所受到的力 $d\vec{F}$ 的大小为

$$dF = BIDl\sin\theta,$$

式中 θ 为 $Id\vec{l}$ 与 $\vec{B}$ 的夹角．因为电流强度可写成

$$I = qnvS,$$

式中 S 为电流元的截面积，v 为带电粒子的定向运动速率，q 为带电粒子的电量，n 为导体内带电粒子数密度，则上式可写成

$$dF = qvnSBdl\sin\theta.$$

由于电流元 $Id\vec{l}$ 的方向与带电粒子 q 定向运动方向一致，故上式中的 θ 亦为 $\vec{v}$ 与 $\vec{B}$ 的夹角．而在电流元 Idl 这一段导体内定向运动的带电粒子数目 $dN = nSdl$，每一个带电粒子受到的磁场作用力，通过带电粒子与电流元导体的碰撞产生磁场对载流导线的作用力 $d\vec{F}$，因此每一个定向运动的带电粒子所受到的磁力 $\vec{F}$ 的大小为

$$F = \frac{dF}{dN} = qvB\sin\theta. \tag{10.28a}$$

磁场对运动电荷作用的力 $\vec{F}$ 称为洛伦兹力．如具带电粒子带正电荷，

则它所受的洛伦兹力 $\vec{F}$ 的方向与 $\vec{v} \times \vec{B}$ 的方向一致，如果粒子带负电荷，洛伦兹力的方向与正电荷的情形相反.

洛伦兹力的矢量表达式为

$$\vec{F} = q\vec{v} \times \vec{B}, \tag{10.28b}$$

式中 q 的正负取决于粒子所带电荷的正负. 由式（10.28b）可以看出，洛伦兹力 $\vec{F}$ 总是与带电粒子运动速度 $\vec{v}$ 的方向垂直，即有 $\vec{F} \cdot \vec{v} = 0$，因此洛伦兹力不能改变运动电荷速度的大小，只能改变运动电荷速度的方向.

如果带电粒子在同时存在电场和磁场的空间运动，则其所受合力为

$$\vec{F} = q\ (\vec{E} + \vec{v} \times \vec{B})\ . \tag{10.29}$$

上式称为洛伦兹关系式，它包含电场力 $q\vec{E}$ 与磁场力（洛伦兹力）$q\vec{v} \times \vec{B}$ 两部分.

二、带电粒子在匀强磁场中的运动

设有一匀强磁场，磁感应强度为 $\vec{B}$，一电量为 q、质量为 m 的粒子以速度 $\vec{v}$ 进入磁场. 在磁场中粒子受到洛伦兹力，其运动方程为

$$\vec{F} = q\vec{v} \times \vec{B} = m\frac{\mathrm{d}\vec{v}}{\mathrm{d}t}. \tag{10.30}$$

下面分 3 种情况进行讨论.

（1） $\vec{v}$ 与 $\vec{B}$ 同向平行或反向平行

当带电粒子的运动速度与 B 同向或反向时，作用于带电粒子的洛伦兹力等于零. 由式（10.30）可知，$\vec{v} = $ 恒矢量，故带电粒子仍做匀速直线运动，不受磁场的影响

（2） $\vec{v}$ 与 $\vec{B}$ 垂直

当带电粒子以速度 $\vec{v}$ 沿垂直于磁场的方向进入一均匀磁场 $\vec{B}$ 时，如图 10.33 所示，此时洛伦兹力 $\vec{F}$ 的方向始终与速度 $\vec{v}$ 的方向垂直，故带电粒子将在 $\vec{F}$ 与 $\vec{v}$ 所组成的平面内做匀速圆周运动，洛伦兹力即为向心力，其运动方程式为

$$qvB = m\frac{R^2}{R},$$

可求得轨道半径（又称回旋半径）为

$$R = \frac{mv}{qB}. \tag{10.31}$$

由上式可知，对于一定的带电粒子（$\frac{m}{q}$ 一定），当它在均匀磁场中运

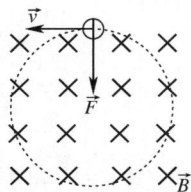

图 10.33 带电粒子
速度 $\vec{v}$ 与 $\vec{B}$ 垂直

动时，其轨道半径 R 与带电粒子的速度大小成正比，

由式（10.31）还可求得带电粒子在圆周轨道上绕行一周所需的时间（周期）为

$$T = \frac{2\pi R}{v} = \frac{2\pi m}{qB}. \tag{10.32}$$

T 的倒数即带电粒子在单位时间内绕圆周轨道转过的圈数，称为带电粒子的回旋频率，用 f 表示为

$$f = \frac{1}{T} = \frac{qB}{2\pi m}. \tag{10.33}$$

以上两式表明，带电粒子在垂直于磁场方句的平面内做圆周运动时，其周期 T 和回旋频率 f 只与磁感应强度 $\vec{B}$ 及带电粒子本身的质量 m 和所带的电量 q 有关，而与带电粒子的速度及回旋半径无关. 也就是说，同种带电粒子在同样的磁场中运动时，快速带电粒子在半径大的圆周上运动，慢速带电粒子在半径小的圆周上运动，但它们绕行一周所需的时间都相同，这是带电粒子在磁场中做圆周运动的一个显著特征. 回旋加速器就是根据这一特征设计制造的.

（3）$\vec{v}$ 与 $\vec{B}$ 斜交成 θ 角

当带电粒子的运动速度 $\vec{v}$ 与磁场 $\vec{B}$ 成 θ 角时，可将 $\vec{v}$ 分解为与 $\vec{B}$ 垂直的速度分量 $v_+ = v\sin\theta$ 和与 $\vec{B}$ 平行的速度分量 $v_{/\!/} = v\cos\theta$. 根据上面的讨论可知，在垂直于磁场的方向，由于具有分速度 v_+. 磁场力将使粒子在垂直于 $\vec{B}$ 的平面内做匀速圆周运动，在平行于磁场的方向上，磁场对粒子没有作用力，粒子以速度分量 $v_{/\!/}$ 做匀速直线运动，这两种运动合成的结果，使带电粒子在均匀磁场中做等螺距的螺旋运动，如图 10.34 所示，此时螺旋线的半径为

$$R = \frac{mv_+}{qB} = \frac{mv\sin\theta}{qB},$$

螺线周期为

$$T = \frac{2\pi R}{v_+} = \frac{2\pi m}{qB}, \tag{10.34}$$

螺距为

$$h = v_{/\!/}T = v\cos\theta T = \frac{2\pi m v\cos\theta}{qB}. \tag{10.35}$$

式（10.35）说明不管带电粒子以何种角度进入磁场中运动，螺距与速度在垂直方向的分量无关. 磁场的磁聚焦特性被广泛应用.

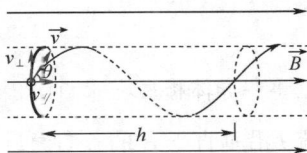

磁聚焦

图 10.34 $\vec{v}$ 与 $\vec{B}$ 斜交时的运动

例 10.5 测定离子荷质比的仪器称为质谱仪，倍恩勃立奇质谱仪原理如图 10.35（a）所示. 离子源所产生的带电量为 q 的离子，经狭缝 S_1 和 S_2 之间的加速电场加速，进入由 P_1 和 P_2 组成的速度选择器，在速度选择器中，电场强度为 $\vec{E}$，磁感应强度为 $\vec{B'}$. $\vec{E}$ 和 $\vec{B'}$ 的方向如图 10.35（b）所示. 从 S_0 射出的离子垂直射入一磁感应强度为 $\vec{B}$ 的均匀磁场中，离子进入这一磁场后因受洛伦兹力而做匀速圆周运动. 不同质量的离子打在底片的不同位置上，形成按离子质量排列的线系. 若底片上线系有 3 条，该元素有几种同位素？设 d_1,d_2,d_3 是底片上 1，2，3 这 3 个位置与速度选择器轴线间的距离，该元素的 3 种同位素的质量 m_1,m_2,m_3 各为多少？

解 如图 10.35（b）所示，在速度选择器中，带电量为 q 的离子受电场力 $f_e=qE$ 作用，同时受磁场力 $f_m=qvB'$ 作用，两力方向相反. 只有当离子的速度满足 $qE=qvB'$，即 $v=\dfrac{E}{B'}$ 时，离子才有可能穿过 P_1 和 P_2 两板间的狭缝，从 S_0 射出.

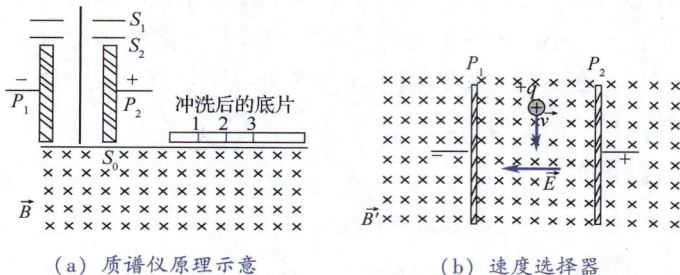

（a）质谱仪原理示意 （b）速度选择器

图 10.35 例 10.5 图

离子自 S_0 进入匀强磁场 $\vec{B}$ 后，做匀速圆周运动. 设半径为 R，有 $qvB=m\dfrac{v^2}{R}$，式中 B,q,v 是一定的，则质量 m 不同的离子对应不同的圆周运动半径 R，故该元素有 3 种同位素.

又因为 $v=\dfrac{E}{B'}$，代入上式得 $m=\dfrac{qBB'}{E}R$，将 $R=\dfrac{d}{2}$ $(d=d_1,d_2,d_3)$ 分别代入，得

$$\begin{cases} m_1=\dfrac{qBB'}{2E}d_1,\\[2mm] m_2=\dfrac{qBB'}{2E}d_2,\\[2mm] m_3=\dfrac{qBB'}{2E}d_3.\end{cases}$$

三、霍尔效应

将一导体板放在垂直于板面的磁场 $\vec{B}$ 中，如图 10.36（a）所示. 当有电流 I 沿垂直于 $\vec{B}$ 的方向通过导体时，在导体板上下两表面 M、N 之间就

会出现横向电势差U_H，这种现象是美国物理学家霍尔在 1879 年首先发现的，称为霍尔效应. 电势差U_H称为霍尔电势差（或叫霍尔电压）. 实验表明，霍尔电势差U_H与电流强度I及磁感应强度$\vec{B}$的大小成正比，与导体板的厚度d成反比，即

$$U_H = R_H \frac{IB}{d}, \tag{10.36a}$$

式中R_H是仅与导体材料有关的常数，称为霍尔系数.

霍尔电势差的产生是运动电荷在磁场中受洛伦兹力作用的结果. 因为导体中的电流是载流子定向运动形成的. 如果做定向运动的带电粒子是负电荷，则它所受的洛伦兹力$\vec{f}_m$的方向如图 10.36（b）所示，结果使导体板的上表面M聚集负电荷，下表面N聚集正电荷. 在M、N两表面间产生方向向上的电场；如果做定向运动的带电粒子是正电荷，则它所受的洛伦兹力$\vec{f}_m$的方向如图 10.36（c）所示，在这个力作用下，导体板的上表面M聚集正电荷，下表面N聚集负电荷，在M、N两表面间产生方向向下的电场，当这个电场对带电粒子的电场力$\vec{f}_e$正好与磁场$\vec{B}$对带电粒子的洛伦兹力$\vec{f}_m$相平衡时，上、下两表面达到稳定状态，上、下两表面间存在的稳定电势差$U_M - U_N$就是霍尔电势差U_H.

设在导体板内载流子的电量为q，平均定向运动速度为$\vec{v}$，它在磁场中所受的洛伦兹力大小为

$$f_m = qvB.$$

如果导体板的宽度为b，当导体板上、下两表面间的电势差为$U_M - U_N$时，带电粒子所受的电场力大小为

$$f_e = qE = q\frac{U_M - U_N}{b}.$$

由平衡条件有

$$qvB = q\frac{U_M - U_N}{b},$$

则导体板上、下两表面间的电势差为

$$U_H = U_M - U_N = bvB.$$

设导体板内载流子数密度为n，于是$I = nqvbd$，代入上式得到

$$U_H = \frac{1}{nq}\frac{IB}{d}. \tag{10.36b}$$

将式（10.36b）与式（10.36a）比较，得到霍尔系数

$$R_H = \frac{1}{nq}. \tag{10.37}$$

上式表明，霍尔系数的数值取决于每个载流子所带的电量q和载流子

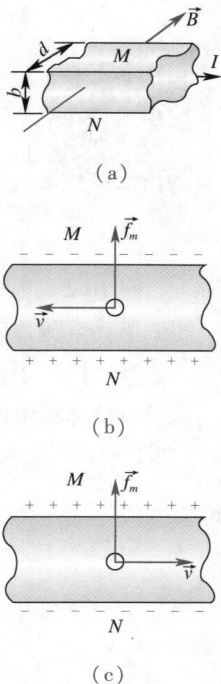

（a）

（b）

（c）

图 10.36　霍尔效应

的浓度 n，其正负取决于载流子所带电荷的正负. 若 q 为正，则 $R_H>0$，$U_M-U_N>0$；若 q 为负，则 $R_H<0$，$U_M-U_N<0$. 由实验测定霍尔电势差或霍尔系数后，就可判定载流子带的是正电荷还是负电荷. 通过霍尔系数的测量，可确定导体内载流子的类型和浓度. 半导体内的载流子浓度远比金属中载流子浓度低，所以金属材料的霍尔系数很小，相应的霍尔电势差也很小. 但在半导体材料中，载流子浓度 n 很小，但霍尔系数与霍尔电势差比金属大得多，也极易受温度、杂质及其他因素影响.

利用半导体的霍尔效应制成的器件称为霍尔元件，霍尔元件有广泛的应用，如测量磁感应强度、电流、压力、转速等，也可以用于放大、振荡、调制、检波等方面，还可以用作电子计算机中的计算元件等.

例 10.6 有一宽为 0.5cm、厚为 0.1mm 的薄片银导线，当薄片中通以 2A 电流且有 0.8T 的磁场垂直薄片时，试求产生的霍尔电势差.（银的密度为 $10.5g/cm^3$.）

解 银原子是单价原子，每个原子给出一个自由电子，则单位体积中的自由电子数 n 将等于单位体积中的银原子数. 已知银的相对原子质量为 108，1mol 银（0.108kg）有 $N_0=6×10^{23}$ 个原子，银的密度为 $10.5×10^3 kg/m^3$，所以

$$n=N_0\frac{\rho}{M_{mol}}=6×10^{23}×\frac{10.5×10^3}{0.108}m^{-3}$$
$$\approx 6×10^{28}m^{-3}.$$

由式（10.36b）可求出霍尔电势差为

$$U_H=\frac{1}{nq}\frac{IB}{d}$$
$$=\frac{2×0.8}{6×10^{28}×1.6×10^{-19}×0.1×10^{-3}}V$$
$$\approx 1.7×10^{-6}V.$$

由此可知，对于良导体，霍尔电势差是非常微小的.

10.6 磁介质

一、磁介质的分类

实际的磁场中存在大量的物质，这些物质受磁场的作用会处于一种特殊的状态，称为磁化状态. 被磁化的物质反过来又对磁场产生影响，我们称这种物质为磁介质.

实验表明，不同的物质对磁场的影响差异很大. 若均匀磁介质处于磁感应强度为 $\vec{B}_0$ 的外磁场中，磁介质要被磁化，从而产生磁化电流. 磁化电流也要激发磁感应强度为 $\vec{B}'$ 的附加磁场，则磁介质中总磁感应强度 $\vec{B}$ 是 $\vec{B}_0$ 和 $\vec{B}'$ 的叠加，即 $\vec{B} = \vec{B}_0 + \vec{B}'$.

在不同的磁介质中附加磁场 $\vec{B}'$ 的大小和方向可能有很大的差别，磁介质的类型也相应地不同. 在此引入相对磁导率 μ_r，当均匀磁介质充满整个磁场时，磁介质的相对磁导率定义为

$$\mu_r = \frac{B}{B_0}, \tag{10.38}$$

式中 B 为磁介质中磁场的总磁感应强度的大小，B_0 为真空中磁场或者说外磁场的磁感应强度的大小. μ_r 用来描述不同磁介质磁化后对原来的外磁场的影响，类似于介电常数 ε 的定义，我们定义磁介质的磁导率

$$\mu = \mu_0 \mu_r.$$

实验指出，就磁性来说，物质可分为以下 3 类.

（1）**抗磁质**：这类磁介质的相对磁导率 $\mu_r < 1$，在外磁场中，其附加磁感应强度 $\vec{B}'$ 与 $\vec{B}_0$ 方向相反，因而总磁感应强度的大小 $B < B_0$. 例如，汞、铜、铋、氢、锌、铅等.

（2）**顺磁质**：这类磁介质的相对磁导率 $\mu_r > 1$，在外磁场中，其附加磁感应强度 $\vec{B}'$ 与 $\vec{B}_0$ 同方向，因而总磁感应强度的大小 $B > B_0$. 例如，锰、铬、铂、氧、铝等.

（3）**铁磁质**：这类磁介质的相对磁导率 $\mu_r \gg 1$，在外磁场中，其附加磁感应强度 $\vec{B}'$ 与 $\vec{B}_0$ 方向相同，且 $\vec{B}' \ll \vec{B}_0$，因而总磁感应强度的大小 $B \gg B_0$. 例如，铁、镍、钴等.

抗磁质和顺磁质的磁性都很弱，统称为弱磁质. 它们的 μ_r 尽管可以大于 1 或者小于 1，但是都很接近 1，而且 μ_r 都是与外磁场无关的常数. 铁磁质的磁性都很强，且还具有一些特殊的性质，具有广泛的用途.

*二、抗磁质与顺磁质的磁化

现在我们从物质的电结构来说明物质的磁性. 在无外磁场作用时，分子中任何一个电子，都同时参与两种运动，即环绕原子核的轨道运动和电子本身的自旋. 这两种运动都能产生磁效应. 把分子看成一个整体，磁效应的总和可用一个等效的圆电流表示，称为分子电流. 这种分子电流具有的磁矩称为分子固有磁矩或称**分子磁矩**，用 $\vec{P}_m$ 表示.

当没有外磁场作用时，抗磁质分子的固有磁矩 $\vec{P}_m = 0$，从而整块磁介

质的 $\sum \vec{P}_m = 0$，介质不显磁性；而顺磁质分子的固有磁矩 $\vec{P}_m \neq 0$，但由于排列杂乱无章，整块介质仍有 $\sum \vec{P}_m = 0$，因此介质也不显磁性.

无外磁场时，抗磁质分子的固有磁矩 $\vec{P}_m = 0$ 是由于分子中各电子的轨道运动磁矩和自旋运动磁矩的矢量和为零. 就每个电子而言，无论是轨道运动还是自旋运动都产生磁矩. 当有外磁场作用时，将引起分子磁矩的变化，在分子上产生附加磁矩 $\Delta \vec{P}_m$. 下面我们来分析附加磁矩 $\Delta \vec{P}_m$ 及由此产生的附加磁场 $\vec{B}'$ 的方向.

附加磁矩 $\Delta \vec{P}_{m,e}$ 是由电子的进动产生的. 具体分析如下.

（1）绕核轨道运动磁矩为 $\vec{P}_m$ 的电子的进动：设电子绕核轨道运动的磁矩为 $\vec{P}_e$，因为电子带负电，所以电子绕核轨道运动的角动量 $\vec{P}_e$ 与电子磁矩 $\vec{P}_{m,e}$ 反方向（见图 10.37）. 在外磁场作用下，电子受到的磁力矩为

$$\vec{M} = \vec{P}_{m,e} \times \vec{B}_0.$$

根据角动量定理 $\vec{M} = \dfrac{\mathrm{d}\vec{P}_e}{\mathrm{d}t}$，电子轨道运动角动量 $\vec{P}_e$ 的改变量 $\mathrm{d}\vec{P}_e$ 与 $\vec{M}$ 同方向，即顺着 $\vec{B}_0$ 方向看去，电子运动的轨道角动量 $\vec{P}_e$ 是绕 $\vec{B}_0$ 以顺时针方向转动的. 因此，电子在绕核轨道运动的同时还以外磁场 $\vec{B}_0$ 的方向为轴线转动，电子的这种运动就叫电子的进动，进动角速度为 Ω. 而且，不论电子原来轨道运动角动量的方向如何，即电子磁矩 $\vec{P}_{m,e}$ 与 $\vec{B}_0$ 的夹角大于或小于 $\dfrac{\pi}{2}$，由电子进动产生的附加磁矩 $\Delta \vec{P}_{m,e}$ 总是与外磁场 $\vec{B}_0$ 的方向相反，如图 10.37 所示.

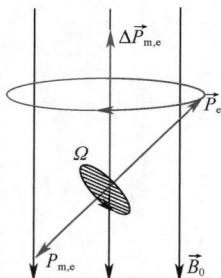

图 10.37　电子的进动

（2）分子的附加磁矩 $\Delta \vec{P}_m$：因为电子的附加磁矩 $\Delta \vec{P}_{m,e}$ 总是与 $\vec{B}_0$ 反方向，所以电子附加磁矩 $\Delta \vec{P}_{m,e}$ 的总和即分子的附加磁矩 $\Delta \vec{P}_m$ 总是与 $\vec{B}_0$ 反向，它将产生一个与 $\vec{B}_0$ 反方向的 $\vec{B}'$，这就是抗磁效应.

在顺磁质分子中，即使在没有外磁场时，各个电子的磁效应也不相抵消，故顺磁质分子的固有磁矩 $\vec{P}_m$ 不等于零. 当存在外磁场时，外磁场在电子上也引起附加磁矩，但分子固有磁矩 $\vec{P}_m$ 比分子中电子附加磁矩的总和大得多，从而 $\Delta \vec{P}_m$ 可以忽略不计，这样，顺磁性物质中的分子电流由于外磁场的作用，它们的磁矩将转向外磁场方向，于是 $\sum \vec{P}_m$ 产生与外磁场同方向的附加磁场 $\vec{B}'$，故顺磁质内的磁感应强度的大小为 $\vec{B} = \vec{B}_0 + \vec{B}'$. 这就是顺磁性物质磁效应的成因.

*三、磁化强度

与电介质中引入极化强度 $\vec{P}$ 来描述电介质的极化程度类似，在磁介质中，我们引入磁化强度 $\vec{M}$ 来描述磁介质的磁化程度．

对于顺磁质，我们将磁介质内某点处单位体积内分子磁矩的矢量和定义为该点的磁化强度，即

$$\vec{M} = \frac{\sum \vec{P}_{mi}}{\Delta V}. \tag{10.39a}$$

顺磁质中 $\vec{M}$ 的方向与外磁场 $\vec{B}_0$ 的方向一致．

对于抗磁质，磁化的主要原因是抗磁质分子在外磁场中所产生的附加磁矩 $\Delta \vec{P}_m$，$\Delta \vec{P}_m$ 的方向与 $\vec{B}_0$ 相反，大小与 $\vec{B}_0$ 成正比，抗磁质的磁化强度为

$$\vec{M} = \frac{\sum \Delta \vec{P}_{mi}}{\Delta V}. \tag{10.39b}$$

抗磁质中 $\vec{M}$ 的方向与外磁场 $\vec{B}_0$ 的方向相反．

在国际单位制中，$\vec{M}$ 的单位为 A/m.

四、磁介质中的安培环路定理

*1. 磁化强度与磁化电流的关系

当电介质极化时，极化强度与极化电荷有密切的关系．类似地，当磁介质被磁化时，磁化强度与磁化电流也有密切的关系．设有一无限长载流直螺线管，管内充满均匀的顺磁介质，螺线管的电流强度为 I. 在此电流磁场 $\vec{B}_0$ 的作用下，磁介质中分子电流平面将趋向于与 $\vec{B}_0$ 方向垂直，如图 10.38（a）所示．在均匀磁介质内部任意位置处，通过的分子电流是成对的，而且方向相反，结果互相抵消，如图 10.38（b）所示．只有在截面边缘处，分子电流未被抵消，形成与截面边缘重合的圆电流 I_s. 对磁介质整体来说，分子电流沿圆柱面垂直其母线方向流动，称为**磁化面电流** 因为是顺磁质，磁化面电流与螺线管上导线中的电流 I 方向相同，如图 10.38（c）所示．如果是抗磁质，则两者方向相反．

设 $\vec{j}_s$ 为圆柱形磁介质表面上"每单位长度的分子面电流"（即**磁化面电流密度**），S 为磁介质的截面，L 为所选取的一段磁介质的长度，在 l 长度上，磁化电流 $I_s = lj_s$，因此在这段磁介质总体积 Sl 中的总磁矩为

$$\sum \vec{P}_{mi} = I_s \vec{S} = j_s l \vec{S}.$$

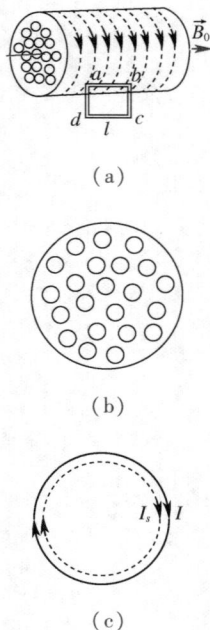

（a）

（b）

（c）

图 10.38　充满磁介质的
长直螺线管

按定义，磁介质的磁化强度大小为

$$M = \frac{\sum P_{mi}}{\Delta V} = \frac{j_s Sl}{Sl} = j_s.$$ （10.40）

上式表明，磁化强度 $\vec{M}$ 在量值上等于磁化面电流密度，$\vec{M}$ 是矢量，$\vec{j_s}$ 也是矢量，它们之间的关系写成矢量式有

$$\vec{j_s} = \vec{M} \times \vec{n_0},$$ （10.41）

式中 $\vec{n_0}$ 是磁介质表面外法线方向的单位矢量. 不难看出，这一关系与电介质中极化面电荷密度与极化强度 P 的关系 $\sigma = P \cdot n = P_n$ 相对应.

下面我们进一步讨论在一定范围内，磁化强度与磁化电流之间的关系. 如图 10.38（a）所示，在圆柱形磁介质的边界附近，取一长方形的闭合回路 abcda，ab 在磁介质内部，它平行于圆柱体轴线，长度为 l，而 bc、ad 两边则垂直于圆柱面. 现在，在磁介质内部各点处 $\vec{M}$ 都沿 ab 方向，大小相等，在圆柱体外各点处 $M = 0$. 所以，磁化强度 $\vec{M}$ 对图 10.38（a）中的闭合回路的线积分为

$$\oint \vec{M} \cdot d\vec{l} = \int_{ab} \vec{M} \cdot d\vec{l} = Mab = Ml,$$

将式（10.40）中的 $M = j_s$ 代入后得

$$\oint \vec{M} \cdot d\vec{l} = j_s = I_s.$$ （10.42）

这里，$j_s = I_s$ 就是通过闭合回路 abcda 的总磁化电流. 式（10.42）虽然是从均匀磁介质及长方形闭合回路的简单特例导出的，但却是在任何情况下都普遍适用的关系式.

2. 磁介质中的安培环路定理

把真空中磁场的安培环路定理推广到有磁介质存在的稳恒磁场中去，当电流的磁场中有磁介质时，由于磁介质的磁化，要产生磁化电流. 如果考虑磁化电流对磁场的贡献，则安培环路定理应写成

$$\oint \vec{B} \cdot d\vec{l} = \mu_0 \left(\sum I_i + I_s \right),$$ （10.43）

式中 $\vec{B}$ 为磁介质中的总磁感应强度，等式右边括号内的两项电流是穿过回路所围面积的总电流，即传导电流 $\sum I_i$ 和磁化电流 I_s 的代数和.

将式（10.42）代入上式中，则有

$$\oint_L \vec{B} \cdot d\vec{l} = \mu_0 \left(\sum I_i + \oint_L \vec{M} \cdot d\vec{l} \right)$$

$$\oint_L \left(\frac{\vec{B}}{\mu_0} - \vec{M} \right) \cdot d\vec{l} = \sum I_i.$$

和电介质中引进 $\vec{D}$ 矢量相似，我们以 $\frac{\vec{B}}{\mu_0} - \vec{M}$ 定义一个新的物理量 $\vec{H}$，

称为磁场强度,

$$\vec{H}=\frac{\vec{B}}{\mu_0}-\vec{M}. \tag{10.44}$$

这样,有磁介质时,安培环路定理便有下列简单的形式:

$$\oint_L \vec{H}\cdot\mathrm{d}\vec{l}=\sum I_i. \tag{10.45}$$

从式(10.45)可知,在稳恒磁场中,**磁场强度 $\vec{H}$ 沿任一闭合路径的曲线积分(即 $\vec{H}$ 的环流)等于包围在环路内各传导电流的代数和,而与磁化电流无关**.该式虽然是从长直螺线管这一特殊情况推导出来的,但是理论上可以证明它是普遍适用的.

五、磁感应强度和磁场强度的关系

式(10.44)是磁场强度 $\vec{H}$ 的定义式,它表示了磁场中任一点处 $\vec{H},\vec{B},\vec{M}$ 3 个物理量之间的关系,而且不论磁介质是否均匀,甚至是铁磁性物质,用该式定义的 $\vec{H}$ 矢量都是正确的.

实验表明,对于各向同性的均匀磁介质,介质内任一点的磁化强度 $\vec{M}$ 与该点的磁场强度 $\vec{H}$ 成正比,比例系数 χ_m 是恒量,称为磁介质的磁化率,即

$$\vec{M}=\chi_m\vec{H}. \tag{10.46}$$

把式(10.46)代入式(10.44),得

$$\vec{B}=\mu_0\vec{H}+\mu_0\vec{M}=\mu_0(1+\chi_m)\vec{H}. \tag{10.47}$$

如果引入物理量——磁介质的相对磁导率 μ_r,令

$$\mu_r=1+\chi_m, \tag{10.48}$$

它和前面式(10.38)所定义的 μ_r 是同一个量,于是式(10.47)成为

$$\vec{B}=\mu_0\mu_r\vec{H}=\mu\vec{H}. \tag{10.49}$$

对于真空,$\vec{M}=0$,$\chi_m=0$,$\mu_r=1$,$\mu=\mu_0$,故 $\vec{B}=\mu_0\vec{H}$.

对于各向同性的均匀磁介质,磁介质的磁化率 χ_m 是恒量,相对磁导率 μ_r 也是恒量,且都是纯数,$\mu_r=1+\chi_m$,磁介质的磁化率 χ_m、相对磁导率 μ_r、磁导率 μ 都是描述磁介质磁化特性的物理量,只要知道 3 个量中的任一个量,该磁介质的磁性就很清楚了.对于顺磁质,磁介质的磁化率 $\chi_m>0$,故相对磁导率 $\mu_r>1$;对于抗磁质,磁介质的磁化率 $\chi_m<0$,故相对磁导率 $\mu_r<1$.表 10.1 给出了 20℃ 时一些顺磁质和抗磁质的磁化率.

表 10.1　常见磁介质的磁化率

顺磁质	磁化率	抗磁质	磁化率
氧	1.9×10^{-6}	水	-1×10^{-6}
钠	7.2×10^{-6}	铜	-1×10^{-6}
铝	2.2×10^{-5}	银	-2.6×10^{-5}
铂	2.6×10^{-4}	金	-3.7×10^{-5}

可见，常温下磁化率的值都很小，相对磁导率 μ_r 都很接近于 1.

就如电场中引入电位移矢量 $\vec{D}$ 一样，在磁场中引入磁场强度 $\vec{H}$，这样就能够比较方便地处理有磁介质的磁场问题，且在磁介质磁化过程中可以不考虑磁化电流. 特别是对于均匀磁介质充满整个磁场，且磁场分布又具有某些对称性的情况. 我们可用有磁介质的安培环路定理先求出磁场强度 $\vec{H}$ 的分布，再根据 $\vec{B} = \mu \vec{H}$ 得出磁介质中磁场的磁感应强度分布.

例 10.7　一根无限长的直圆柱形铜导线，外包一层相对磁导率为 μ_r 的圆筒形磁介质，导线半径为 R_1，磁介质的外半径为 R_2，导线内有电流 I 通过，电流均匀分布在横截面上，如图 10.39（a）所示. 求：

（1）磁介质内外的磁场强度分布，并画出 $H\text{-}r$ 图，加以说明（r 是磁场中某点到圆柱轴线的距离）；

（2）磁介质内外的磁感应强度分布，并画出 $B\text{-}r$ 图，加以说明.

解　（1）求 $H\text{-}r$ 关系. 由于电流分布的轴对称性，磁场分布也有轴对称性，因此可用安培环路定理求解. 在垂直于轴线的平面上，选择积分回路 L 为以圆柱轴线为圆心、r 为半径的圆周，由式（10.45）可得

$$\oint_L \vec{H} \cdot \mathrm{d}\vec{l} = 2\pi r H = \sum I_i,$$

$$H = \frac{1}{2\pi r} \sum I_i.$$

当 $r < R_1$ 时，
$$H_1 = \frac{1}{2\pi r} \frac{I}{\pi R_1^2} \pi r^2 = \frac{I}{2\pi R_1^2} r.$$

当 $R_1 \leqslant r \leqslant R_2$ 时，
$$H_2 = \frac{I}{2\pi r}.$$

当 $r > R_2$ 时，
$$H_3 = \frac{I}{2\pi r}.$$

画出 $H\text{-}r$ 曲线，如图 10.39（b）所示.

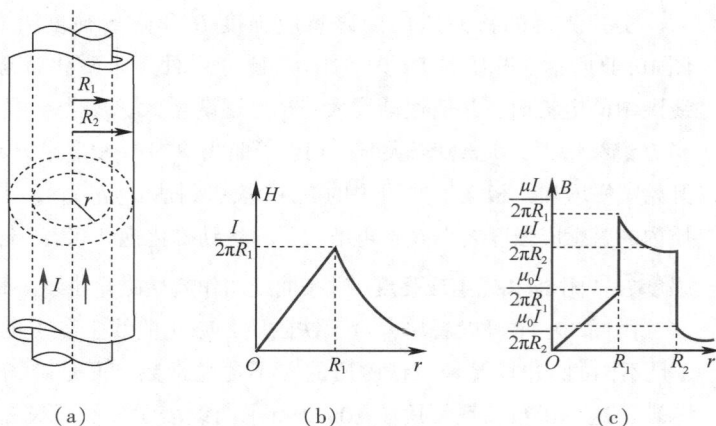

图 10.39　例 10.7 图

（2）求 $B\text{-}r$ 关系. 由已求出的磁介质内外的磁场强度分布，再根据式（10.49），确定磁介质内外的磁感应强度分布.

当 $r < R_1$ 时，该区域在铜导线内，可作为真空处理，$\mu_r = 1$，故 $B_1 = \mu_0 H_1 = \dfrac{\mu_0 I}{2\pi R_1^2} r$.

当 $R_1 \leqslant r \leqslant R_2$ 时，该区域在相对磁导率为 μ_r 的磁介质内，故 $B_2 = \mu H_2 = \mu_0 \mu_r \dfrac{I}{2\pi r}$.

当 $r > R_2$ 时，该区域为真空，故 $B_3 = \mu_0 H_3 = \dfrac{\mu_0 I}{2\pi r}$.

画出 $B\text{-}r$ 曲线，如图 10.39（c）所示. 由图可知，在边界 $r = R_1$ 和 $r = R_2$ 处，磁感应强度 $\vec{B}$ 不连续.

六、铁磁质

铁磁质是一类特殊的磁介质，它的磁化机制与顺磁质和抗磁质完全不同，在室温下其磁导率比真空或空气的磁导率大几百倍甚至几千倍，铁、镍、钴和它们的一些合金均属于这类磁介质. 由于铁磁质即使在较弱的磁场内，也可得到极高的磁化强度，另外当外磁场撤去后，一些铁磁质仍保留极强的磁性，因此铁磁质是被广泛应用的一类磁介质.

1. 磁化曲线

实验室通常用图 10.40 所示的电路来研究铁磁质的磁化特性. 将以铁磁质为芯的环形螺线管和电源及可变电阻串联成一电路，设螺线管每单位长度的匝数为 n，当线圈中通有强度为 I 的电流时，螺线管内的磁场强度大小为

$$H = nI.$$

与 $\vec{H}$ 相应的磁感应强度 $\vec{B}$ 可通过图中的磁通计来测量.

磁介质的磁化曲线

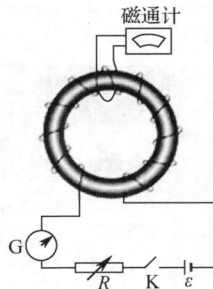

图 10.40　测定铁磁质磁化特性的实验装置

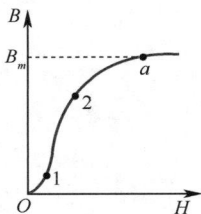

图 10.41　铁磁质的
起始磁化曲线

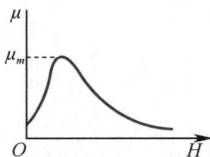

图 10.42　铁磁质的
μ-H 曲线

实验测得的铁磁质内的磁感应强度 $\vec{B}$ 和磁场强度 $\vec{H}$ 之间的关系如图 10.41 所示，开始时 $H=0$，$B=0$，磁介质处于未磁化状态．当逐渐增大线圈中的电流时，H 值逐渐增大，B 也逐渐增大，相当于线圈中 $O\rightarrow1$ 段；当 H 继续增大，B 急剧增大时，相当于曲线中的 $1\rightarrow2$ 段；H 再继续增大，B 开始缓慢增加，相当于曲线中的 $2\rightarrow a$ 段；到达 a 点后，H 再增大时，铁磁质内的磁感应强度大小 B 不再增大了，达到磁化饱和状态．这时的磁感应强度 $\vec{B}_m$ 叫作**饱和磁感应强度**．这条曲线叫作起始磁化曲线，简称**磁化曲线**．

由图 10.41 可以看出，对于铁磁质，磁化曲线上各点的斜率即磁导率 μ 是不同的．也就是说，铁磁质的 μ 不再是常数，而是磁场强度大小 H 的函数，这个函数关系可用图 10.42 所示曲线表示．由于铁磁质具有很大的磁导率，即 $\mu_r\gg1$，故在外磁场的作用下，铁磁质中将产生与外磁场同方向、量值很大的磁感应强度，并且在外磁场撤掉后，磁介质的磁化状态并不恢复到原来的起点，而是保留部分磁性．

2. 磁滞回线

铁磁质的磁化在达到饱和状态以后，如果使 H 减小，实验发现，此时 B 值也将减小，但 B 值并不沿原来的起始磁化曲线（Oa 曲线）下降，而是沿另一曲线 ab 下降，如图 10.43 所示．到 $H=0$ 时，B 值没有回到 0，磁介质中还保留一定的磁感应强度 $\vec{B}_r$，$\vec{B}_r$ 称为**剩余磁感应强度**，简称剩磁．到达 b 点以后，按下列顺序，继续改变磁场强度大小 H：$0\rightarrow-H_c$，$-H_c\rightarrow-H_s$，$-H_s\rightarrow0$，$0\rightarrow+H_c$，$+H_c\rightarrow+H_s$．相应的磁感应强度大小 B 将分别沿曲线 $b\rightarrow c$、$c\rightarrow a'$、$a'\rightarrow b'$、$b'\rightarrow c'$、$c'\rightarrow a$ 形成闭合曲线．从上述变化过程可以看出，磁感应强度 $\vec{B}$ 的变化总是落后于磁场强度 $\vec{H}$ 的变化，这种现象称为**磁滞现象**，是铁磁质的重要特性之一．图 10.43 中的闭合曲线 $abca'b'c'a$ 称为磁滞回线．如果在还未到达饱和状态以前，就把 H 减小，B 将沿另一较小的磁滞回线变化．

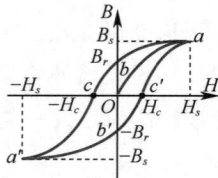

图 10.43　磁滞回线

从上述实验结果可知，对铁磁质而言，B 不是 H 的单值函数．对同一磁场强度（如 $H=0$），磁感应强度可能有不同的量值（$B=Ob,Ob',\cdots,0$），这取决于铁磁质的磁化历史．

若要完全消除铁磁质内的剩磁（称作完全退磁），需要加上反向磁场．使铁磁质完全退磁所需的反向磁场强度 H_c 的量值叫作矫顽力．实际中通常不采用加恒定的反向电流消除剩磁的方法，而是采用施加一个由强变弱的交变磁场，使铁磁质的剩磁逐渐减弱到零. 例如，手表、录音机和录像机的磁头、磁带等的退磁大都采用这一方法.

实验指出，铁磁质反复磁化时要发热，这种耗散为热量的能量损失称为**磁滞损耗**. 这是因为铁磁质在反复磁化时，分子的振动加剧，使分子振动加剧的能量是由产生磁化场的电流所供给的. 可以证明，反复磁化一次的磁滞损耗与 $B-H$ 磁滞回线所包围的面积成正比，而磁滞损耗的功率与反复磁化的频率成正比，因此，对一具有铁芯的线圈来说，线圈中所通的交流电频率越高，以及磁滞回线面积越大，磁滞损耗的功率也越大.

3. 磁畴

铁磁性不能用一般顺磁质的磁化理论来解释，因为铁磁质的单个原子或分子并不具有任何特殊的磁性. 如铁原子和铬原子的结构大致相同，原子的磁矩也相同，但铁是典型的铁磁质，而铬是普通的顺磁质. 可见，铁磁质并不是与原子或分子有关的性质，而是和物质的固体结构有关的性质.

现代理论和实验都证明在铁磁质内存在许多小区域，其体积大约为 $10^{-12}\,\mathrm{m}^3$，其中含有 $10^{12}\sim10^{15}$ 个原子. 在这些小区域的原子间存在非常强的电子"交换耦合作用"，使相邻原子的磁矩排列整齐，也就是说，这些小区域已自发磁化到饱和状态了. 这种小区域称为**磁畴**. 每个磁畴相当于一个小的磁性极强的永久磁铁. 无外磁场作用时，同一磁畴内的分子磁矩方向一致，各个磁畴的磁矩方向杂乱无章，磁介质的总磁矩为零，宏观上对外不显磁性，如图 10.44 所示.

为下面讨论方便，特在图 10.45（a）中示意 4 个体积相同的磁畴，它们的取向不同，磁矩恰好抵消，对外不显磁性. 当加有外磁场时，则铁磁质内自发磁化方向和外磁场相近的磁畴体积将因外场的作用而扩大，自发磁化方向与外磁场有较大偏离的磁畴体积将缩小，如果外磁场较弱，则磁畴的这种扩大、缩小过程将较缓慢，如图 10.45（b）所示，这相当于图 10.41 中磁化曲线的 $O\rightarrow1$ 段. 如外磁场继续增强，到一定值时，磁畴界壁就以相当快的速度跳跃地移动，直到自发磁化方向与外磁场偏离较大的那些磁畴全部消失，如图 10.45（c）所示，这一过程与图 10.41 中 $1\rightarrow2$ 段相对应，是一不可逆过程（即外磁场减弱后，磁畴不能完全恢复原状）. 如外磁场再继续增强，则留存的磁畴逐渐转向外磁场方向，如图 10.45（d）所示，当所有磁畴的自发磁化方向都和外磁场方向相同时，磁化达到饱和，这相当于图 10.41 中的 $2\rightarrow a$ 段.

由于铁磁质内存在杂质和内应力，因此磁畴在磁化和退磁过程中做不连续的体积变化和转向时，磁畴不能按原来变化规律逆着退回原状，从而出现磁滞现象和剩磁.

铁磁性和磁畴结构的存在是分不开的，当铁磁体受到强烈振动，或在

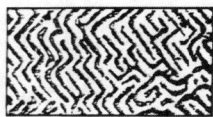

图 10.44　多晶铁磁质的磁畴示意

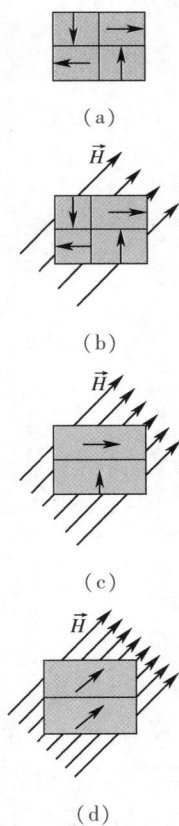

（a）

（b）

（c）

（d）

图 10.45　从磁畴说明铁磁质的磁化过程

高温下剧烈的热运动使磁畴瓦解时，铁磁体的铁磁性也就消失了. 居里（P. Curie）曾发现：对任何铁磁质来说，各有一特定的温度，当铁磁质的温度高于这一温度时，磁畴全部瓦解，铁磁性完全消失而成为普通的顺磁质. 这个温度叫作居里点. 铁、镍、钴的居里点分别为 770℃、358℃、1115℃.

4. 铁磁质的分类及其应用

从铁磁质的性质和应用方面来看，按矫顽力的大小可将铁磁质分为软磁材料、硬磁材料和矩磁材料.

软磁材料的矫顽力小（$H_c<100A/m$），磁滞回线狭长，如图 10.46（a）所示. 这种材料容易磁化，也容易退磁，适合在交变电磁场中工作，如各种电感元件、变压器、镇流器、继电器等. 一旦切断电流后，剩磁很小. 常用的金属软磁材料有工程纯铁、硅钢、坡莫合金等. 还有非金属软磁铁氧体，如锰锌铁氧体、镍锌铁氧体等.

硬磁材料的矫顽力较大（$H_c<100A/m$），磁滞回线肥大，如图 10.46（b）所示. 其磁滞特性显著. 这种材料一旦磁化后，会保留较大的剩磁，且不易退磁，故适合做永久磁体，用于磁电式电表、永磁扬声器拾音器、电话、录音机、耳机等设备. 常见的金属硬磁材料有碳钢、钨钢、铝钢等.

还有一种铁磁质叫矩磁材料，其特点是剩磁很大，接近于饱和磁感应强度大小 B_m，而矫顽力小. 其磁滞回线接近于矩形，如图 10.46（c）所示. 当它被外磁场磁化时，总是处在 B_m 或 $-B_m$ 两种不同的剩磁状态. 因此，其适用于计算机中，做储存记忆元件. 通常计算机中采用二进制，只有"1"和"0"两个数码，因此可用矩磁材料的两种剩磁状态分别代表两个数码，起到"记忆"的作用. 目前常用的矩磁材料有锰-镁铁氧体和锂-锰铁氧体等，广泛用于天线、电感磁芯和记忆元件方面.

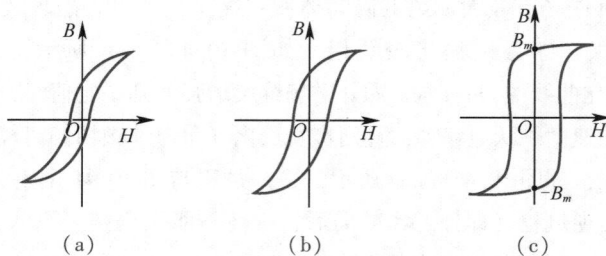

图 10.46　几种铁磁质的磁滞回线

例 10.8　在图 10.40 所示测定铁磁质磁化特性的实验中，设所用的环形螺线管共有 1000 匝，平均半径为 15cm，当通有 2A 电流时，测得环形螺线管内磁感应强度大小为 1T. 求：

（1）环形螺线管铁芯内的磁场强度大小 H 和磁化强度大小 M；

（2）该铁磁质的磁导率 μ 和相对磁导率 μ_r；

（3）已磁化的环形铁芯的"分子表面电流密度".

解　（1）磁场强度大小为 $H=nl=\dfrac{1000}{2\pi\times15\times10^{-3}}\times2\,\mathrm{A/m}\approx2.12\times10^{-3}\,\mathrm{A/m}.$

磁化强度大小为 $M=\dfrac{B}{\mu_{\mathrm{r}}}-H\approx\left(\dfrac{1}{4\pi\times10^{-7}}-2.12\times10^{3}\right)\mathrm{A/m}\approx7.94\times10^{5}\,\mathrm{A/m}.$

（2）铁磁质的磁导率为 $\mu=\dfrac{B}{H}=\dfrac{1}{2.12\times10^{3}}\approx4.71\times10^{-4},$

相对磁导率为 $\mu_{\mathrm{r}}=\dfrac{\mu}{\mu_{0}}\approx\dfrac{4.71\times10^{-4}}{4\pi\times10^{-7}}\approx375.$

（3）沿环形铁芯的"分子表面电流密度"为

$$i_{s}=M\approx7.94\times10^{5}\,\mathrm{A/m},$$

其绕行方向与螺线管中电流方向相同.

本章提要

一、基本概念

1. 磁感应强度矢量

- 大小 $B=\dfrac{M_{\max}}{P_{m}}$，方向与该点处试验线圈在稳定平衡位置时的正法线方向相同.

2. 载流线圈的磁矩

- $\vec{P}_{m}=IS\,\vec{n}$

3. 磁力矩

- $\vec{M}=\vec{P}_{m}\times\vec{B}$

4. 磁通量

- $\varPhi_{\mathrm{m}}=\displaystyle\iint_{S}\vec{B}\cdot\mathrm{d}\vec{S}$

二、基本定律

1. 毕奥-萨伐尔定律

- $\mathrm{d}\vec{B}=\dfrac{\mu_{0}}{4\pi}\dfrac{I\mathrm{d}\vec{l}\times\vec{r}_{0}}{r^{2}}$

2. 安培定律

- $\mathrm{d}\vec{F}=I\mathrm{d}\vec{l}\times\vec{B}$

三、磁场的两条基本定理

1. 磁场的高斯定理

- $\displaystyle\oiint_{S}\vec{B}\cdot\mathrm{d}\vec{S}=\varPhi_{\mathrm{m}}=0$

2. 磁场的安培环路定理

- $$\oint_L \vec{H} \cdot \mathrm{d}\vec{l} = \sum_{i=1}^n I_i$$

四、几种典型电流的磁场

1. 直线电流周围的磁场

- $B = \dfrac{\mu_0 I}{4\pi a}(\cos\theta_1 - \cos\theta_2)$

2. 圆形电流轴线上的磁场

- $B = \dfrac{\mu_0 I R^2}{2(R^2 + x^2)^{3/2}}$

3. 长直螺线管内部的磁场

- $B = \dfrac{\mu_0}{2} n I(\cos\beta_2 - \cos\beta_1)$

五、磁场中的带电粒子和载流导体

（1）带电粒子在磁场中运动，受洛伦兹力作用.

- $\vec{f} = q\vec{v} \times \vec{B}$

（2）载流导体放置于磁场中，内部载流子受洛伦兹力作用，产生霍尔电势差.

- $U_H = R_H \dfrac{IB}{d}$

六、磁介质分类

- 顺磁质
- 抗磁质
- 铁磁质

本章习题 A+

10.1 选择题.

（1）对安培环路定理的理解，正确的是（　　）.

    A. 若环流等于零，则在回路 L 上必定 H 处处为零

    B. 若环流等于零，则回路 L 必定不包围电流

    C. 若环流等于零，则回路 L 所包围传导电流的代数和为零

    D. 回路 L 上各点的 H 仅与回路 L 包围的电流有关

(2) 对于半径为 R、载流为 I 的无限长直圆柱体, 距轴线 r 处, (　　).

    A. 内外部磁感应强度大小 B 都与 r 成正比

    B. 内部磁感应强度大小 B 与 r 成正比, 外部磁感应强度大小 B 与 r 成反比

    C. 内外部磁感应强度大小 B 都与 r 成反比

    D. 内部磁感应强度大小 B 与 r 成反比, 外部磁感应强度大小 B 与 r 成正比

(3) 质量为 m、电量为 q 的粒子, 以速率 v 与均匀磁场 $\vec{B}$ 成 θ 角射入磁场, 轨迹为一螺旋线, 若要增大螺距, 则要 (　　).

    A. 增大磁场 $\vec{B}$ B. 减小磁场 $\vec{B}$

    C. 增大 θ 角   D. 减小速率 v

(4) 一个 100 匝的圆形线圈, 半径为 5cm, 通过电流为 0.1A, 当线圈在 1.5T 的磁场中从 $\theta=0$ 的位置转到 $\theta=180°$ (θ 为磁场方句和线圈磁矩方向的夹角) 时, 磁场力做功为 (　　).

    A. 0.24J   B. 2.4J   C. 0.14J   D. 14J

10.2 填空题.

(1) 半径为 a 的圆形导线回路载有电流 I, 则其中心处的磁感应强度大小为＿＿＿＿.

(2) 计算有限长的直线电流产生的磁场＿＿＿＿用毕奥-萨伐尔定律, 而＿＿＿＿用安培环路定理求得 (填 "能" 或 "不能").

(3) 电荷在静电场中沿任一闭合曲线移动一周, 电场力做功为＿＿＿＿. 电荷在磁场中沿任一闭合曲线移动一周, 磁场力做功为＿＿＿＿.

(4) 为了消除铁磁质的剩磁, 可以利用＿＿＿＿和＿＿＿＿的方法. 居里发现, 不同的铁磁质各自存在一个特定临界温度, 当温度升高到临界温度时, 铁磁性将失去而变成普通的＿＿＿＿.

10.3 在同一磁感线上, 各点 $\vec{B}$ 的数值是否都相等? 为何不把作用于运动电荷的磁力方向定义为磁感应强度 $\vec{B}$ 的方向?

10.4 (1) 在没有电流的空间区域里, 如果磁感线是平行直线, 磁感应强度 $\vec{B}$ 的大小在沿磁感线方向和垂直它的方向上是否可能变化 (磁场是否一定是均匀的)?

(2) 若存在电流, 上述结论是否还对?

10.5 用安培环路定理能否求有限长载流直导线周围的磁场?

10.6 在载流长螺线管的情况下, 我们导出其内部 $B=\mu_0 nI$, 外部 $B=0$, 所以在载流长螺线管外面环绕一周 (见图 10.47) 的环路积分

$$\oint_L \vec{B}_{外} \cdot \mathrm{d}\vec{l} = 0.$$

但从安培环路定理来看, 环路 L 中有电流 I 穿过, 环路积分应为

$$\oint_L \vec{B}_{外} \cdot \mathrm{d}\vec{l} = \mu_0 I,$$

这是为什么？

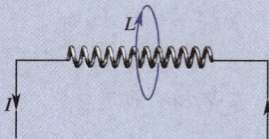

图 10.47　10.6 题图

10.7 如果一个电子在通过空间某一区域时不偏转，能否肯定这个区域中没有磁场？如果它发生偏转，能否肯定这个区域中存在磁场？

10.8 已知磁感应强度大小 $B = 2\text{Wb/m}^2$ 的均匀磁场，方向沿 x 轴正方向，如图 10.48 所示．试求：（1）通过图中 $abcd$ 面的磁通量；（2）通过图中 $befc$ 面的磁通量；（3）通过图中 $aefd$ 面的磁通量．

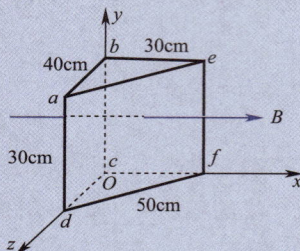

图 10.48　10.8 题图

10.9 如图 10.49 所示，AB、CD 为长直导线；BC 为圆心在 O 点的一段圆弧形导线，其半径为 R．若通以电流 I，求 O 点的磁感应强度．

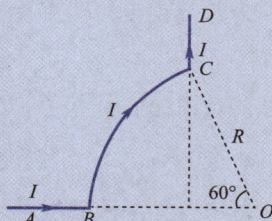

图 10.49　10.9 题图

10.10 在真空中，有两根互相平行的无限长直导线 L_1 和 L_2，相距 0.1m，通有方向相反的电流，$I_1 = 20\text{A}, I_2 = 10\text{A}$，如图 10.50 所示．$A$ 和 B 两点与导线在同一平面内，这两点与导线 L_2 的距离均为 5cm．试求 A 和 B 两点处的磁感应强度，以及磁感应强度为零的点的位置．

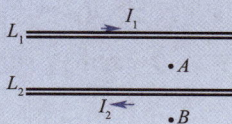

图 10.50　10.10 题图

10.11　如图 10.51 所示，两根导线沿半径方向引向铁环上的 A、B 两点，并在很远处与电源相连．已知铁环的粗细均匀，求铁环中心 O 的磁感应强度．

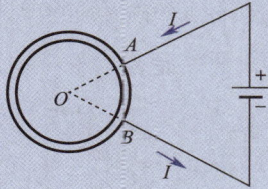

图 10.51　10.11 题图

10.12　在一半径 $R=1\mathrm{cm}$ 的无限长半圆柱形金属薄片中，自上而下地有电流 $I=5\mathrm{A}$ 通过，电流分布均匀，如图 10.52 所示，试求圆柱轴线任一点 P 处的磁感应强度．

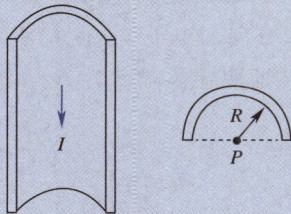

图 10.52　10.12 题图

10.13　氢原子处于基态时，它的电子可看作在半径 $a=0.52\times10^{-8}\mathrm{cm}$ 的轨道上做匀速圆周运动，速率 $v=2.2\times10^{8}\mathrm{cm/s}$．求电子在轨道中心所产生的磁感应强度和电子磁矩的值．

10.14　两平行长直导线相距 $d=40\mathrm{cm}$，每根导线载有电流 $I_1=I_2=20\mathrm{A}$，如图 10.53 所示．求：

（1）两导线所在平面内与两导线等距的一点 A 处的磁感应强度；

（2）通过图中斜线所示面积的磁通量．（$r_1=r_3=10\mathrm{cm}$，$l=25\mathrm{cm}$．）

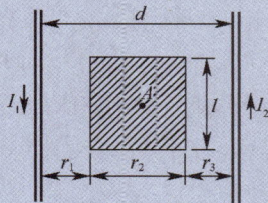

图 10.53　10.14 题图

10.15　一根很长的铜导线载有电流 $10\mathrm{A}$，设电流均匀分布．在导线内部作一平面 S，如图 10.54 所示．试计算通过平面 S 的磁通量（沿导线长度方向取长为 $1\mathrm{m}$ 的一段进行计算）．铜的磁导率 $\mu\approx\mu_0$．

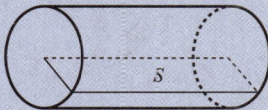

图 10.54　10.15 题图

10.16 如图 10.55 所示，两导线中的电流均为 8A，对图示的 3 条闭合曲线 a、b、c，分别写出安培环路定理等式右边电流的代数和，并讨论：

(1) 在各条闭合曲线上，各点的磁感应强度 $\vec{B}$ 的大小是否相等？

(2) 在闭合曲线 c 上各点的 $\vec{B}$ 是否为零？为什么？

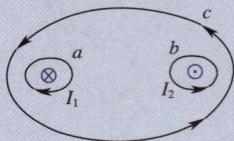

图 10.55　10.16 题图

10.17 图 10.56 所示是一根很长的长直圆管形导体的横截面，内、外半径分别为 a、b，导体内载有沿轴线方向的电流 I，且 I 均匀地分布在圆管的横截面上．设导体的磁导率 $\mu \approx \mu_0$，试证明导体内部各点（$a<r<b$）的磁感应强度大小由下式给出：

$$B = \frac{\mu_0 I}{2\pi(b^2-a^2)} \frac{r^2-a^2}{r}.$$

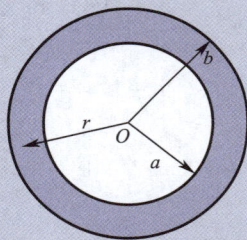

图 10.56　10.17 题图

10.18 一根很长的同轴电缆，由一导体圆柱（半径为 a）和一同轴的导体圆管（内、外半径分别为 b、c）构成，如图 10.57 所示．使用时，电流 I 从一导体流出，从另一导体流回．设电流都是均匀地分布在导体的横截面上．求导体圆柱内（$r<a$）、两导体之间（$a<r<b$）、导体圆管内（$b<r<c$）、电缆外（$r>c$）各点处磁感应强度的大小．

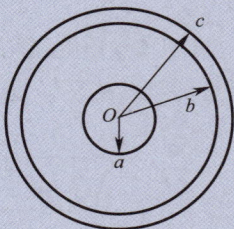

图 10.57　10.18 题图

10.19 在半径为 R 的长直圆柱形导体内部与轴线平行方向挖出一半径为 r 的长直圆柱形空腔，两轴间距离为 a，且 $a>r$，横截面如图 10.58 所示. 现在电流 I 沿导体管流动，电流均匀分布在导体管的横截面上，而电流方向与导体管的轴线平行. 求：

（1）圆柱轴线上磁感应强度的大小；

（2）空心部分轴线上磁感应强度的大小.

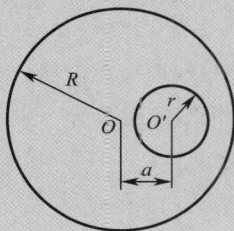

图 10.58　10.19 题图

10.20 如图 10.59 所示，长直电流 I_1 附近有一等腰直角三角形线框，通以电流 I_2，二者共面. 求 $\triangle ABC$ 的各边所受的磁力.

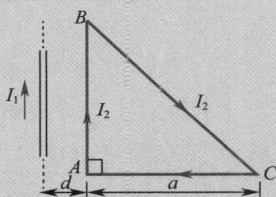

图 10.59　1C.20 题图

10.21 在磁感应强度为 $\vec{B}$ 的均匀磁场中，垂直于磁场方向的平面内有一段载流弯曲导线，电流为 I，如图 10.60 所示. 求其所受的安培力.

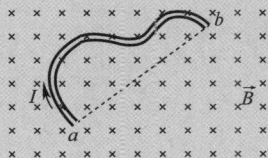

图 10.60　10.21 题图

10.22 电磁炮是一种利用电流间相互作用的安培力将弹头发射出去的武器. 定性分析弹头所受的磁场力.

10.23 如图 10.61 所示，在长直导线 AB 内通有电流 $I_1 = 20\text{A}$，在矩形线圈 $CDEF$ 中通有电流 $I_2 = 10\text{A}$，AB 与线圈共面，且 CD、EF 都与 AB 平行. 已知 $a = 9\text{cm}$，$b = 20\text{cm}$，$d = 1\text{cm}$，求：

（1）导线 AB 的磁场对矩形线圈每边所作用的力；

（2）矩形线圈所受合力和合力矩.

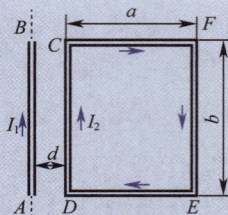

图 10.61　10.23 题图

10.24 边长为 $l = 0.1$m 的正三角形线圈放在磁感应强度大小 $B = 1$T 的均匀磁场中，线圈平面与磁场方向平行，如图 10.62 所示，使线圈通以电流 $I = 10$A. 求：

（1）线圈每边所受的安培力；

（2）线圈对 OO' 轴的磁力矩大小；

（3）线圈平面从所在位置转到与磁场垂直时磁力所做的功.

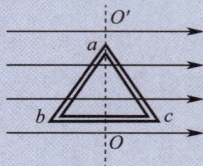

图 10.62　10.24 题图

10.25 如图 10.63 所示，一正方形线圈，由细导线做成，边长为 a，共有 N 匝，可以绕通过其相对两边中点的一个竖直轴自由转动. 现在线圈中通有电流 I，把线圈放在均匀的水平外磁场 $\vec{B}$ 中，求当线圈磁矩与磁场 $\vec{B}$ 的夹角为 θ 时，线圈受到的转动力矩.

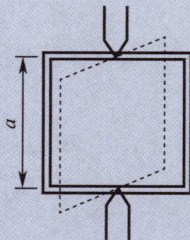

图 10.63　10.25 题图

10.26 一长直导线通有电流 $I_1 = 20$A，旁边放一导线 ab，其中通有电流 $I_2 = 10$A，且两者共面，如图 10.64 所示. 求导线 ab 所受作用力对 O 点的力矩.

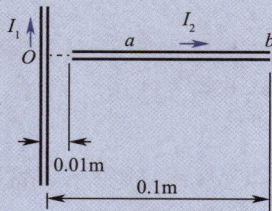

图 10.64　10.26 题图

10.27　电子在 $B = 70 \times 10^{-4} \mathrm{T}$ 的匀强磁场中做圆周运动，圆周半径 $r = 3 \mathrm{cm}$. 已知 $\vec{B}$ 垂直于纸面向外，某时刻电子在 O 点，速度 $\vec{v}$ 方向向上，如图 10.65 所示.

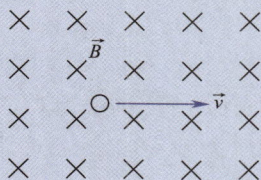

图 10.65　10.27 题图

（1）试画出该电子运动的轨道.

（2）求该电子速度 $\vec{v}$ 的大小.

（3）求该电子的动能 E_k.

10.28　一电子在 $B = 20 \times 10^{-4} \mathrm{T}$ 的磁场中沿半径为 $R = 2 \mathrm{cm}$ 的螺旋线运动，螺距 $h = 5 \mathrm{cm}$，如图 10.66 所示.

（1）求该电子的速度.

（2）磁场 $\vec{B}$ 的方向如何？

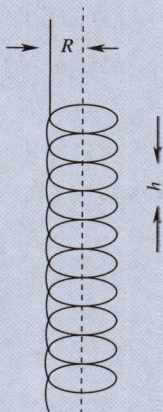

图 10.66　10.28 题图

10.29　在霍尔效应实验中，一宽 1cm、长 4cm、厚 $1 \times 10^{-3} \mathrm{cm}$ 的导体，沿长度方向载有 3A 的电流，当磁感应强度大小为 $B = 1.5 \mathrm{T}$ 的磁场垂直地穿过该导体时，产生 $1 \times 10^{-5} \mathrm{V}$ 的横向电压，试求：

（1）载流子的漂移速度；

（2）每立方米的载流子数目.

10.30　两种不同磁性材料做成的小棒，放在磁铁的两个磁极之间，小棒被磁化后在磁极间处于不同的方位，如图 10.67 所示. 试指出哪一个是由顺磁质材料做成的，哪一个是由抗磁质材料做成的.

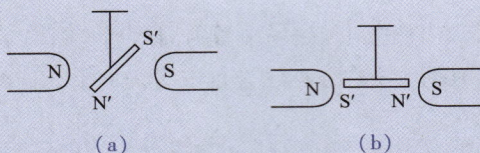

图 10.67　10.30 题图

10.31 图 10.68 中的 3 条实线表示 3 种不同磁介质的 $B\text{-}H$ 曲线，虚线是 $B = \mu_0 H$ 的曲线，试指出哪一条表示顺磁质，哪一条表示抗磁质，哪一条表示铁磁质.

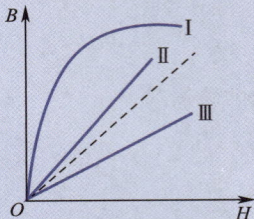

图 10.68　10.31 题图

10.32 螺绕环的中心周长 $L = 10\text{cm}$，环上线圈匝数 $N = 200$，线圈中通有电流 100mA.

（1）当管内是真空时，求管中心的磁场强度 $\vec{H}$ 和磁感应强度 $\vec{B}_0$.

（2）若环内充满相对磁导率 $\mu_r = 4200$ 的磁性物质，则管内的 $\vec{B}$ 和 $\vec{H}$ 各是多少？

*（3）磁性物质中心处由导线中传导电流产生的 $\vec{B}_0$ 和由磁化电流产生的 $\vec{B}'$ 各是多少？

10.33 螺绕环的导线内通有电流 20A，利用冲击电流计测得环内磁感应强度大小是 1Wb/m^2. 已知环的平均周长是 40cm，绕有导线 400 匝. 试计算：

（1）磁场强度；

（2）磁化强度；

*（3）磁化率；

*（4）相对磁导率.

10.34 一铁制的螺绕环，其平均圆周长 $L = 30\text{cm}$，截面积为 1cm^2，在环上均匀绕有 300 匝导线，当导线内的电流为 0.032A 时，环内的磁通量为 $2 \times 10^6\text{Wb}$. 试计算：

（1）环内的平均磁通量密度；

（2）螺绕环截面中心处的磁场强度.

本章习题
参考答案

第 **11** 章

变化的电磁场

　　电和磁既有区别，又相互联系．1820 年奥斯特发现了电流的磁效应．那么，磁效应是否也能引起电效应呢？英国物理学家法拉第经过 10 年的探索，终于在 1831 年发现在一定条件下磁效应也能引起电效应，即随时间变化的磁场能引起电流，这种现象叫作电磁感应．电磁感应现象的发现，深刻地揭示了电与磁之间的内在联系，推动了电磁学理论的发展．1861～1864 年，麦克斯韦在总结前人成果的基础上，提出了感应电场和位移电流的概念，用简洁的数学形式建立了完整的电磁场方程组，概括了所有宏观电磁现象的基本规律，同时也预测了电磁波的存在，并揭示了光的电磁本质．电磁感应现象的发现，在生产技术上也具有划时代的意义．根据电磁感应原理，人们设计并制造了发电机、变压器等电力设备，为现代大规模生产、传输和使用电能开辟了道路．

　　本章首先介绍法拉第电磁感应定律，探究电磁感应本质，讨论产生感应电动势的情况，如动生电动势和感生电动势；接着介绍电磁感应的应用及磁场的能量；最后介绍位移电流的概念及麦克斯韦方程组．

11.1 电磁感应定律

一、电磁感应现象和感应定律

法拉第研究电磁感应的实验大体上可归纳为两种：一类是磁铁与闭合线圈有相对运动时，闭合线圈中产生了电流，如图 11.1（a）所示；另一类是用一个通电线圈来取代磁铁，当通电线圈中电流发生变化时，闭合线圈中出现了电流，如图 11.1（b）所示.

法拉第从大量的实验结果总结出，**当穿过闭合导体回路所围面积的磁通量发生变化时，回路中就有电流产生，这种现象叫作电磁感应现象，所产生的电流叫作感应电流**. 从全电路欧姆定律出发，电路中有电流就必定有电动势，这种电动势称为**感应电动势**. 同时穿过导体回路的磁通量变化得越快，回路中的感应电动势就越大.

1845 年，德国物理学家诺伊曼对法拉第的工作理论做出了定量表述. **当穿过导体回路的磁通量发生变化时，回路中产生感应电流，而感应电动势与穿过导体回路的磁通量对时间的变化率的负值成正比**，可以写为

$$\varepsilon_i = -k \frac{\mathrm{d}\Phi_\mathrm{m}}{\mathrm{d}t}.$$

在国际单位制中，感应电动势的单位是伏（V），磁通量的单位为韦伯（Wb），t 的单位是秒（s），比例系数 $k=1$. 电磁感应定律的数学表达式为

$$\varepsilon_i = -\frac{\mathrm{d}\Phi_\mathrm{m}}{\mathrm{d}t}. \tag{11.1}$$

式（11.1）既能反映电动势的大小又能反映电动势的方向，负号反映电动势的方向与磁通量变化的关系.

式（11.1）中的感应电动势 ε_i 和磁通量 Φ_m 的符号这样规定：先确定回路 L 的绕行正方向，如果回路中磁感线的方向与所规定的绕行正方向满足右手螺旋关系，那么穿过回路所围面积的磁通量为正值，$\Phi_\mathrm{m}>0$，反之为负值，$\Phi_\mathrm{m}<0$. 如果感应电动势与选定的绕行正方向相同，感应电动势为正，$\varepsilon_i>0$，反之为负，$\varepsilon_i<0$. 图 11.2 列出了 4 种情况下感应电动势的方向和磁通量变化的关系，假定 4 种情况下逆时针方向为绕行的正方向. 在图 11.2（a）和图 11.2（b）中，回路中磁感线的方向与所规定的绕行正方向满足右手螺旋关系，则穿过回路所围面积的磁通量为正值，$\Phi_\mathrm{m}>0$，当回路中的磁通量增加时，$\dfrac{\mathrm{d}\Phi_\mathrm{m}}{\mathrm{d}t}>0$，则 $\varepsilon_i<0$，与规定的绕行正方向相反；当

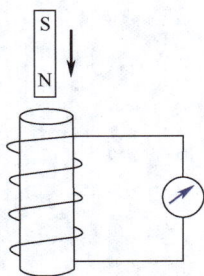

（a）

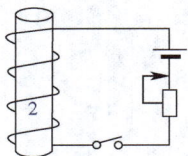

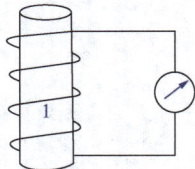

（b）

图 11.1 电磁感应实验

电磁感应现象

回路中的磁通量减少时，$\dfrac{\mathrm{d}\varPhi_\mathrm{m}}{\mathrm{d}t}<0$，则 $\varepsilon_i>0$，与规定的绕行正方向相同. 在图 11.2（c）和图 11.2（d）中，回路中磁感线的方向与所规定的绕行正方向满足左手螺旋关系，则穿过回路所围面积的磁通量为负值，$\varPhi_\mathrm{m}<0$，当回路中的磁通量减少时，$\dfrac{\mathrm{d}\varPhi_\mathrm{m}}{\mathrm{d}t}>0$，则 $\varepsilon_i<0$，与规定的绕行正方向相反；

当回路中的磁通量增加时，$\dfrac{\mathrm{d}\varPhi_\mathrm{m}}{\mathrm{d}t}<0$，则 $\varepsilon_i>0$，与规定的绕行正方向相同.

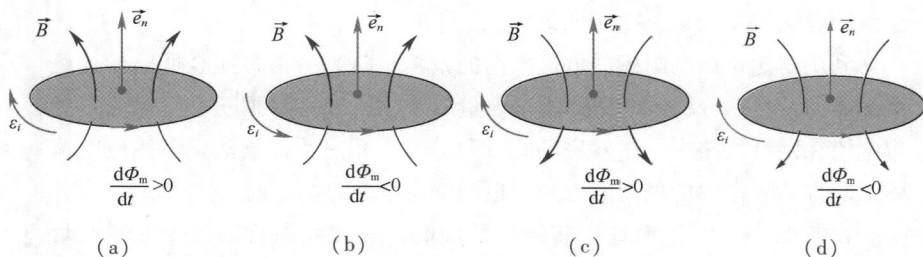

图 11.2　感应电动势的方向和磁通量变化的关系

实际上，常用的线圈大多数是由多匝串联而成的. 当穿过各匝的磁通量分别为 $\varPhi_{\mathrm{m}1},\varPhi_{\mathrm{m}2},\cdots,\varPhi_{\mathrm{m}N}$ 时，整个线圈中的感应电动势应是每匝中产生的感应电动势之和，可表示为

$$\varepsilon_i=-\left(\dfrac{\mathrm{d}\varPhi_{\mathrm{m}1}}{\mathrm{d}t}+\dfrac{\mathrm{d}\varPhi_{\mathrm{m}2}}{\mathrm{d}t}+\cdots+\dfrac{\mathrm{d}\varPhi_{\mathrm{m}N}}{\mathrm{d}t}\right)=-\dfrac{\mathrm{d}}{\mathrm{d}t}\sum_{i=1}^{N}\varPhi_{\mathrm{m}i}=-\dfrac{\mathrm{d}\varPsi_\mathrm{m}}{\mathrm{d}t}, \tag{11.2}$$

式中 $\varPsi_\mathrm{m}$ 是穿过各匝线圈的磁通量的总和，即 $\varPsi_\mathrm{m}=\sum_{i=1}^{N}\varPhi_{\mathrm{m}i}$，叫作穿过线圈的全磁通或磁通链数.

当穿过每一匝线圈的磁通量都相等且方向相同时，N 匝线圈的全磁通为 $\varPsi_\mathrm{m}=N\varPhi_\mathrm{m}$，总的感应电动势为

$$\varepsilon_i=-\dfrac{\mathrm{d}\varPsi_\mathrm{m}}{\mathrm{d}t}=-N\dfrac{\mathrm{d}\varPhi_\mathrm{m}}{\mathrm{d}t}. \tag{11.3}$$

假设闭合回路的电阻为 R，则回路中的感应电流为

$$I_i=\dfrac{\varepsilon_i}{R}=-\dfrac{N}{R}\dfrac{\mathrm{d}\varPhi_\mathrm{m}}{\mathrm{d}t}. \tag{11.4}$$

在 t_1 到 t_2 的一段时间内通过回路导线中任一截面的感应电量为

$$q=\int_{t_1}^{t_2}I_i\mathrm{d}t=-\dfrac{1}{R}\int_{\varPhi_{\mathrm{m}1}}^{\varPhi_{\mathrm{m}2}}\mathrm{d}\varPhi_\mathrm{m}=\dfrac{1}{R}\left(\varPhi_{\mathrm{m}1}-\varPhi_{\mathrm{m}2}\right), \tag{11.5}$$

式中 $\varPhi_{\mathrm{m}1}$ 和 $\varPhi_{\mathrm{m}2}$ 分别是时刻 t_1 和 t_2 通过回路的磁通量. 式（11.5）表明，在一段时间内通过导线任一截面的电量与这段时间内导线所包围面积磁通的增量成正比. 如果能测出导线中的感应电量，且回路中的电阻为已知，那么由式（11.5）即可算出回路所围面积内的磁通的变化量. 磁通计就是根

据这个原理设计的.

二、楞次定律

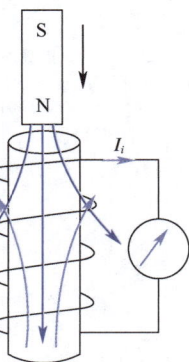

（a）

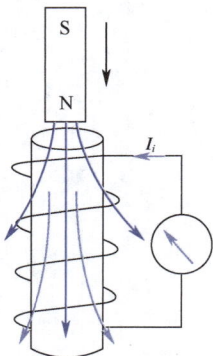

（b）

图 11.3 感应电流方向与
磁通量变化的关系

楞次定律

在闭合回路中，感应电动势和感应电流的方向一致，所以确定了感应电流的方向，也就确定了感应电动势的方向.

1833 年，楞次从实验中总结出判断感应电流方向的方法：**闭合回路中感应电流的方向，总是使它所激发的磁场来阻碍或补偿引起感应电流的磁通量的变化. 这一结论叫作楞次定律.**

利用楞次定律判断感应电流方向的步骤：（1）弄清楚闭合回路的外磁场的方向，然后分析闭合回路的磁通量的变化；（2）根据楞次定律确定感应电流在闭合回路中所激发磁场的方向；（3）用右手螺旋法则由感应电流磁场的方向确定感应电流的方向，也即感应电动势的方向.

在图 11.3 中，当磁铁向着线圈移动时，穿过线圈所围面积的磁通量 Φ_m 增加，这时回路中将产生感应电流 I_i. 根据楞次定律，感应电流 I_i 激发的磁场应与磁铁产生的磁场方向相反，去反抗原磁通量 Φ_m 的增加，所以感应电流的方向应如图 11.3（a）所示. 当磁铁离开线圈时，穿过线圈的磁通量 Φ_m 减少，这时感应电流所激发的磁场应与磁铁产生的磁场方向相同，去补偿原磁通量 Φ_m 的减少，所以感应电流的方向如图 11.3（b）所示. 因而磁铁插入或抽出线圈时，线圈有感应电流通过，可等效为一根磁棒. 在图 11.3（a）中线圈的等效磁棒的 N 极出现在线圈的上端，它与磁铁的 N 极相斥，起到阻碍磁铁向线圈推进的作用. 当磁铁的 N 极远离线圈运动时，线圈中出现图 11.3（b）所示方向的感应电流 I_i. 那么，线圈的上端为等效磁棒的 S 极，它与磁铁的 N 极相吸，起到阻碍磁铁远离线圈的作用. 由此可见，从运动的角度来看，楞次定律总是体现为效果阻碍原因. 如果把磁通量的变化视作原因，把感应电流激发的磁场看作效果，那么楞次定律又可表述为**感应电流的效果总是去反抗引起感应电流的原因.**

楞次定律本质上是能量守恒定律在电磁感应现象上的具体体现. 在前面的例子中，当磁铁和线圈相对运动而产生感应电流时，感应电流在线圈中流动将产生焦耳热. 根据能量守恒定律，这部分热量只能从其他形式能量转化而来. 以图 11.3（a）为例，由楞次定律知道线圈的 N 极应与磁棒的 N 极相对. 这样，插入磁棒时外力必须克服两个 N 极的斥力做机械功，正是这机械功转化为感应电流的焦耳热.

例 11.1 均匀磁场中放置有图 11.4 所示的矩形线圈 $abcd$，若矩形线圈绕垂直于磁场方向的水平中心轴以匀角速度 ω 转动，求线圈中的感应电动势.

解 设矩形线圈面积为 S，共为 N 匝，可绕 OO' 轴旋转，在某时刻 t 线圈平面的法线方向

$\vec{n}$ 与 $\vec{B}$ 的夹角为 θ，则时刻 t 穿过该线圈的磁通链数为

$$\varPsi_{\mathrm{m}} = N\varPhi_{\mathrm{m}} = N\vec{B} \cdot \vec{S} = NBS\cos\theta = NBS\cos\omega t.$$

由法拉第电磁感应定律得

$$\varepsilon_i = -\frac{\mathrm{d}\varPsi_{\mathrm{m}}}{\mathrm{d}t} = NBS\omega\sin\omega t,$$

令

$$\varepsilon_m = NBS\omega$$

则线圈中的感应电动势 $\varepsilon_i = \varepsilon_m \sin\omega t$.

结果表明：线圈中的感应电动势 ε_i 随时间做周期性变化，当 $\sin\omega t = 1$ 时，感应电动势有最大值 ε_m. 当 $\varepsilon_i > 0$ 时，感应电动势的方向与线圈平面的法线方向 $\vec{n}$ 成右手螺旋关系；当 $\varepsilon_i < 0$ 时，感应电动势的方向与线圈平面的法线方向 $\vec{n}$ 成左手螺旋关系. 该线圈为交流发电机的原型，本例为交流发电机的工作原理.

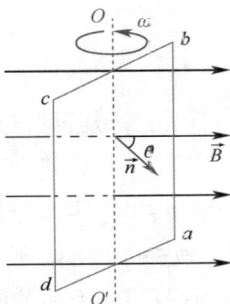

图 11.4　均匀磁场中的矩形线圈

例 11.2　如图 11.5 所示，一长直导线中通有交变电流 $I = I_0\sin\omega t$，式中 I_0 和 ω 是常量. 直导线旁平行放置一矩形线圈，线圈与直导线在同一平面内. 已知线圈长 l、宽 b，线圈靠近直导线的一边离直导线的距离为 a. 求线圈中的感应电动势.

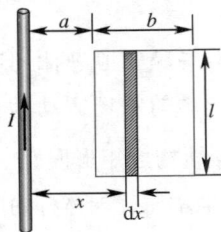

图 11.5　长直导线与线圈

解　假设 $I_0 > 0$，由长直导线在空间中的磁感应强度分布特点知，在以导线为轴的同一圆柱面上各点的磁感应强度大小相等. 作图 11.5 所示矩形面元，面元处的磁感应强度大小 $B = \frac{\mu_0 I}{2\pi x}$，方向垂直面元向里.

假定顺时针为回路绕行正方向，面元的磁通量为

$$\mathrm{d}\varPhi_{\mathrm{m}} = \vec{B} \cdot \mathrm{d}\vec{S} = \frac{\mu_0 I}{2\pi x}l\,\mathrm{d}x,$$

线圈的磁通量为

$$\Phi_m = \iint_S \vec{B} \cdot d\vec{S} = \int_a^{a+b} \frac{\mu_0 I}{2\pi x} l dx = \frac{\mu_0 l I_0 \sin\omega t}{2\pi} \ln\frac{a+b}{a},$$

线圈的感应电动势为

$$\varepsilon_i = -\frac{d\Phi_m}{dt} = -\frac{\mu_0 l I_0 \omega\cos\omega t}{2\pi} \ln\frac{a+b}{a}.$$

当 $t = \frac{\pi}{\omega}$ 时，$\varepsilon_i > 0$，说明感应电动势的方向跟回路绕行正方向相同.

当 $t = \frac{2\pi}{\omega}$ 时，$\varepsilon_i < 0$，说明感应电动势的方向跟回路绕行正方向相反.

所以，$\varepsilon_i = -\frac{d\Phi_m}{dt}$ 普遍适用.

11.2　动生电动势和感生电动势

法拉第电磁感应定律表明，只要闭合回路的磁通量变化，回路中就会有感应电动势. 磁通量的改变可以有两种方式，一是磁场不变，回路的一部分相对磁场运动或回路面积发生变化致使回路中磁通量变化；二是回路面积不变，因磁场变化使回路中磁通量变化. 产生的感应电动势分别称为动生电动势和感生电动势，产生动生电动势和感生电动势的非静电力的实质是不同的.

一、动生电动势

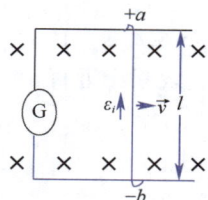

（a）

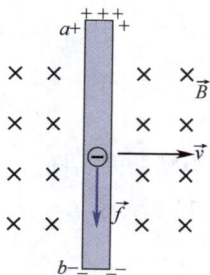

（b）

图 11.6　感生电动势及其成因

动生电动势是由于导体或导体回路在**恒定磁场中运动**而产生的电动势. 以导体杆垂直于均匀磁场运动为例进行说明. 如图 11.6（a）所示，长为 l 的导体杆与导轨构成矩形回路，均匀磁场 $\vec{B}$ 垂直纸面向里. 当导体杆 ab 以速度 $\vec{v}$ 向右运动时，导体杆内的自由电子也获得向右的速度 $\vec{v}$，在磁场中电子受到的洛伦兹力为 $\vec{f}_m = -e\vec{v}\times\vec{B}$，方向沿导体杆由 a 端指向 b 端. 如图 11.6（b）所示，在洛伦兹力的作用下，自由电子沿导体杆定向运动，b 端将积累自由电子，使 b 端带负电而 a 端带正电，在导体杆 ab 上产生自上而下的静电场，静电场对自由电子的作用力由 b 端指向 a 端，与自由电子所受洛伦兹力方向相反. 当静电场力和洛伦兹力达到平衡时，导体杆 a、b 两端有一个稳定的电势差，a 端的电势高，b 端的电势低. 因而，**这段运动的导体杆相当于电源，洛伦兹力就是非静电力**. 在导体杆与导轨构成的矩形回路中，有感应电流产生.

　　根据电动势的定义，我们用把单位正电荷从负极通过电源内部移到正极过程中非静电力做的功，来计算导体杆中的动生电动势. 非静电力为洛伦兹力，

$$\vec{E}_k = \frac{\vec{f}_\text{非}}{q} = \frac{\vec{f}_m}{-e},$$

代入电动势的定义式 $\varepsilon = \int_-^+ \vec{E}_k \cdot \mathrm{d}\vec{l}$ 中，得到动生电动势

$$\varepsilon_i = \int_-^+ \frac{\vec{f}_m}{e} \cdot \mathrm{d}\vec{l} = \int_-^+ (\vec{v} \times \vec{B}) \cdot \mathrm{d}\vec{l}.$$

　　在图 11.6（b）中，速度 $\vec{v}$ 垂直于磁感应强度 $\vec{B}$，由此我们得到导体杆的动生电动势为 $\varepsilon_i = Blv$.

　　一般而言，在任意的稳恒磁场中，一个任意形状的导线 L 在运动或发生形变时，各个线元 $\mathrm{d}\vec{l}$ 的速度 $\vec{v}$ 的大小和方向都可能不同. 因此，整个导线 L 中所产生的动生电动势可以看成很多小段串联而成，应为

$$\varepsilon_i = \int_L (\vec{v} \times \vec{B}) \cdot \mathrm{d}\vec{l}. \tag{11.6}$$

式（11.6）是计算动生电动势的普遍公式.

　　例 11.3　如图 11.7 所示，长为 L 的铜棒在磁感应强度为 $\vec{B}$ 的均匀磁场中，以角速度 ω 在垂直于磁场方向的平面内绕棒的一端 O 匀速转动，求棒中的动生电动势.

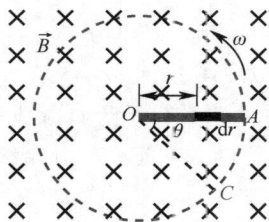

图 11.7　例 11.3 图

　　解　方法 1：利用动生电动势的定义式 $\varepsilon_i = \int_L (\vec{v} \times \vec{B}) \cdot \mathrm{d}\vec{l}$ 求解.

　　在 OA 上任取一段线元 $\mathrm{d}r$，方向由 O 指向 A，与 $\vec{v} \times \vec{B}$ 相反，则线元的动生电动势

$$\mathrm{d}\varepsilon_i = (\vec{v} \times \vec{B}) \cdot \mathrm{d}\vec{l} = -vB\mathrm{d}r = -Br\omega\mathrm{d}r,$$

棒中的动生电动势

$$\varepsilon_i = \int \mathrm{d}\varepsilon_i = \int_0^L -Br\omega\mathrm{d}r = -\frac{1}{2}B\omega L^2.$$

$\varepsilon_i < 0$，与绕行正方向相反，说明动生电动势的方向从 A 指向 O，即 O 点的电势高.

　　方法 2：利用法拉第电磁感应定律求解.

　　作辅助线，构造闭合回路 $OACO$，回路中只有 OA 做切割磁感线运动. 设 OA 从 0 到 t 时间

内转了 θ 角，则转过的面积 $S = \dfrac{1}{2}L^2\theta$.

若设顺时针为回路的绕行正方向，转过的平面的法线方向与磁场方向同向，则通过闭合回路的磁通量

$$\Phi_{\mathrm{m}} = \iint_S \vec{B} \cdot \mathrm{d}\vec{S} = BS_{OACO} = \dfrac{1}{2}B\theta L^2.$$

$$\varepsilon_i = -\dfrac{\mathrm{d}\Phi_{\mathrm{m}}}{\mathrm{d}t} = -\dfrac{1}{2}BL^2\dfrac{\mathrm{d}\theta}{\mathrm{d}t} = -\dfrac{1}{2}B\omega L^2,$$

$\varepsilon_i < 0$，与绕行正方向相反．负号表示感应电动势的方向沿 $AOCA$．OC、CA 段没有动生电动势，所以整个回路的感应电动势即为 OA 段的动生电动势，O 点的电势高．两种方法所得结果一样．

例 11.4 长为 l 的直导线 MN 以速率 v 沿平行于长直载流导线的方向运动，MN 与载流导线共面，且相互垂直，如图 11.8 所示．设载流导线中的电流强度为 I．导线 M 端到载流导线的距离为 a，求导线 MN 中的动生电动势，并判断哪端电势较高．

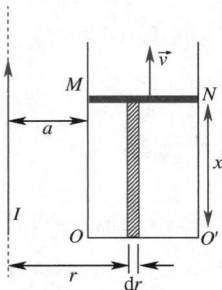

图 11.8 例 11.4 图

解 方法 1：利用法拉第电磁感应定律求解．

构造矩形闭合回路 $MNO'OM$，OM、NO' 平行于长直载流导线，$O'O$ 垂直于长直载流导线，回路中只有 MN 沿平行于长直载流导线的方向运动，其余线段不动．以 O' 为坐标轴原点，沿 $O'N$ 往上为 x 轴的正方向，t 时刻 MN 处于 x 处．

根据长直载流导线在空间中的磁场分布具有轴对称性，选择图 11.8 所示的面元，顺时针为回路绕行正方向．

$$\Phi_{\mathrm{m}} = \iint_S \vec{B} \cdot \mathrm{d}\vec{S} = \int_a^{a+l} \dfrac{\mu_0 I}{2\pi r}x\,\mathrm{d}r = \dfrac{\mu_0 I x}{2\pi}\ln\dfrac{a+l}{a},$$

由法拉第电磁感应定律，有

$$\varepsilon_i = -\dfrac{\mathrm{d}\Phi_{\mathrm{m}}}{\mathrm{d}t} = -\left(\dfrac{\mu_0 I}{2\pi}\ln\dfrac{a+l}{a}\right)\dfrac{\mathrm{d}x}{\mathrm{d}t}$$

$$= -\dfrac{\mu_0 I v}{2\pi}\ln\dfrac{a+l}{a},$$

$\varepsilon_i < 0$，与绕行正方向相反．负号表明感应电动势的方向沿 $MNO'OM$，OM、NO'、$O'O$ 没有动生电动势，所以整个回路的感应电动势即为 MN 的动生电动势，M 点的电势高．

方法 2：利用动生电动势的定义式求解，请大家自行完成．

二、感生电动势

闭合回路在磁场中不做相对运动，由于磁场的变化，回路也会产生感应电动势，称为感生电动势. 当导体回路不动时，回路中的自由电荷不受洛伦兹力；同时回路周围没有产生静电场的源，非静电力也不可能是静电力. 那么，导体回路中的自由电荷是在什么力的作用下运动呢？实验证明，无论导体的性质和温度如何，只要磁场变化导致回路的磁通量发生变化，回路中就会有数值等于 $\dfrac{\mathrm{d}\Phi_m}{\mathrm{d}t}$ 的感生电动势产生. 这表明使导体内自由电荷做定向运动的非静电力只能是变化的磁场本身引起的，而这种非静电力能对静止电荷产生作用，因此，其本质是电场力.

通过分析一系列电磁感应现象后，英国物理学家麦克斯韦提出假设：变化的磁场在其周围空间激发出一种新的涡旋状电场，不管其周围空间有无导体，也不管周围空间是否有介质还是真空. 这种电场称为感生电场（或涡旋电场），用 $\vec{E}_r$ 表示. 沿任意闭合回路 L 的感生电动势为

$$\varepsilon_i = \oint_L \vec{E}_r \cdot \mathrm{d}\vec{l} = -\frac{\mathrm{d}\Phi_m}{\mathrm{d}t}, \tag{11.7}$$

而闭合回路 L 所包围面积 S 的磁通量为

$$\Phi_m = \iint_S \vec{B} \cdot \mathrm{d}\vec{S},$$

从而得到感生电场与变化磁场之间的关系

$$\oint_L \vec{E}_r \cdot \mathrm{d}\vec{l} = -\frac{\mathrm{d}}{\mathrm{d}t} \iint_S \vec{B} \cdot \mathrm{d}\vec{S}.$$

当闭合回路 L 固定时，面积 S 不会随时间变化，这样就得到

$$\oint_L \vec{E}_r \cdot \mathrm{d}\vec{l} = -\iint_S \frac{\partial \vec{B}}{\partial t} \cdot \mathrm{d}\vec{S}. \tag{11.8}$$

式（11.8）中 $\dfrac{\partial \vec{B}}{\partial t}$ 表示给定点的 $\vec{B}$ 随时间 t 的变化率，负号表示 $\vec{E}_r$ 与 $\dfrac{\partial \vec{B}}{\partial t}$ 构成左手螺旋关系，如图 11.9 所示. 式（11.8）是楞次定律的数学表示，也是法拉第电磁感应定律的积分形式.

图 11.9　涡旋电场与磁场变化的方向关系

整个空间总的电场 $\vec{E}$ 等于静电场 $\vec{E}_e$ 和涡旋电场 $\vec{E}_r$ 的矢量和，静电场中的环流定理为 $\oint_L \vec{E}_e \cdot \mathrm{d}\vec{l} = 0$，故总的电场环流定理可表示为

$$\oint_L \vec{E} \cdot \mathrm{d}\vec{l} = -\iint_S \frac{\partial \vec{B}}{\partial t} \cdot \mathrm{d}\vec{S}. \tag{11.9}$$

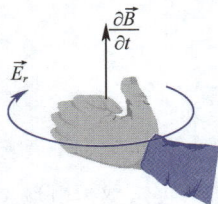

感生电场和静电场的区别

这是变化的磁场和电场之间的关系，是麦克斯韦方程组的基本方程之一.

感生电场具有以下性质.

（1）感生电场是由变化的磁场激发的.

（2）感生电场中环流不等于零，因而感生电场不是保守场.

（3）感生电场的电场线是闭合的、无头无尾的曲线，对于任意闭合曲面的电通量为零，因而感生电场为无源场.

例 11.5 如图 11.10 所示，空间均匀的磁场限制在半径为 R 的圆柱内，磁感应强度的方向平行于柱轴. 假设磁感应强度大小随时间均匀变化，$\frac{\partial B}{\partial t} > 0$，试求距离轴线 r 处的 $\vec{E}_r$.

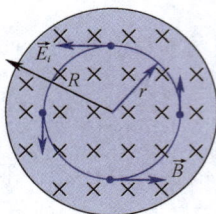

图 11.10　例 11.5 图

解 因螺旋管内涡旋电场的分布具有轴对称性，即与轴心等距的各点 $\vec{E}_r$ 大小相等，故以 r 为半径作一与圆柱截面同心的圆形回路，积分回路的绕行方向与 $\vec{E}_r$ 的绕行方向一致，则有

$$\oint_L \vec{E}_r \cdot d\vec{l} = \oint_L |\vec{E}_r| \cdot |d\vec{l}| \cos 0° = E_r \cdot 2\pi r.$$

若回路半径 $r < R$，感生电动势定义式

$$\varepsilon_i = \oint_L \vec{E}_r \cdot d\vec{l} = -\iint_S \frac{\partial \vec{B}}{\partial t} \cdot d\vec{S},$$

由题知磁感应强度大小随时间均匀变化，在闭合回路中有磁场变化的面积为 $S = \pi r^2$，则有

$$E_r \cdot 2\pi r = -\pi r^2 \frac{\partial B}{\partial t},$$

得到

$$E_r = -\frac{r}{2} \frac{\partial B}{\partial t},$$

负号表示感生电场 $\vec{E}_r$ 与 $\frac{\partial \vec{B}}{\partial t}$ 异号，为逆时针方向.

若回路半径 $r > R$，感生电动势定义式

$$\oint_{L'} \vec{E}_r \cdot d\vec{l} = -\iint_{S'} \frac{\partial \vec{B}}{\partial t} \cdot d\vec{S},$$

由题知磁感应强度大小随时间均匀变化，在闭合回路中有磁场变化的面积为 $S = \pi R^2$，则有

$$E_r \cdot 2\pi r = -\pi R^2 \frac{\partial B}{\partial t},$$

得到

$$E_r = -\frac{R^2}{2r} \frac{\partial B}{\partial t},$$

负号表示感生电场 $\vec{E}_r$ 与 $\dfrac{\partial \vec{B}}{\partial t}$ 异号，为逆时针方向.

讨论：若 $\dfrac{\partial B}{\partial t} < 0$，则感生电场 $\vec{E}_r$ 与 $\dfrac{\partial \vec{B}}{\partial t}$ 同号，为顺时针方向.

11.3 自感和互感

对于感应电动势，因磁通量变化方式不同，导致产生感应电动势的非静电力不同，从而将感应电动势分为动生电动势和感生电动势. 磁通量的变化方式还有自动和他动之分，与之对应的是自感电动势和互感电动势.

一、自感现象和自感电动势

通电线圈由于自身电流的变化而引起自身线圈磁通量的变化，并在自身回路中激发感应电动势. 这种现象叫自感现象，这种电动势称为自感电动势.

这种现象通常出现在电路断开或接通时. 如图 11.11（a）所示电路，两个完全相同的小灯泡 A、B，L 是带有铁芯的线圈，R 是电阻，线圈的电阻与 R 相等，闭合开关 K 时，电路中灯泡 B 立即亮，而灯泡 A 逐渐变亮，最后跟灯泡 B 亮度一样. 如图 11.11（b）所示电路，断开开关时，灯泡 A 不会立即熄灭，而是猛然一亮，然后逐渐熄灭.

根据法拉第电磁感应定律分析自感现象的原因. 在图 11.11（a）中，当开关闭合时，电路中的电流增大，穿过线圈的磁通量也增大，线圈内将引起感应电动势，存在感应电流. 根据楞次定律，感应电流的效果必将阻碍电路本身电流的增加，直至电流增大到稳定值，此时线圈的磁通量也将不再改变，线圈内也不会有感应电动势产生. 因此，灯泡 A 逐渐变亮直至与灯泡 B 的亮度一样. 同样道理，在图 11.11（b）中，当电路断开时，灯泡 A 将慢慢变暗或闪亮一下再熄灭，因为电源断开，回路的电流将逐渐减少为零. 自感的这种作用称为"电磁惯性".

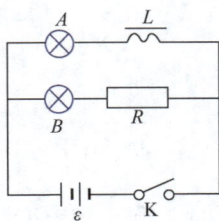

（a）闭合开关

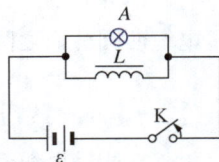

（b）断开开关

图 11.11　自感现象

不同线圈产生自感现象的能力不一样. 一个密绕的 N 匝线圈，每一匝可近似看成一条闭合曲线，线圈中电流激发的穿过每匝的磁通量近似相等，叫自感磁通，记作 $\Phi_{m自}$，则 N 匝完全相同的线圈串联时，磁通链数为

$$\Psi_{m自} = N\Phi_{m自}.$$

设回路中电流为 I，如果回路的几何形状及大小不变，且回路中又无

铁磁物质，则穿过该回路的磁通链数 $\Psi_{m\text{自}} \propto I$，即

$$\Psi_{m\text{自}} = LI,$$

式中比例系数 L 叫作自感系数，简称自感，与线圈本身的形状、大小和磁介质的磁导率有关. 对于铁磁质，L 还与线圈中的电流有关. 也就是说，**L是反映自感线圈自身性质的物理量**.

根据法拉第电磁感应定律，得到线圈的自感电动势

$$\varepsilon_L = -\frac{d\Psi_{m\text{自}}}{dt} = -L\frac{dI}{dt} - I\frac{dL}{dt}.$$

若回路几何形状、尺寸不变，周围介质的磁导率不变，则

$$\varepsilon_L = -L\frac{dI}{dt}. \tag{11.10}$$

由式（11.10）知 $\frac{dI}{dt}<0$，则 $\varepsilon_L>0$，ε_L 与 I 方向相同. L 的存在总是阻碍电流的变化，所以自感电动势是反抗电流的变化，而不是反抗电流本身.

自感系数的国际单位为亨利（H），简称亨，$1H = 1Wb \cdot A^{-1}$. 实际中常用毫亨（mH）和微亨（μH）等较小单位.

自感现象被广泛应用于日常生活、电工及电子技术中，如日光灯镇流器、自感与电容组成的谐振电路、滤波器等. 自感现象也有弊端，在自感系数很大而电流又很强的电路中，在切断电路的瞬间，电路中会产生很高的自感电动势，使开关的闸刀和固定夹片之间的空气电离而出现电弧，危及设备与人员安全. 因此，这些电路必须使用灭弧结构的特制安全开关.

例 11.6 求同轴电缆单位长度的自感.

解 如图 11.12 所示，设内导体上的电流 I 只分布在表面上，内、外导体的圆截面半径分别为 R_1 和 R_2，介质的磁导率为 μ.

因为磁场只分布在 $R_1<r<R_2$ 区域内且关于轴线对称，所以在同轴电缆两圆柱面之间，任一点的磁场强度大小和磁感应强度大小为

$$H = \frac{I}{2\pi r}, B = \frac{\mu I}{2\pi r}.$$

在同轴电缆两圆柱面之间取宽度为 dr、长度为 l 的面元，则穿过该面元的磁通量为

$$d\Phi = \vec{B} \cdot d\vec{S}.$$

又因为磁场分布关于轴线对称，$\vec{B}$ 与面元的法线方向平行，则磁通量可表示为

$$d\Phi = \frac{\mu I l}{2\pi r}dr,$$

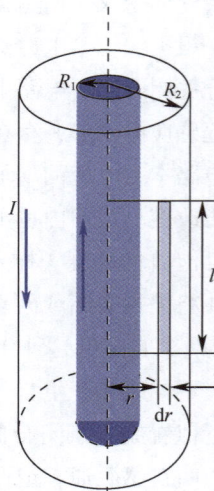

图 11.12 同轴电缆

所以通过两圆柱面间的总磁通量为

$$\Phi = \frac{\mu I l}{2\pi} \int_{R_1}^{R_2} \frac{\mathrm{d}r}{r} = \frac{\mu I l}{2\pi} \ln \frac{R_2}{R_1}.$$

由自感系数的定义式 $\Phi = LI$，得到长度为 l 的同轴电缆的自感系数为 $L = \frac{\mu l}{2\pi} \ln \frac{R_2}{R_1}$，故单位长度的自感系数为

$$L_0 = \frac{L}{l} = \frac{\mu}{2\pi} \ln \frac{R_2}{R_1}.$$

由计算结果知，单位长度的自感系数只与同轴电缆的结构及介质有关.

二、互感现象

如图 11.13 所示，两个非常接近的线圈 1 和线圈 2 分别通有电流 I_1 和 I_2. 当线圈 1 的电流变化时，线圈 2 中产生感应电动势；反之，当线圈 2 中的电流变化时，线圈 1 中产生感应电动势. 这种在相邻的线圈中，由于邻近线圈中电流发生变化而引起电磁感应的现象，称为互感现象.

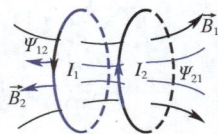

图 11.13　互感现象

在两线圈的形状、匝数、互相位置保持不变时，根据毕奥-萨伐尔定律，线圈 1 的电流 I_1 在空间各点的磁感应强度 $\vec{B_1}$ 均与 I_1 成正比，通过线圈 2 的全磁通 Ψ_{21} 也与 I_1 成正比，即有 $\Psi_{21} = M_{21} I_1$. 同理有 $\Psi_{12} = M_{12} I_2$. 比例系数 M_{21} 和 M_{12} 叫作互感系数. 实验和理论表明，对于非铁磁质，互感系数 $M_{21} = M_{12}$，用 M 表示两线圈的互感系数，简称互感. 互感系数由线圈的匝数、几何形状、相对位置以及周围的磁介质决定，互感系数的大小反映了两个线圈磁场的相互影响程度. 根据法拉第电磁感应定律，线圈 1 的电流 I_1 变化，在线圈 2 中引起的感应电动势

$$\varepsilon_{21} = -\frac{\mathrm{d}\Psi_{21}}{\mathrm{d}t} = -M \frac{\mathrm{d}I_1}{\mathrm{d}t}. \qquad (11.11\mathrm{a})$$

同理，线圈 2 中电流 I_2 变化，在线圈 1 中产生的感应电动势

$$\varepsilon_{12} = -\frac{\mathrm{d}\Psi_{12}}{\mathrm{d}t} = -M \frac{\mathrm{d}I_2}{\mathrm{d}t}. \qquad (11.11\mathrm{b})$$

式（11.11a）和式（11.11b）表明，互感电动势的大小与互感系数成正比，与邻近线圈中电流的变化率成正比，负号表示互感电动势的方向总是阻碍邻近线圈中电流的变化.

互感系数的国际单位也为亨利（H），常用毫亨（mH）和微亨（μH）等较小单位. 互感系数一般不容易计算，通常用实验的方法测量.

无线充电原理

互感现象被广泛应用于无线电技术和电磁测量中. 通过互感线圈能够使电能或信号由一个电路传递到另一个电路. 各种电源变压器、输入输出变压器、电压互感器、电流互感器等，都是利用互感原理制成的.

但是，电路之间的互感也会引起互相干扰，必须采用磁屏蔽方法来减小这种干扰.

例 11.7 一矩形线圈长为 a，宽为 b，由 100 匝表面绝缘的导线组成，放在一根很长的导线旁边并与之共面. 求在图 11.14 中（a）、（b）两种情况下线圈与长直导线之间的互感.

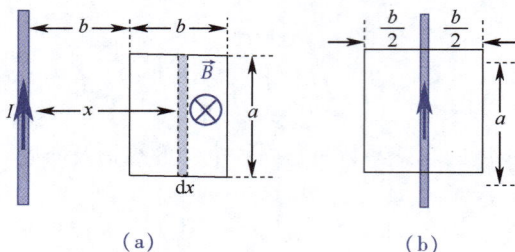

（a） （b）

图 11.14 矩形线圈

解 如图 11.14（a）所示，通有电流 I 的长直导线在矩形线圈 x 处产生的磁感应强度大小为 $B = \dfrac{\mu_0 I}{2\pi x}$，方向垂直矩形线圈向里.

通过线圈的磁通链数为

$$\Psi = \int_S B \mathrm{d}S = \int_b^{2b} \frac{N\mu_0 I}{2\pi x} a \mathrm{d}x = \frac{N\mu_0 Ia}{2\pi} \ln \frac{2b}{b},$$

根据互感定义式得 $M = \dfrac{\Psi}{I} = \dfrac{N\mu_0 a}{2\pi} \ln 2$.

图 11.14（b）中，整个线圈的磁通链数为零，则 $M = 0$. 这是消除互感的方法之一.

11.4 磁场能量

一、自感线圈磁能

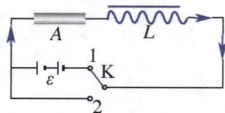

（a）

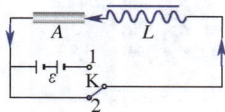

（b）

图 11.15 自感线圈电路

有一自感系数为 L 的线圈，接成图 11.15 所示电路，回路总电阻为 R，当开关 K 接在 1 位置瞬间，电路接通，灯泡 A 缓慢变亮. 这是由于自感存在，线圈中的电流经历一段时间 T 将由零逐渐增大至恒定值 $\dfrac{\varepsilon}{R}$. 在 $0 \to T$ 时间内电流 i 不断增加，这时，线圈中产生与电流方向相反的自感电动势

$$\varepsilon_L = -L \frac{\mathrm{d}i}{\mathrm{d}t}.$$

因此，自感线圈中建立起磁场的过程中，电源电动势做的功为

$$W = \int_0^T \varepsilon i \mathrm{d}t = \int_0^I L i \mathrm{d}i + \int_0^T i^2 R \mathrm{d}t.$$

这表明该回路中电源不仅要供给电路中产生焦耳热的能量，而且需要维持电流增长反抗自感电动势做功，且为

$$W_m = \int_0^I L i \mathrm{d}i = \frac{1}{2} L I^2. \qquad (11.12)$$

由能量守恒定律，电源反抗自感电动势所做的功，转换成磁能而储存在自感线圈中。

在电流稳定后，若将 K 接到 2 位置，灯泡 A 不立即熄灭，而是猛然一亮，然后逐渐熄灭，这时电源不供电，但电路中的电流要经历一段时间 T' 由稳定值逐渐变为零，在这段时间内线圈中产生与电流方向相同的自感电动势。自感电动势做正功，即

$$W = \int_0^{T'} - L\left(\frac{\mathrm{d}i}{\mathrm{d}t}\right) i \mathrm{d}t = \int_i^0 - L i \mathrm{d}i = \frac{1}{2} L I^2.$$

这说明此时回路中的焦耳热完全由线圈中储存的磁能转化而来。

二、磁场的能量密度

和电能一样，磁能也存在于整个磁场分布的空间。以通电长直螺线管为例，用描述磁场的物理量来表示自感线圈中的能量。通电长直螺线管单位长度匝数为 n，体积为 V，内部充满磁导率为 μ 的均匀磁介质，其自感系数为 $L = \mu n^2 V$。当长直螺线管通有电流 I 时，内部储存的磁能为

$$W_m = \frac{1}{2} L I^2 = \frac{1}{2} \mu n^2 I^2 V.$$

因为长直螺线管内磁感应强度大小为 $B = \mu n I$，磁场强度大小为 $H = nI$，所以磁能可表示为

$$W_m = \frac{1}{2} B H V.$$

由于长直螺线管内磁场是均匀分布的，能量也是均匀分布的，所以我们引入磁场能量密度，即单位体积磁场所储存的能量：

$$w_m = \frac{W_m}{V} = \frac{1}{2} \vec{B} \cdot \vec{H}. \qquad (11.13)$$

w_m 称为磁场能量密度，表示磁场中单位体积的能量。

在任意磁场中有 $W_m = \int_V w_m \mathrm{d}V = \int_V \frac{1}{2} \vec{B} \cdot \vec{H} \mathrm{d}V.$

例 11.8 用磁场能量的方法求同轴电缆的磁能及自感，同轴电缆如图 11.12 所示.

解 设内导体上的电流 I 只分布在表面上，内、外导体的圆截面半径分别为 R_1 和 R_2，介质的磁导率为 μ.

因为磁场只分布在 $R_1 < r < R_2$ 区域内且关于轴线对称，所以在同轴电缆两圆柱面之间，任一点的磁场强度大小和磁感应强度大小为

$$H = \frac{I}{2\pi r}, B = \frac{\mu I}{2\pi r}.$$

由式（11.13）得到单位体积中的磁场能量 $w_m = \frac{1}{2}BH$，取体积元为 $dV = l \cdot 2\pi r \cdot dr$，得到磁能

$$W_m = \int_V w_m dV = \int_{R_1}^{R_2} \frac{1}{2}\mu\left(\frac{I}{2\pi r}\right)^2 2\pi r l dr = \frac{\mu I^2 l}{4\pi}\ln\frac{R_2}{R_1}.$$

根据磁能的结果，由式（11.12）可得到同轴电缆单位长度的自感

$$L = \frac{2W_m}{I^2} = \frac{\mu l}{2\pi}\ln\frac{R_2}{R_1}.$$

所得结果与例 11.6 完全一致.

11.5 位移电流和麦克斯韦方程组

一、电磁场的基本规律

前面我们先后介绍了静电场中的高斯定理和安培环路定理，用以下形式分别表示：

$$\oiint_S \vec{D} \cdot d\vec{S} = \sum_{S内} q_i, \tag{11.14}$$

$$\oint_L \vec{E} \cdot d\vec{l} = 0. \tag{11.15}$$

稳恒磁场中的高斯定理和安培环路定理，用以下形式分别表示：

$$\oiint_S \vec{B} \cdot d\vec{S} = 0, \tag{11.16}$$

$$\oint_L \vec{H} \cdot d\vec{l} = \sum I_i. \tag{11.17}$$

此外，我们还介绍了法拉第电磁感应定律

$$\varepsilon_i = -\frac{d\Phi_m}{dt}.$$

麦克斯韦把这些规律推广到非稳恒条件，用对称性原理对电磁场的相

关规律进行总结，发现在非稳恒条件下电磁场中高斯定理成立. 对于电场与磁场的相互关系，麦克斯韦提出涡旋电场和位移电流两个基本的概念. 从前面介绍的内容知，变化磁场与涡旋电场之间的定量关系为

$$\oint_L \vec{E} \cdot \mathrm{d}\vec{l} = -\iint_S \frac{\partial \vec{B}}{\partial t} \cdot \mathrm{d}\vec{S},\qquad (11.18)$$

式中的 $\vec{E}$ 是涡旋电场的电场强度.

在稳恒磁场中，各个物理量都不随时间变化，故 $\dfrac{\partial \vec{B}}{\partial t} = 0$，式（11.18）就变为 $\oint_L \vec{E} \cdot \mathrm{d}\vec{l} = 0$，与式（11.15）完全相同，即静电场中的安培环路定理在非稳恒情况下也成立.

二、位移电流

在稳恒条件下，稳恒磁场中安培环路定理中的传导电流可以表示为

$$\sum I_i = \int_S \vec{j} \cdot \mathrm{d}\vec{S},$$

其中 $\sum I_i$ 是穿过以闭合回路 l 为边界的任意曲面 S 的传导电流，等于电流密度在 S 面上的通量.

那么非稳恒条件下，磁场的安培环路定理将满足什么新规律？

下面我们以电容器充放电过程为例. 无论电容器是充电还是放电，导线中的电流随时间变化，并且两极板之间的电介质中没有传导电流.

如图 11.16 所示，围绕导线取闭合回路 l，以 l 为边界作两个曲面 S_1 和 S_2，其中 S_1 与导线相交，S_2 穿过两极板之间的电介质，曲面 S_1 和 S_2 的电流密度通量分别为

$$\iint_{S_1} \vec{j} \cdot \mathrm{d}\vec{S} = I,\qquad (11.19\mathrm{a})$$

$$\iint_S \vec{j} \cdot \mathrm{d}\vec{S} = 0.\qquad (11.19\mathrm{b})$$

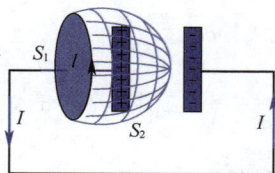

图 11.16　含电容器的电路

由式（11.19a）和式（11.19b）知，在含电容器的电路中，沿同一闭合回路所作的曲面不同，穿过曲面的传导电流不同，也就是说电容器破坏了电路中传导电流的连续性. 因此，稳恒条件下的安培环路定理不适用于非稳恒情形，需要加以修正.

由电场的有关知识知，在电容器充放电过程中，极板上电荷积累随时间变化（见图 11.17），两极板之间的电场也随着变化. 电路中的电流可表示为

$$\frac{\mathrm{d}q_0}{\mathrm{d}t} = \frac{\mathrm{d}}{\mathrm{d}t} \iint_S \sigma \mathrm{d}S,$$

其中 σ 为极板单位面积的电荷密度，$\iint_S \sigma \mathrm{d}S$ 就是极板上的电荷. 而极板上的电荷在两极板间产生的电场存在 $D = \sigma = \frac{q_0}{S}$ 的关系.

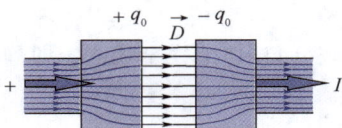

图 11.17　电容器充电过程

由电流连续性方程知，单位时间内极板上电荷增加（或减少）等于通入（或流出）极板的电流

$$I_d = \frac{\mathrm{d}\phi_D}{\mathrm{d}t} = S \frac{\mathrm{d}D}{\mathrm{d}t} = \frac{\mathrm{d}}{\mathrm{d}t} \iint_S \vec{D} \cdot \mathrm{d}\vec{S}. \tag{11.20}$$

这说明，在两极板间虽然没有自由电荷移动形成的传导电流，但存在一种变化的电场 $\frac{\mathrm{d}\phi_D}{\mathrm{d}t}$ 和 $\frac{\mathrm{d}D}{\mathrm{d}t}$，且这个变化的电场对时间的变化率与电路中的充电电流及电流密度存在严格的对应关系，并且是同步的. 从产生磁场的角度看，变化的电场可以等效为一种电流，那么电路就连续了. 麦克斯韦把这种电流命名为位移电流，大小等于通过电场中任一面积的电位移通量的时间变化率，$I_d = \frac{\mathrm{d}\phi_D}{\mathrm{d}t}$，方向与传导电流的方向相同. 一般情况下，电介质中的电流主要为位移电流，传导电流忽略不计；而在导体中主要是传导电流，位移电流可以忽略不计.

在电介质中有 $\vec{D} = \varepsilon_0 \vec{E} + \vec{P}$，那么位移电流的密度为

$$\vec{j}_d = \frac{\partial \vec{D}}{\partial t} = \varepsilon_0 \frac{\partial \vec{E}}{\partial t} + \frac{\partial \vec{P}}{\partial t}.$$

如在真空中则有 $\vec{j}_d = \varepsilon_0 \frac{\partial \vec{E}}{\partial t}$，这说明真空中的位移电流本质上就是变化的电场，与电荷的定向运动无关.

三、全电流的安培环路定理

电路中在任一时刻的全电流总是连续的. 通过某一截面的全电流是通过这一截面的传导电流、运流电流和位移电流的代数和. 在非稳恒情形下，

用全电流替代式（11.17）中的传导电流，则全电流的安培环路定理为

$$\oint_L \vec{H} \cdot \mathrm{d}\vec{l} = \sum I_i + I_d = \iint_{S_i} \vec{j} \cdot \mathrm{d}\vec{S} + \iint_{S_i} \frac{\partial \vec{D}}{\partial t} \cdot \mathrm{d}\vec{S}, \qquad (11.21)$$

即在任意情况下，磁场强度 $\vec{H}$ 沿任一闭合回路 l 的积分等于穿过以该回路为边界的任意曲面的全电流.

虽然真空中的位移电流是变化电场的一种等效结果，但它却反映了随时间变化的电场会在周围激发磁场，这是自然界的重要的基本事实. 麦克斯韦的位移电流假设的实质在于，它说明了位移电流与传导电流具有共性，能激发磁场的源，其核心是变化的电场可以激发磁场. 但是，在本质上位移电流是变化的电场，而传导电流则是自由电荷的定向运动. 此外，传导电流在通过导体时会产生焦耳热，而导体中的位移电流则不会产生焦耳热. 高频情况下电介质的反复极化会放出大量热，这是位移电流热效应的原因，但这与传导电流通过导体时放出的焦耳热不同，遵从完全不同的规律.

四、麦克斯韦方程组

麦克斯韦提出涡旋电场和位移电流两个基本假设，指出随时间变化的磁场产生涡旋电场；随时间变化的电场产生涡旋磁场. 总之，这两个基本概念揭示了电场和磁场之间的内在联系. 在充满变化的电场的空间，同时也充满变化的磁场.

电场和磁场相互联系，在一定的条件下又可以相互转化，两者是对立统一的. 电场和磁场的统一体，叫作电磁场，前面所研究的静电场和稳恒磁场都只不过是电磁场的两种特殊形式.

麦克斯韦在系统总结前人成就的基础上，得到一个适用于一般电磁场的完整的方程组，这个方程组叫作麦克斯韦方程组，它的正确性由一系列理论与实验符合得很好的事实而得到证明. 麦克斯韦方程组最基本的形式是真空中的电磁场规律，其积分形式是

$$\oiint_S \vec{D} \cdot \mathrm{d}\vec{S} = \sum q_i, \qquad (11.22a)$$

$$\oint_L \vec{E} \cdot \mathrm{d}\vec{l} = -\iint_S \frac{\partial \vec{B}}{\partial t} \cdot \mathrm{d}\vec{S}, \qquad (11.22b)$$

$$\oiint_S \vec{B} \cdot \mathrm{d}\vec{S} = 0, \qquad (11.22c)$$

$$\oint_L \vec{H} \cdot \mathrm{d}\vec{l} = \sum I_i + \iint_S \frac{\partial \vec{D}}{\partial t} \cdot \mathrm{d}\vec{S}. \qquad (11.22d)$$

方程组中式（11.22a）是电场中的高斯定理，说明通过电场中任意闭合曲面的电位移通量等于该曲面所包围的自由电荷的代数和. 它反映了电

场线起于正电荷，止于负电荷. 即使电场是由变化的磁场产生的，也会遵循高斯定理.

方程组中式（11.22c）是磁场中的高斯定理，说明通过磁场中任一闭合曲面 S 的磁通量恒等于零. 它反映了磁感线是无头无尾的闭合曲线，也否定了磁单极的存在.

方程组中式（11.22b）是电场的安培环路定理，也是法拉第电磁感应定律，表明电场强度沿任意闭合路径 L 的积分是电动势，等于穿过以 L 为边界的任一面积 S 的磁通量随时间的变化率的负值. 它揭示出变化磁场与电场之间的联系. 尽管电场也可能由电荷激发，但总电场与磁场总是遵从这一定律的.

方程组中式（11.22d）是推广后的安培环路定理. 它说明磁感应强度 $\vec{B}$ 沿任意闭合路径的线积分等于穿过以该曲线为边界的曲面的全电流. 它揭示出磁场与电流及变化电场之间的联系.

从麦克斯韦方程组出发，通过数学运算，可以推测出电磁场的各种性质. 在已知电荷和电流分布的条件下，由该方程组可以确定电磁场的唯一分布. 特别是当初始条件给定后，由该方程组可推断出电磁场之后的变化情况. 正像牛顿运动方程能完全描述质点的动力学过程一样，麦克斯韦方程组能完全描述电磁场的运动及变化过程.

例 11.9 如图 11.18 所示，半径为 R 的两块圆板构成平行板电容器放在真空中，现对电容器匀速充电，使两板间电场的变化率为 $\dfrac{\mathrm{d}E}{\mathrm{d}t}$. 求两板间的位移电流，并计算电容器内距两板中心连线 r（$r \ll R$）处的磁感应强度大小 B.

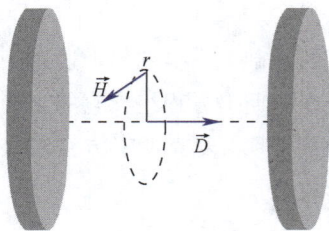

图 11.18 平行板电容器

解 由于 $r \ll R$，故两板间可做匀强电场处理.

位移电流

$$I_{\mathrm{d}} = \frac{\mathrm{d}\phi_D}{\mathrm{d}t} = \frac{\mathrm{d}}{\mathrm{d}t}(\varepsilon_0 E \cdot S) = \varepsilon_0 \frac{\mathrm{d}E}{\mathrm{d}t} \cdot S = \varepsilon_0 \frac{\mathrm{d}E}{\mathrm{d}t} \cdot \pi r^2.$$

在距两板中心连线 r 处（$r \ll R$）取一半径为 r 的环路，则有

$$\oint_l \vec{H} \cdot \mathrm{d}\vec{r} = \frac{\mathrm{d}\phi_D}{\mathrm{d}t}.$$

由于磁场对称分布，即在环路上各点的 H 值相等，所以

$$H \cdot 2\pi r = \varepsilon_0 \frac{\mathrm{d}E}{\mathrm{d}t} \cdot \pi r^2.$$

磁场强度大小为

$$H = \frac{r}{2}\varepsilon_0 \frac{\mathrm{d}E}{\mathrm{d}t},$$

磁感应强度大小为

$$B = \mu_0 H = \frac{1}{2}\mu_0\varepsilon_0 \frac{\mathrm{d}E}{\mathrm{d}t} \cdot r.$$

本章提要

一、电磁感应的基本定律

  1. 法拉第电磁感应定律

  • $\varepsilon_i = -\dfrac{\mathrm{d}\Phi_m}{\mathrm{d}t}$

  2. 楞次定律

  • 感应电流的效果总是去反抗引起感应电流的原因

二、感应电动势

  1. 动生电动势

  • $\varepsilon_i = \displaystyle\int_L (\vec{v} \times \vec{B}) \cdot \mathrm{d}\vec{l}$

  2. 感生电动势

  • $\varepsilon_i = \displaystyle\oint_L \vec{E}_r \cdot \mathrm{d}\vec{l} = -\iint_S \frac{\partial \vec{B}}{\partial t} \cdot \mathrm{d}\vec{S}$

  3. 自感电动势

  • $\varepsilon_L = -\dfrac{\mathrm{d}\Psi_{m\text{自}}}{\mathrm{d}t} = -L\dfrac{\mathrm{d}I}{\mathrm{d}t} - I\dfrac{\mathrm{d}L}{\mathrm{d}t}$ （L 为自感系数）

  4. 互感电动势

  • $\varepsilon_{12} = -\dfrac{\mathrm{d}\Psi_{12}}{\mathrm{d}t} = -M\dfrac{\mathrm{d}I_2}{\mathrm{d}t}, \varepsilon_{21} = -\dfrac{\mathrm{d}\Psi_{21}}{\mathrm{d}t} = -M\dfrac{\mathrm{d}I_1}{\mathrm{d}t}$ （M 为互感系数）

三、磁场能量

  1. 自感磁能

  • $W_m = \dfrac{1}{2}LI^2$

2. 磁场能量密度

$w_m = \dfrac{W_m}{V} = \dfrac{1}{2}\vec{B} \cdot \vec{H}$

3. 磁场能量

$W_m = \displaystyle\int_V \dfrac{1}{2}\vec{B} \cdot \vec{H}\,\mathrm{d}V$

四、位移电流

1. 位移电流密度

$\vec{j_d} = \dfrac{\partial \vec{D}}{\partial t}$

2. 位移电流

$I_d = \dfrac{\mathrm{d}\phi_d}{\mathrm{d}t}$

五、麦克斯韦方程组

1. 电场的高斯定理

$\displaystyle\oiint_S \vec{D} \cdot \mathrm{d}\vec{S} = \sum_{S内} q_i$

2. 电场的安培环路定理

$\displaystyle\oint_L \vec{E} \cdot \mathrm{d}\vec{l} = -\iint_S \dfrac{\partial \vec{B}}{\partial t} \cdot \mathrm{d}\vec{S}$

3. 磁场的高斯定理

$\displaystyle\oiint_S \vec{B} \cdot \mathrm{d}\vec{S} = 0$

4. 磁场的安培环路定理

$\displaystyle\oint_L \vec{H} \cdot \mathrm{d}\vec{l} = \sum_{i=1}^{n} I_i + \iint_S \dfrac{\partial \vec{D}}{\partial t} \cdot \mathrm{d}\vec{S}$

本章习题 A+

11.1 如果通过闭合回路所包围面积的磁通量很大，则回路中的感应电动势（   ）.

A. 一定很大   B. 一定很小   C. 先大后小   D. 无法确定

11.2 电位移矢量的时间变化率 $\dfrac{\mathrm{d}\vec{D}}{\mathrm{d}t}$ 的单位是（   ）.

A. C/m^2 B. C/s C. A/m^2 D. $A \cdot m^2$

11.3 关于自感现象, 正确的说法是 ( ).

A. 感应电流一定与原电流方向相反

B. 线圈中产生的自感电动势较大的, 其自感系数一定较大

C. 对于同一线圈, 当电流变化较快时, 线圈中的自感系数也较大

D. 对于同一线圈, 当电流变化较快时, 线圈中产生的自感电动势也较大

11.4 用线圈的自感系数 L 来表示载流线圈磁场能量的公式 $W_m = \dfrac{1}{2}LI^2$ ( ).

A. 只适用于无限长密绕线管

B. 只适用于单匝圆线圈

C. 只适用于一个匝数很多且密绕的螺线环

D. 适用于自感系数 L 一定的任意线圈

11.5 如图 11.19 所示, 在圆柱形空间内有一磁感应强度为 $\vec{B}$ 的均匀磁场, $\vec{B}$ 的大小以速率 $\dfrac{\mathrm{d}B}{\mathrm{d}t}$ 变化, 有一长度为 l_0 的金属棒先后放在两个不同的位置 1 (ab) 和 2 ($a'b'$), 则金属棒在这两个位置时棒内的感应电动势的大小关系为 ( ).

A. $\varepsilon_2 = \varepsilon_1 \neq 0$　　B. $\varepsilon_2 > \varepsilon_1$　C. $\varepsilon_2 < \varepsilon_1$　D. $\varepsilon_2 = \varepsilon_1 = 0$

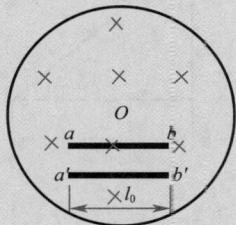

图 11.19　11.5 题图

11.6 楞次定律可表述为 ＿＿＿＿＿＿＿＿＿＿ 方向, 总是使 ＿＿＿＿＿＿ 来阻碍 ＿＿＿＿＿＿ ＿＿＿＿＿ 的变化.

11.7 一段导线 L 在磁场中运动, 在导线上取线元 $\mathrm{d}\vec{l}$, 其速度为 $\vec{v}$, 线元处的磁感应强度为 $\vec{B}$, 线元中的动生电动势 $\mathrm{d}\vec{E} =$ ＿＿＿＿＿＿, 整根导线 L 的电动势大小 $\varepsilon_i =$ ＿＿＿＿＿＿.

11.8 一闭合线圈在均匀磁场中平动时, 线圈回路中产生的感生电动势为 ＿＿＿＿.

11.9 磁感线必定是无头无尾的闭合曲线, 用方程 ＿＿＿＿ 表示, 电场线起源于正电荷而止于负电荷, 用方程 ＿＿＿＿ 表示.

11.10 麦克斯韦方程组中, 方程 ＿＿＿＿ 表示变化的电场产生磁场, 方程 ＿＿＿＿ 表示变化的磁场产生电场.

11.11 把一半径为 r 的圆形回路放置在磁感应强度为 $\vec{B}$ 的均匀磁场中, 磁感线与回路平面垂直. 当回路的半径以恒定速率 $\dfrac{\mathrm{d}r}{\mathrm{d}t} > 0$ 变化时, 求回路中感应电动势的大小.

11.12 将边长为 a 的正方形线圈回路放置于圆形区域的均匀磁场中，磁感应强度垂直往外，磁感应强度大小以 $0.1T/s^2$ 的变化率减小，如图 11.20 所示．求：（1）回路中的感生电动势；（2）当回路电阻为 2Ω 时，回路中的感应电流．

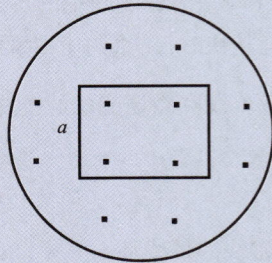

图 11.20　11.12 题图

11.13 有一半径为 R 的半圆形金属导线在匀强磁场 $\vec{B}$ 中以速度 $\vec{v}$ 做切割磁感线运动，求半圆形金属导线的动生电动势．

11.14 如图 11.21 所示，长直导线中的电流 $I = 5t^2 + 6t$，求线圈中的感生电动势．

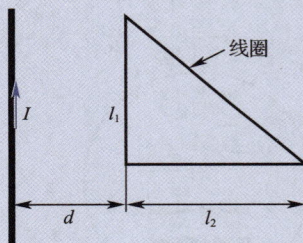

图 11.21　11.14 题图

11.15 如图 11.22 所示，长直导线与矩形单匝线圈共面放置，导线与线圈的长边平行，矩形线圈的边长分别为 a、b，它到长直导线的距离为 c，当矩形线圈中通有电流 $I = I_0 \sin\omega t$ 时，求长直导线中的感应电动势．

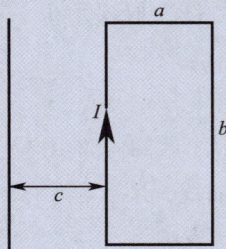

图 11.22　11.15 题图

11.16 一根长为 L 的金属细杆 ab 绕垂直于金属细杆的竖直轴 O_1O_2 以角速度 ω 在水平面内旋转，转动方向与竖直向上方向成右手螺旋关系，如图 11.23 所示．O_1O_2 在离金属细杆 a 端 $\dfrac{2L}{3}$ 处．若已知地磁场在竖直向上方向上的分量为 $\vec{B}$，求 ab 两端的电势差．

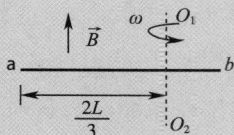

图 11.23　11.16 题图

11.17 导线 OA 长为 L，与长直载流导线 I 共面. O 到长直导线的距离为 a，当 OA 绕 O 以角速度 ω 在竖直面内旋转时，求 OA 转至与长直导线垂直位置时（见图 11.24），OA 上的动生电动势.

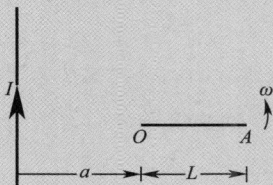

图 11.24　11.17 题图

11.18 有一匀强磁场分布在一圆柱形区域内，一长为 L 的金属杆如图 11.25 所示放置，已知圆心到金属杆的垂直距离为 h，磁场随时间的变化率 $\dfrac{\partial \vec{B}}{\partial t} > 0$.

（1）求金属杆两端感应电动势的大小和方向.

（2）金属杆长度增加到 $2L$，增长的部分位于磁场的外部，求此时金属杆两端感应电动势的大小和方向.

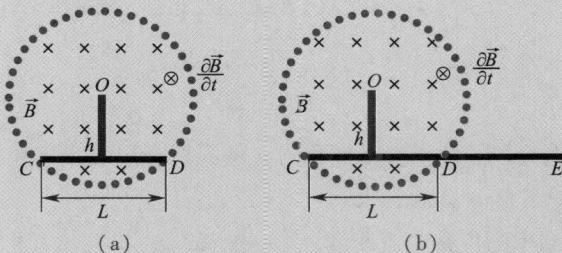

图 11.25　11.18 题图

11.19 由导线弯成的宽为 a、高为 b 的矩形线圈，以不变速率 v 平行于其宽度方向从无磁场空间垂直于边界进入一宽为 $3a$ 的均匀磁场中，线圈平面与磁场方向垂直（见图 11.26），然后又从磁场中出来，继续在无磁场空间运动. 设线圈右边刚进入磁场时为 $t=0$ 时刻，试在图中画出感应电流 I 与时间 t 的函数关系曲线. 线圈的电阻为 R，取线圈刚进入磁场时感应电流的方向为正向.（忽略线圈自感.）

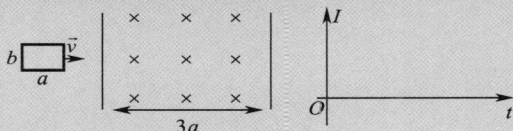

图 11.26　11.19 题图

11.20 电磁涡流制动器是一个电导率为 σ、厚度为 t 的圆盘，此圆盘绕通过其中心的垂直轴旋转，且有一覆盖面积为 a^2 的均匀磁场 $\vec{B}$ 垂直于圆盘，磁场与轴的距离为 r（$r \gg a$），如图 11.27 所示．当圆盘角速度为 ω 时，试证明此圆盘受到一阻碍其转动的磁力矩，其大小为 $M \approx B^2 a^2 r^2 \omega \sigma t$．

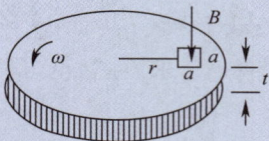

图 11.27　11.20 题图

11.21 如图 11.28 所示，一螺绕环中心轴线的周长 $L = 500\text{mm}$，横截面为正方形，其边长 $b = 15\text{mm}$，由 $N = 2500$ 匝的绝缘导线均匀密绕而成，铁芯的相对磁导率 $\mu_r = 1000$．当导线中通有电流 $I = 2\text{A}$ 时，求：

（1）环内中心轴线上的磁能密度；

（2）螺绕环的总磁能．

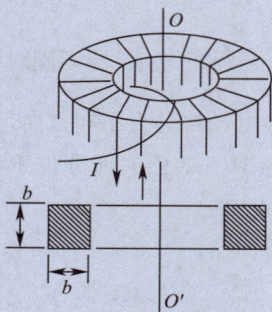

图 11.28　11.21 题图

11.22 一平行板电容器的两极板是面积为 S 的圆形金属板，接在交流电源上，板上电荷随时间变化，$q = q_m \sin\omega t$．求：

（1）电容器中的位移电流密度；

（2）两极板间磁感应强度的分布．

本章习题
参考答案

第四篇
光学

　　光学作为物理学的一个重要分支，主要研究光的产生及传播、光的特性、光与物质的相互作用、光的相关应用等方面．这是一门拥有悠久历史的学科，时间跨度长达 2000 多年．早在我国战国时期，诸子百家之一的墨家的著作《墨经》就记录了当时世界上最先进的光学知识，里面涉及影子的形成与定义、光的直线传播和小孔成像，并且分别讨论了在平面镜、凹面镜和凸面镜中物和像的关系．发展至今，光学有了多个分支，包括几何光学、波动光学、量子光学、光谱学、大气光学、海洋光学、生理光学、傅里叶光学、非线性光学等，本书中的光学篇，主要讲解几何光学与波动光学的基本内容．

　　几何光学是利用几何学来研究光学．几何光学将物体所发出的光束看作无数几何光线的集合，而光线的方向则代表光能量的传播方向．在此假设的基础上，研究光的传播和各种光学元件的成像规律．当然，严格来说，光线的概念与光的波动性质是相违背的，所以几何光学只是波动光学的一种近似，是一种理想模型，其好处是便于解决光学仪器中的相关技术问题，但不涉及光的物理本性．

　　波动光学是利用波动理论来研究光学．波动光学建立在惠更斯原理的基础上，认为光是一种波，其可以深入研究在几何光学里因为理论近似而无法研究的一些现象，如光的干涉、衍射、偏振等．通过对波动光学的研究，人类对光的物理本性的认知得到了进一步深化．

*第12章

几何光学

日常生活中的光通常是指可见光，可见光占据电磁波谱中较窄的一个波段．干涉和衍射等现象揭示光的波动性．但也有一些现象可以忽略光的波动性，如光在均匀介质中传播，遇到的狭缝或障碍物的线度远远大于光波的波长时，由波动造成的衍射现象就不显著．因此，我们可以借由波线的概念，认为光是沿直线传播的，并且用几何方法来研究，这就是几何光学所研究的内容．

本章主要内容包括几何光学基本定律、光在平面和球面上的反射和折射、薄透镜、常见光学仪器等．

12.1 几何光学基本定律

一、光的传播规律

光的直线传播与小孔成像

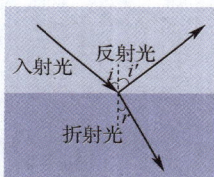

人们在实践中总结出了光在传播过程中的 **3 条定律**.

（1）光的直线传播定律：光在均匀介质中沿直线传播.

这方面有一个典型的实例就是小孔成像，我国宋代学者沈括的著作《梦溪笔谈》中就有如下记载："若鸢飞空中，其影随鸢而移；或中间为窗隙所束，则影与鸢遂相违，鸢东则影西，鸢西则影东."意思是说，若鹞鹰在空中飞翔，它的影子随鹞鹰而移动；如果鹞鹰和影子之间有窗户孔隙来约束，那么影子与鹞鹰做相反方向移动，鹞鹰向东则影子向西移动，鹞鹰向西则影子向东移动，此处描述的就是光沿直线传播所导致的小孔成像现象.

（2）光的独立传播定律：在传播过程中，一束光与其他光束相遇时，各光束都沿各自的方向独立传播，不会改变性质和方向.

（3）光的反射和折射定律：光入射到两种介质的分界面时，传播方向会发生改变，改变程度的大小符合如下规律.

如图 12.1 所示，人们把返回原介质中传播的光称为反射光，把进入另一介质继续传播的光称为折射光，入射光线和界面法线组成的平面称为**入射面**. 反射光线和折射光线都在入射面内.

反射角等于入射角，即

$$i = i', \tag{12.1}$$

这就是**反射定律**. 入射角 i 的正弦与折射角 r 的正弦之比与两种介质的相对折射率有关，即

$$\frac{\sin i}{\sin r} = n_{21}. \tag{12.2a}$$

比例系数 n_{21} 称为第二种介质相对于第一种介质的折射率. 式（12.2a）就是**折射定律**. 人们把某一介质相对于真空的折射率称为该介质的绝对折射率，简称折射率，记作 n_1（或 n_2），则 n_{21} 可以写成 $\frac{n_2}{n_1}$ 的形式. 折射率较大的介质称为光密介质，折射率较小的介质称为光疏介质. 这样上式可改写成

$$n_1 \sin i = n_2 \sin r, \tag{12.2b}$$

此公式更为常用一些.

入射光 反射光
$i \, i'$
折射光

图 12.1 光的反射与折射

介质的折射率通常由实验测定, 且和入射光的波长有关.

二、全反射

由光的折射定律可知, 光束从光密介质入射到光疏介质的界面上时, 折射角会大于入射角. 设入射角 $i = i_c$ 时折射角 $r = 90°$, 那么当 $i > i_c$ 时, 将不再有折射光产生, 光全部被反射回原介质, 这种现象称为光的**全反射**. i_c 称为全反射临界角, 且

$$i_c = \arcsin \frac{n_2}{n_1}. \tag{12.3}$$

值得一提的是, 全反射的效果是优于镜面反射的, 因为镜面的金属镀层虽然能反射大部分光, 但仍然会吸收少部分, 而全反射可使入射光的全部能量反射回原介质, 因而应用非常广. **光纤**就是利用全反射使光线沿着弯曲路径传播的光学元件, 一般由直径约几微米的玻璃 (或透明塑料) 纤维组成, 每根纤维分内外两层, 内层材料的折射率大于外层材料的折射率. 如图 12.2 所示, 只要入射角大于临界角, 光线就会在两层界面上经历多次全反射后从一端传到另一端.

图 12.2　光纤中的
全反射

例 12.1　泳池底部有人用手电筒向池边的人发信号, 问: 光束从底部入射到水面的角度大于多少时, 池边的人将会看不到发出来的光信号? 已知空气的折射率近似为 1, 水的折射率为 1.33.

分析　当水中的光束在水面处发生全反射时, 池边的人看不到发出来的光信号.

解　根据折射定律 $n_1 \sin i = n_2 \sin r$, 其中 $n_1 = 1.33$, $n_2 = 1$, $r = 90°$, 可得 $i = 48.8°$, 即入射角大于该值时, 光束将发生全反射, 池边的人看不到发出来的光信号.

12.2　光在平面上的反射和折射

高锟

一、光在平面上的反射

从任一发光物发射出的光照射在平面镜上, 经过反射后所有反射光线的反向延长线仍然会交于一点, 由于实际光线并没有通过该点, 因此该点就是物体的**虚像**, 它位于平面镜后, 且与物体的连线垂直于平面镜, 即物与像成镜面对称, 如图 12.3 所示.

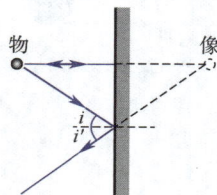

图 12.3　反射成像的
光路图

二、光在平面上的折射

与反射光不同，折射后的折射角与入射角之间的关系并不是线性的，因此，点光源的折射光的反向延长线一般不会相交于同一点. 如图 12.4 所示，水中的物体 Q 在水面上方的人眼看来在 Q'' 的位置，它出现在 Q 的上方并偏向竖直线的右侧区域，并且此像的位置还与入射角有关.

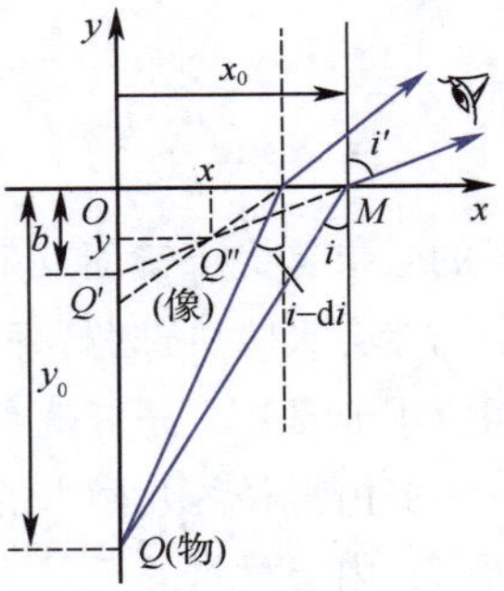

图 12.4　人眼看水中物体

12.3　光在球面上的反射和折射

一、光在球面上的反射

1. 凹面镜的反射

用球面的一部分作为反射镜便是常见的球形凹面镜，球面的球心称为曲率中心，用 C 表示，球面半径称为曲率半径，用 r 表示. 当一束平行光入射到球形凹面镜时，其反射光一般并不会相交于一点，但是对靠近球面对称轴（主光轴）附近的近轴光线来说，如图 12.5 中的平行光线 1、2、3、4、5 就会相交于一点，这一交点称为球形凹面镜的**焦点**，用 F 表示. 主光轴与球面的交点称为顶点，用 O 表示. 焦点 F 到顶点 O 的距离称为焦距，用 f 表示.

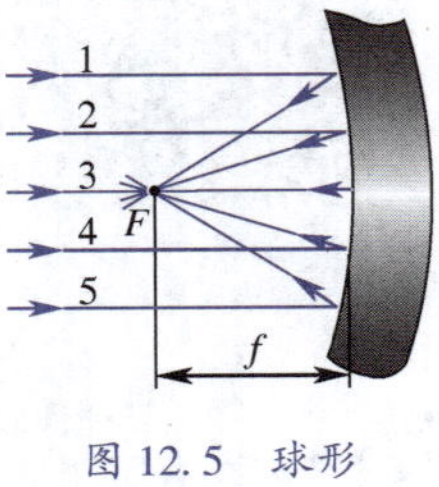

如无特殊说明，本章所讨论的都属于**近轴光线**.

2. 近轴光线的作图法

通过作图法可以确定像的位置、大小和虚实情况，并且还能发现在应用物像公式计算时所发生的正负号选择错误或运算错误，因此作图法是一种很实用的研究手段. 作图时可选择 3 **条特殊光线**.

（1）平行于主光轴的光线：它的反射线必通过焦点（凹球面），或者

图 12.5　球形
凹面镜的焦点

其反射线的延长线通过焦点（凸球面）.

（2）通过曲率中心的光线：它的反射线和入射线方向相反，在同一条直线上.

（3）通过焦点的光线或入射光的延长线通过焦点的光线：它的反射线平行于主光轴.

根据这种规律，通常作图时任意选取两条光线就可以快速简洁地画出物体的成像图. 如图 12.6 所示，其中物体到顶点的距离 p 为物距，像到顶点的距离 p' 为像距，它们之间满足

$$\frac{1}{p}+\frac{1}{p'}=\frac{1}{f},\qquad(12.4)$$

这就是凹面镜的反射成像公式. 需要注意的是，在运用此公式及本章其他的物像公式时，要注意正负号的规则.

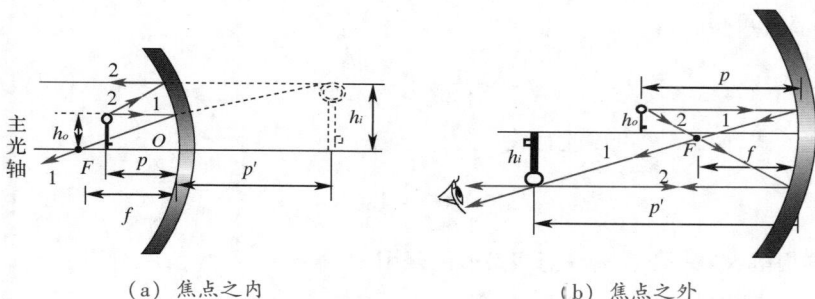

（a）焦点之内 （b）焦点之外

图 12.6 凹面镜的反射成像光路图

3. 正负号规则

入射光线方向为自左向右，以顶点 O 为分界点，O 点左侧为负，右侧为正. 即当物点、像点、焦点等在 O 点左侧时，物距、像距、焦距均记为负；反之，当物点、像点、焦点等在 O 点右侧时，物距、像距、焦距均记为正. 如图 12.6（a）所示，$p<0$，$p'>0$，$f<0$；如图 12.6（b）所示，$p<0$，$p'<0$，$f<0$. 此规则对凸面镜的反射，以及后文将介绍的球面镜折射和薄透镜都适用.

4. 凸面镜的反射

凸面镜反射成像与凹面镜类似. 如图 12.7 所示，一束平行光经过凸面镜反射后发散，其反射线的反向延长线交于一点，该点即为焦点 F.

物体的成像图可以用作图法得出，如图 12.8 所示. 成像公式与凹面镜相同，只是需要注意物距、像距、焦距的正负号.

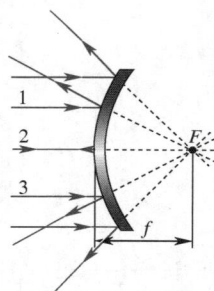

图 12.7 凸面镜的焦点

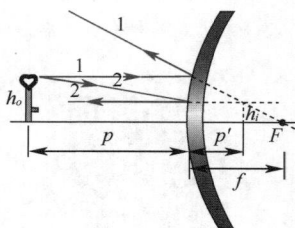

图 12.8 凸面镜的
反射成像光路图

二、光在球面上的折射

1. 凸球面的折射

如图 12.9 所示，位于主光轴上的一物点 Q，其在折射率为 n 的介质中

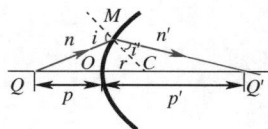

图 12.9 球面折射的
光路图

发射出一条入射光线，照射到折射率为 n'、半径为 r 的球体表面上，与球面交点为 M，经过折射后，光线与主光轴相交于轴上的 Q' 点.

通过折射定律和几何知识可以证明，对近轴光线来说，物体成像规律满足

$$\frac{n'}{p'}-\frac{n}{p}=\frac{n'-n}{r}, \tag{12.5}$$

这就是近轴光线的**球面折射成像公式**.

如果入射光线平行于主光轴（即物距无穷大），那么折射光线将会与主光轴相交于一点，称为**像方焦点**，以 F' 表示. 从顶点 O 到像方焦点的距离称为像方焦距，以 f' 表示. 类似地，如果折射光线平行于主光轴（即像距无穷大），那么入射光线将会与主光轴相交于一点，称为**物方焦点**，以 F 表示. 从顶点 O 到物方焦点的距离称为物方焦距，以 f 表示. 由式（12.5）可得

$$f=-\frac{nr}{n'-n},\ f'=\frac{n'r}{n'-n}, \tag{12.6}$$

因此，式（12.5）可以改写成

$$\frac{f'}{p'}+\frac{f}{p}=1. \tag{12.7}$$

同样提醒大家一下，需注意**正负号的规则**.

2. 横向放大率

一般来说，物体经过光学器件成像后，像的长度及正倒可能会发生变化. 如图 12.10 所示，以垂直于主光轴的物和像为例，设物高为 h_o，像高为 h_i，规定 h_o、h_i 在轴的上方为正，在下方为负.

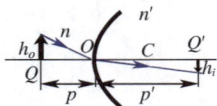

图 12.10　球面折射成像及其横向放大率

定义 $V=\dfrac{h_i}{h_o}$ 为**横向放大率**，则有

$$V=\frac{np'}{n'p}. \tag{12.8}$$

其中，$V>0$ 表示像是正立的，$V<0$ 表示像是倒立的；$|V|>1$ 表示像比物大，即起到放大的效果，$|V|<1$ 表示像比物小，即起到缩小的效果. 当然，有必要指出的是，这其实只限于近轴光线的分析，若光线离轴过远，则像与物相比会存在变形情况. 上述各公式对凹面的折射也成立.

人类使用
透镜的历史

12.4 薄透镜

日常生活中的折射情况，大多数时候折射表面不止一个，如在显微镜、望远镜及照相机等光学器件中，折射面的数目通常在两个以上. 由两

个折射曲面为界面组成的透明介质称为透镜，其中透明材料通常是玻璃或树脂.

透镜界面由两个曲率半径分别为 r_1、r_2 的球面的一部分组成. 当透镜的厚度远小于 r_1、r_2 时，该透镜称为**薄透镜**. 我们把中央部分比边缘部分厚的透镜称为**凸透镜，也称会聚透镜**；把中央部分比边缘部分薄的透镜称为**凹透镜，也称发散透镜**. 更详细的分类如图 12.11 所示.

在实际作图中，常用图 12.12 所示来表示凸透镜和凹透镜. 因为厚度很薄，可认为两个球面的顶点是重合于同一点 O 的，该点称为薄透镜的**光心**.

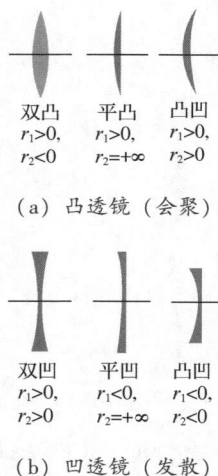

（a）凸透镜（会聚）

（b）凹透镜（发散）

图 12.11　透镜的分类

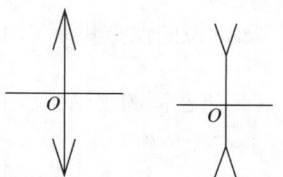

（a）凸透镜　（b）凹透镜

图 12.12　薄透镜的符号

如图 12.13 所示，透镜左边介质的折射率记为 n_o，右边介质的折射率记为 n_i，透镜材料本身的折射率记为 n_L（严格来说，应该是透镜材料对第二折射球面的折射率为 n_L，此处近似处理了）.

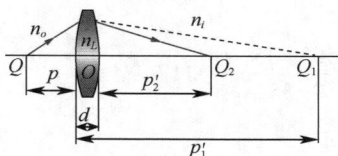

图 12.13　薄透镜成像光路图

设轴上一物点 Q，经过透镜两个表面折射后成像. 其中，Q_1 是 Q 对 r_1 球面的像，Q_2 是最终像，也即 Q_1 对 r_2 球面的像. 利用前文所提及的球面折射成像公式［式（12.7）］两次，并忽略透镜的厚度，即可求出物点 Q 与最终像点 Q_2 之间的关系：

$$\frac{f'}{p'}+\frac{f}{p}=1, \tag{12.9}$$

其中 p 为物距，$p'=p_2'$ 为像距，f 为物方焦距，f' 为像方焦距，具体的表达式为

$$f'=\frac{n_i}{\dfrac{n_L-n_0}{r_1}+\dfrac{n_i-n_L}{r_2}}, \quad f=-\frac{n_0}{\dfrac{n_L-n_0}{r_1}+\dfrac{n_i-n_L}{r_2}}. \tag{12.10}$$

若透镜处于真空或空气中，$n_o=n_i=1$，则焦距可简化为

$$f' = -f = \frac{1}{(n_L - 1)\left(\dfrac{1}{r_1} - \dfrac{1}{r_2}\right)}, \qquad (12.11)$$

薄透镜的物像公式可进一步简化为

$$\frac{1}{p'} - \frac{1}{p} = \frac{1}{f'}. \qquad (12.12)$$

这个公式就是中学课本中常用的**薄透镜成像公式**. 再次提醒，运用上述公式，仍然要注意**正负号的规则**：以薄透镜光心 O 为分界点，入射光线方向为从左向右，当物点、像点、焦点在光心 O 左侧时，物距、像距、焦距均为**负**；当物点、像点、焦点在光心 O 右侧时，物距、像距、焦距均为**正**. 如凸透镜的像方焦距 $f' > 0$，凹透镜的像方焦距 $f' < 0$.

例12.2 将一根短金属丝置于焦距为 35cm 的凸透镜的主轴上，其与凸透镜的光心的距离为 50cm. （1）绘出成像光路图. （2）求金属丝的成像位置.

分析 （1）凸透镜的成像图只需画出两条特殊光线就可确定像的位置. 为此画出以下两条特殊光线：过光心的入射光线折射后方向不变；过物方焦点的入射光线通过透镜入射后平行于主光轴. （2）在已知透镜像方焦距 f' 和物距 p 时，利用薄透镜的成像公式 $\dfrac{1}{p'} - \dfrac{1}{p} = \dfrac{1}{f'}$ 即可求得像的位置.

解 （1）根据分析中所述方法作成像光路图，如图 12.14 所示.

（2）由成像公式可得成像位置为

$$p' = \frac{pf'}{p + f'} = \frac{(-50) \times 35}{-50 + 35}\text{cm} \approx 117\text{cm}.$$

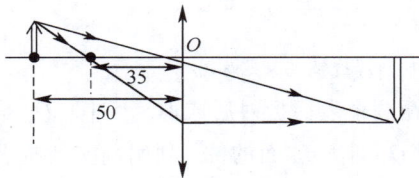

图 12.14　凸透镜的成像光路图

12.5 常见光学仪器

一、显微镜

显微镜的功能是使近距离的微小物体通过透镜组成一放大的像，从而便于人眼观察. 一般来说，显微镜主要由物镜（靠近物的透镜）和目镜（靠近观察者眼睛的透镜）组成，二者都是凸透镜，光路如图 12.15 所示.

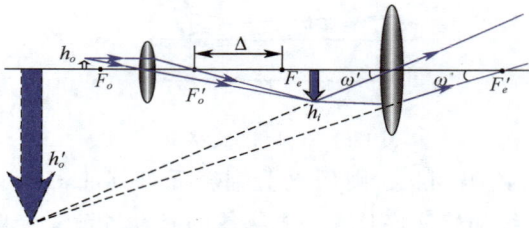

图 12.15　显微镜光路图

被观察的物体放置在物镜的物方焦点外侧附近，经物镜成一放大的实像，此实像位于目镜的物方焦点内侧附近，从而能再经过目镜成一放大虚像，此虚像位于人眼的明视距离（约 25cm）附近. 通过这样的两次放大，实现了对微小物体的放大观察目的.

二、望远镜

望远镜的结构和显微镜类似，也是由物镜和目镜组成，不过物镜是凸透镜，目镜可以是凸透镜也可以是凹透镜（物镜是凸透镜而目镜是凹透镜的望远镜称为伽利略望远镜；物镜和目镜都是凸透镜的望远镜称为开普勒望远镜）. 望远镜的功能是对远处的物体成一放大的像（视角放大），这里以开普勒望远镜为例，光路如图 12.16 所示.

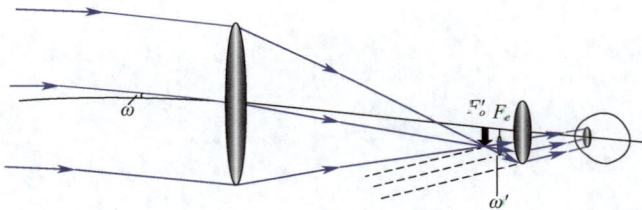

图 12.16　望远镜光路图

通常物镜的像方焦点和目镜的物方焦点几乎重合，这就使远处物体的光（近似为平行光）首先会聚到物镜的焦平面处，再经由目镜折射后成为新的平行光，人眼在目镜处接收此平行光，最后成像在视网膜上. 如此，望远镜所成的像对人眼的视角比远处物体直接对人眼的视角要大许多，远处的物体好像被移近了.

三、照相机

照相机的镜头一般是凸透镜组，远处物体通过凸透镜后成一缩小的实像，将感光底片放置在透镜后合适的位置处，则可以进行感光成像，如图 12.17 所示.

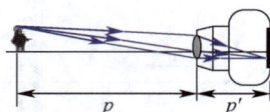

图 12.17　照相机光路图

如今常用的数码相机，则用电荷耦合元件（charge-coupled device，CCD）取代了传统的感光底片，外界物体的光经过镜头会聚在 CCD 上，CCD 将光转换成电信号，再经处理器加工后记录在相机的内存上.

从完成摄影的功能来说，照相机大致要具备成像、曝光和辅助三大结构系统. 成像系统包括成像镜头、测距调焦、取景系统、附加透镜、滤光镜、效果镜等；曝光系统包括快门机构、光圈机构、测光系统、闪光系统、自拍机构等；辅助系统包括卷片机构、计数机构、倒片机构等. 其中，光圈又叫光阑，用于限制光束通过，装在镜头中间或后方. 光圈能改变光路口径，并与快门一起控制曝光量. 其作用有二：一是影响底片接收的光通量；二是影响景深. 景深是照相机允许清晰成像的物点前后距离的范围.

最后，需要说明的是，上述 3 种光学仪器如果只用简单薄透镜的话，都会存在像差（如畸变）、色差等问题，这时候就需要采用多种材料制成的组合透镜来解决问题，但这已是一个太复杂的专门话题，不在本书的讨论范围内，有兴趣的读者可自行查阅相关书籍.

本章提要

一、反射和折射定律

1. 反射定律

- $i = i'$

2. 折射定律

- $n_1 \sin i = n_2 \sin r$

二、光在球面上的反射和折射

1. 光在球面上的反射

- $\dfrac{1}{p} + \dfrac{1}{p'} = \dfrac{1}{f}$

2. 光在球面上的折射

- $\dfrac{f'}{p'}+\dfrac{f}{p}=1$

三、薄透镜的成像公式

- $\dfrac{1}{p'}-\dfrac{1}{p}=\dfrac{1}{f'}$ （透镜处于真空或空气中）

本章习题

12.1 如图 12.18 所示，一储油圆桶，底面直径与桶高均为 d. 当桶内无油时，从某点 A 恰能看到桶底边缘上的某点 B. 当桶内油的深度等于桶高一半时，在 A 点沿 AB 方向看去，看到桶底上的 C 点，C、B 相距 $\dfrac{d}{4}$. 由此可得油的折射率及光在油中的传播速率为（　　）.

A. $\dfrac{2}{\sqrt{10}}$，$6\sqrt{10}\times10^{7}\text{m}\cdot\text{s}^{-1}$　　　B. $\dfrac{\sqrt{10}}{2}$，$6\sqrt{10}\times10^{7}\text{m}\cdot\text{s}^{-1}$

C. $\dfrac{\sqrt{10}}{2}$，$1.5\sqrt{10}\times10^{8}\text{m}\cdot\text{s}^{-1}$　　D. $\dfrac{2}{\sqrt{10}}$，$1.5\sqrt{10}\times10^{8}\text{m}\cdot\text{s}^{-1}$

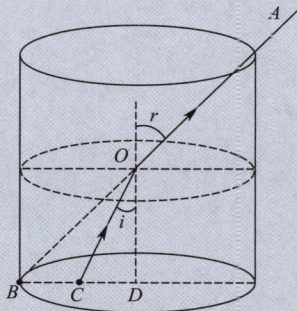

图 12.18　12.1 题图

12.2 一远视眼者的近点在 1m 处，要看清楚眼前 10cm 处的物体，应佩戴（　　）.

A. 焦距为 10cm 的凸透镜

B. 焦距为 10cm 的凹透镜

C. 焦距为 11cm 的凸透镜

D. 焦距为 11cm 的凹透镜

12.3 停车场的道路拐弯处常常装有某种反射镜来帮助司机扩大视野范围，这种镜子是

（　　）.

A. 凸面镜　　　B. 凹面镜　　　C. 凸透镜　　　D. 凹透镜

12.4 水池底部有一探照灯，光束从水中射向岸边，已知水的折射率为 1.33，请问入射角大于多少时，人在岸边就看不到灯光了？

12.5 放置在空气中的玻璃三棱镜 ABC，已知顶角 $\angle A = 30°$，一束光垂直于 AB 面入射，由 AC 面射出，偏向角为 $30°$，求三棱镜的折射率.

12.6 一平行超声波束入射于水中的平凸有机玻璃透镜平的一面，球面的曲率半径为 10cm，试求在水中时透镜的焦距. 假设超声波在水中的传播速率为 $\nu_1 = 1470\mathrm{m \cdot s^{-1}}$，在有机玻璃中的传播速率为 $\nu_2 = 2680\mathrm{m \cdot s^{-1}}$.

12.7 一架显微镜的物镜和目镜相距为 20cm，物镜焦距为 7mm，目镜焦距为 5mm，把物镜和目镜均看作薄透镜. 试求：（1）被观察物到物镜的距离；（2）物镜的横向放大率.

12.8 一架天文望远镜，物镜与目镜相距 90cm，放大倍数为 8×（即 8 倍），求物镜和目镜的焦距.

本章习题
参考答案

第 13 章

波动光学

上一章的几何光学以光的直线传播性质为基础，研究光在透明介质中的传播规律. 其实就本质来说，光是一种波，具有干涉、衍射、偏振等典型的波动性质. 因此，本章用波动理论来研究光的性质. 第 12 章的几何光学实际上可以看成波动光学在特定条件下的极限情况.

本章主要内容包括杨氏双缝干涉、薄膜干涉、单缝衍射、圆孔衍射、光栅衍射、光的偏振现象、双折射现象以及它们的应用等.

13.1 普通光源的发光机制及相干光

一、普通光源的发光机制

一般所说的普通光源，是指非激光光源，其发光机制是处于激发态的原子或分子（下文统称原子）的自发辐射. 具体来说，光源中的原子吸收了外界的能量（如进行光照或加热），会由基态跃迁到某个激发态，而激发态是不稳定的，这些原子会自发地回到能量较低的激发态或能量最低的基态，在这过程中，不同状态之间的能量差会以电磁波的方式辐射出去，即原子向外发射电磁波（即光波）. 光源中有大量的原子，每个原子的发光并不是连续的，经过一次发光后，只有在重新获得足够能量到达激发态后才会再次发光，因而每次发光的持续时间极短，约为 10^{-8} s.

正是由于上述原因，原子发射的光波是一系列长度极短、具有某个频率和某个振动方向的波列，我们将其称为光波列，如图 13.1 所示. 并且，即便是同一原子，其在不同时刻所发出的光波列之间的振动方向和相位也各不相同，因此在普通光源中，大量的原子在发光，各个原子的激发和辐射状态瞬息万变，参差不齐，彼此之间没有联系，是一种随机过程. 也就是说，这些原子在同一时刻所发出的光波列，在频率、振动方向和相位上都各自独立.

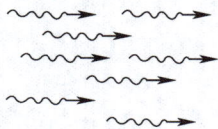

图 13.1 光波列

二、相干光

在上册机械波的章节中我们提到过，波动具有叠加性，而两列波相遇能产生干涉现象的条件是：**振动频率相同，振动方向一致，相位差恒定**. 在波动光学中，有实验表明，两个独立的单色普通光源，即便它们发出的光频率相同，也不能得到干涉图样；甚至同一光源上的两处所发出的光波相遇，也不能得到干涉图样. 原因如上文所述，普通光源发出的光波列在相位上都各自独立，也就是说，相位差不恒定，因此两波列叠加不能形成稳定的干涉图样. 这种光波，我们称其为非相干光；而能够形成稳定的干涉图样的光波，我们称其为**相干光**.

为了满足相位差恒定的条件，我们把同一光源点发出的光想方设法地"一分为二"，由于这两部分光实际上都来自同一发光原子的同一次发光，也即把一个光波列分成振动频率相同、振动方向一致、相位差恒定的两个新波列，因此它们是满足相干光条件的，由此便获得了相干光.

具体来说，把光"一分为二"的方法主要有两种. 一种叫作**分波阵面**

电磁波的发射

法：由于同一波阵面上各点的振动具有相同的相位，所以从中取出的两部分必然满足相干光条件，如图 13.2（a）所示. 后文将要介绍的杨氏双缝干涉就用了这种方法. 另一种叫作**分振幅法**：当一束光投射到两种介质的分界面上时，一部分光会反射，另一部分会透射，这样光就能被分成两部分乃至若干份，即振幅（能量）被分成了两部分乃至若干份，由于这些光都来源于同一束光，所以必然满足相干光条件，如图 13.2（b）所示. 后文将要介绍的薄膜干涉就用了这种方法.

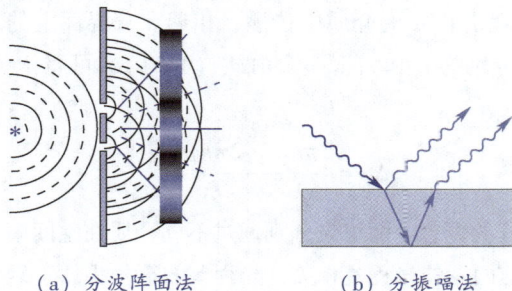

（a）分波阵面法　　　　　（b）分振幅法

图 13.2　把光"一分为二"

随着科技的发展，自从激光问世后，光源的相干性大大提高，获得相干光的方法就不再那么苛刻了，甚至用两个独立的激光光源也能进行干涉实验.

13.2　光程与光程差

在上册机械波章节讨论的干涉现象中，两列波传播到某一点进行叠加时，该点的合振动的相位取决于两列波的**波程差**，而在波动光学中，常用**光程差**这个概念. 这是由于光在不同介质中传播的波长是不同的，引入光程和光程差的概念可为我们分析相位关系带来很大的方便.

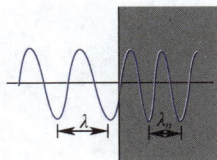

图 13.3　光在真空及
介质中的波长

如图 13.3 所示，一频率为 f 的单色光，在真空中的传播速率为 c，波长为 λ. 当它在折射率为 n 的介质中传播时，传播速率变为 $v=\dfrac{c}{n}$，波长变为 $\lambda_n=\dfrac{v}{f}=\dfrac{\lambda}{n}$，也即在折射率为 n 的介质中，该单色光的波长变为真空中波长的 $\dfrac{1}{n}$.

我们知道，光传播一个波长的距离，其相位变化为 2π，若光在介质中传播的几何路程为 L，那么相位的变化为

$$\Delta\varphi=2\pi\frac{L}{\lambda_n}=2\pi\frac{nL}{\lambda}. \tag{13.1}$$

由此可见，光在不同的介质中传播时，其相位的变化与光传播的几何路程、介质的折射率、真空中的光波长都有关系.

我们把光在介质中所经过的几何路程 L 和该介质的折射率 n 的乘积 nL 叫作**光程**. 引入了光程这一概念，我们就可以把光在不同介质中的传播路程，都折算为光在真空中的路程，这样便可统一用真空中的波长来比较两束光经过不同介质时所引起的**相位变化**.

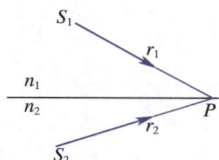

如图 13.4 所示，两个同相位的相干光源 S_1 和 S_2，各自发出的两相干光分别在折射率为 n_1 和 n_2 的介质中传播，相遇在分界面上的 P 点，P 点与两个光源的距离分别为 r_1 和 r_2，那么由式（13.1），可得 P 点处两束光的相位差为

图 13.4 光程差的计算

$$\Delta\varphi = \frac{2\pi n_2 r_2}{\lambda} - \frac{2\pi n_1 r_1}{\lambda}. \tag{13.2}$$

利用前面光程的概念，两束光分别通过不同介质在空间中 P 点相遇，其产生的干涉情况与两者的光程差相关，光程差的符号为 Δ，$\Delta = n_2 r_2 - n_1 r_1$，那么相位差的表达式可简化为

$$\Delta\varphi = 2\pi\frac{\Delta}{\lambda}. \tag{13.3}$$

这是考虑光的干涉问题时常用的一个基本关系式. 需要注意的是，引入光程后，不论光在什么介质中传播，上式中的 λ 均是光在**真空中的波长**. 此外，上式仅考虑两束同相位光在不同介质经过不同路程所引起的相位差，如果两束光不是同相位的，还应加上它们的初相位差，才是两束光在 P 点的完整的相位差.

这样一来，两个同相位的相干光源所发出的光，其干涉条纹的明暗条件便可由两光的光程差 Δ 决定，即

当 $\Delta = \pm k\lambda$，$k = 0, 1, 2, 3, \cdots$ 时，干涉加强；

当 $\Delta = \pm(2k+1)\dfrac{\lambda}{2}$，$k = 0, 1, 2, 3, \cdots$ 时，干涉减弱.

例 13.1 如图 13.5 所示，一单色光在空气中从 A 传到 B，若在其路径上放置一薄膜，请问前后的光程改变了多少？光的振动相位改变了多少？已知光波长 $\lambda = 500\text{nm}$，薄膜厚度 $d = 1\text{mm}$，折射率 $n = 1.5$.

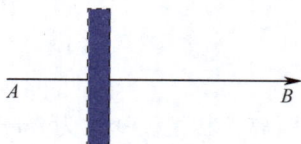

图 13.5 例 13.1 图

分析 因为通过了薄膜，光程有改变，所以相位也发生变化.

解　空气的折射率取 1，前后光程的变化量

$$\Delta = 1 \cdot (L-d) + nd - L = (n-1)d = 0.5\,\text{mm}.$$

光的振动相位改变量为

$$\Delta\varphi = 2\pi\frac{\Delta}{\lambda} = 2000\pi.$$

13.3 分波阵面干涉

前文提及，把光"一分为二"的方法之一是分波阵面法. 杨氏双缝干涉实验就用了这种方法.

一、杨氏双缝干涉

1801 年，英国科学家托马斯·杨首先用实验方法发现了光的干涉性质，证明光是一种波，而不是牛顿所想象的光颗粒，该实验被评为"物理最美实验"之一. 他让太阳通过一个细小的针孔，再通过其后的另外两个针孔，从而在两针孔后面的屏幕上得到了干涉图样.

后来人们发现，如果用相互平行的两条狭缝代替针孔，实验现象会更加明显. 等到激光问世后，利用激光的高亮度和高相干性，直接用激光束照射双缝，能得到明显的干涉图样. 这些实验统称为**杨氏双缝干涉实验**.

杨氏双缝干涉实验的装置如图 13.6（a）所示，由光源发出的光照射到一条很狭窄的单缝 S 上，S 便可看成一个线光源. 在 S 的前方放置两个狭缝 S_1 和 S_2，它们彼此之间距离很小，且与 S 的距离相等. 根据惠更斯原理，由光源 S 发出的光的波阵面同时到达 S_1 和 S_2，S_1 和 S_2 就成为两个新的光源，并且这两个光源发出的光满足相干光的条件，彼此在空间叠加，产生干涉现象. 此时在双缝前较远处放置一屏幕 E，则屏幕上将出现明暗相间的干涉条纹，如图 13.6（b）所示.

下面我们对屏幕上干涉条纹的位置进行定量分析. 如图 13.7 所示，设 S_1 和 S_2 之间的距离为 d，中点为 M，M 到屏幕 E 的距离为 D，屏幕中心为 O. 在屏幕上任取一点 P，P 点到 O 点的距离为 x，P 点到 S_1 和 S_2 的距离分别为 r_1 和 r_2，θ 为 MO 和 MP 之间的夹角，则从 S_1 和 S_2 发出的光到达 P 点的波程差 $\delta = r_2 - r_1$. 由于整个实验装置是放在空气中的，因此光程差 Δ 就是波程差 δ.

托马斯·杨

十大物理实验

（a）

（b）

图 13.6　杨氏双缝
干涉实验

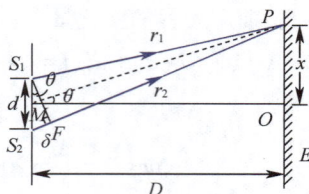

图 13.7　干涉条纹的计算

在实际观测的情况中，双缝到屏幕之间的距离会远远大于双缝之间的距离，即 $D \gg d$，同时干涉图样在屏幕中心附近，即 $D \gg x$，因此在具体的计算中我们可以做一些近似处理.

近似 1：过 S_1 作 S_2P 的垂线，垂足为 F，波程差 δ 可近似为 S_2F 的长度.

近似 2：S_1P、S_2P 与 MP 三者近似平行，所以 $\angle FS_1S_2$ 近似与 θ 相等.

近似 3：θ 很小，$\sin\theta \approx \tan\theta$.

如此，则有

$$\delta = r_2 - r_1 \approx d\sin\theta \approx d\tan\theta = \frac{xd}{D}, \qquad (13.4)$$

进而由波的叠加原理可得以下结论.

当 $\delta = \dfrac{xd}{D} = \pm k\lambda (k=0,1,2,\cdots)$ 时，P 点处于干涉始终加强的状态，表现为明条纹，那么该点到屏幕中心 O 的距离

$$x = \pm\frac{D\lambda}{d}(k=0,1,2,\cdots). \qquad (13.5a)$$

其中，公式中的正负号表示干涉条纹是在 O 点两侧对称分布的. O 点处 $\delta = 0$，对应于 $k=0$ 的情形，因此该明纹叫作 0 级明纹（也叫作**中央明纹**）. 类似地，$k=1$ 处的明纹叫作 1 级明纹，$k=2$ 处的明纹叫作 2 级明纹……k 称为条纹的**级数**. 两条相邻的明纹之间的距离 $\Delta x = \dfrac{D\lambda}{d}$.

当 $\delta = \dfrac{xd}{D} = \pm(2k-1)\dfrac{\lambda}{2}(k=1,2,3,\cdots)$ 时，P 点处于干涉始终减弱的状态，表现为暗条纹，那么该点到屏幕中心 O 的距离

$$x = \pm(2k-1)\frac{D\lambda}{2d}(k=1,2,3,\cdots). \qquad (13.5b)$$

类似明条纹的命名方式，$k=1$ 处的暗纹叫作 1 级暗纹，$k=2$ 处的暗纹叫作 2 级暗纹……k 仍为条纹的级数. 两条相邻的暗纹之间的距离 $\Delta x = \dfrac{D\lambda}{d}$.

综上所述，双缝干涉条纹有如下特点：

（1）屏幕上的明暗条纹是**交替排列**的，且在屏幕中心 O 点两侧对称分布；

杨氏双缝干涉条纹计算

电子的双缝干涉实验

（2）相邻明纹或者相邻暗纹之间的距离相等（即条纹是等间距分布的），均为

$$\Delta x = \frac{D\lambda}{d}. \tag{13.6}$$

条纹间距与光的波长、双缝间距及双缝到屏幕的距离相关．因此，在实验中，当 D 与 d 一定时，用不同的单色光做实验，光的波长越长，条纹越疏，光的波长越短，条纹越密．进而，如果用白光作为光源，由于各单色光的波长不同，其对应明纹出现的位置各不相同（中央明纹除外），表现为彩色条纹．由于可见光中红光波长最长，紫光波长最短，所以呈现（靠近中央明纹）内紫外红的特征．

白光的干涉图样

例 13.2　如图 13.8 所示，将一折射率为 1.58 的云母片覆盖于杨氏双缝中的一条缝上，使屏幕上原中央明纹所在点 O 改变为 5 级明纹．假设 $\lambda = 550\text{nm}$，问：（1）条纹如何移动？（2）云母片的厚度 d 是多少？

分析　（1）本题是干涉现象在工程测量中的一个具体应用，它可以用来测量透明薄介质片的微小厚度或折射率．在不加介质片之前，两相干光均在空气中传播，它们到达屏幕上任一点 P 的光程差由其几何路程差决定，对于点 O，光程差 $\Delta = 0$，故点 O 处为中央明纹，其余条纹相对点 O 对称分布．而在插入介质片后，虽然两相干光的几何路程不变，但光程却不同，对于点 O，$\Delta \neq 0$，故点 O 不再是中央明纹，条纹整体发生平移．原来中央明纹将出现在两束光到达屏幕上光程差 $\Delta = 0$ 的位置．

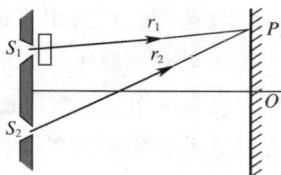

图 13.8　云母片覆盖于杨氏双缝上

（2）干涉条纹空间分布的变化完全取决于光程差的变化．因此，对于屏幕上的某点 P（明纹或暗纹位置），只要计算出插入介质片前后光程差的变化，即可知道其干涉条纹的变化情况．

插入介质片前的光程差 $\Delta_1 = r_1 - r_2 = k_1\lambda$（对应 k_1 级明纹），插入介质片后的光程差 $\Delta_2 = (n-1)d + r_1 - r_2 = k_2\lambda$（对应 k_2 级明纹），光程差的变化量为

$$\Delta_2 - \Delta_1 = (n-1)d = (k_2 - k_1)\lambda.$$

式中 $k_2 - k_1$ 可以理解为移过点 P 的条纹数（本题为 5）．因此，对于这类问题，求解光程差的变化量是解题的关键．

解　由上述分析可知，云母片插入前后，对于原中央明纹所在点 O，有

$$\Delta_2 - \Delta_1 = (n-1)d = 5\lambda,$$

将有关数据代入可得

$$d = \frac{5\lambda}{n-1} \approx 4.74 \times 10^{-5}\text{m}.$$

二、劳埃德镜

1834 年，劳埃德设计了一种更简单的装置来观测光的干涉现象. 如图 13.9 所示，MN 为一块平面反射镜，S_1 是一狭缝光源，此光源发出的光波，一部分掠射（即入射角接近 90°）到平面镜上，经反射到达屏幕 E 上；另一部分直接投射到屏幕上. 这两部分光都来源于同一束光，所以也是相干光，可以在阴影区域产生干涉图样. 这种干涉方式可以看作杨氏双缝干涉的变体，因为 S_1 通过平面镜可以成一虚像 S_2，那么反射光可看成由虚光源 S_2 发出，S_1 和 S_2 就构成一对相干光源，此后光路的分析就和前述的杨氏双缝干涉一样了.

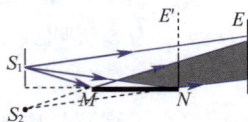

图 13.9　劳埃德镜实验

需要指出的是，在此实验中，如果把屏幕 E 移近到和镜子的边缘 N 相接触（图中 E' 的位置），这时 S_1 和 S_2 发出的光到达 N 处的路程是相等的，按照之前杨氏双缝干涉的分析，N 处应该出现明条纹，而实验结果却是**暗条纹**，其他的条纹也有相应的变化. 这一事实其实说明了，该处由 S_1 直接射到屏幕上的光和经过平面镜反射出来的光相遇，虽然两者的波程相同，但相位相反，从而在 N 处叠加成干涉相消的状态. 由于直射光的相位不会变化，所以只能认为光在平面镜发生反射的过程中相位突变了 π，或者说反射光的波程中附加了半个波长，称为**半波损失**.

进一步的实验表明：光从**光疏介质射到光密介质**界面发生反射时，在掠射（即入射角接近 90°）或正入射（即入射角接近 0°）的情况下，反射光的相位较之入射光的相位有 π 的突变，导致反射光的波程附加了半个波长. 这里的光疏介质和光密介质是相对而言的，光疏介质是折射率较小（光在其中传播速率较大）的光介质，光密介质是折射率较大（光在其中传播速率较小）的光介质. 举例来说，如果空气的折射率为 1，水的折射率为 1.33，玻璃的折射率为 1.5，则水相对空气来说是光密介质，水相对玻璃来说是光疏介质.

薄膜干涉中的
半波损失

13.4 分振幅干涉

前文提及，另一种分光方法是分振幅法，生活中常见的薄膜干涉现象就属于这一种. 该现象是我们在日常生活中经常会见到的, 比如小朋友的吹泡泡玩具, 在阳光的照射下, 肥皂泡表面会呈现彩色的花纹. 假设一束光照射到薄膜上, 由于薄膜内外的折射率不同, 光会在薄膜的上表面与下表面分别反射, 两者相互干涉而形成的一种干涉现象, 称为薄膜干涉. 由于上表面与下表面的反射光都来源于同一入射光, 都是从入射光中分走了一部分能量, 而波的能量可以用振幅来表征, 因此这种获得相干光的方法称为分振幅法. 对这种现象进行研究可以获得许多关于薄膜的信息, 包括薄膜的厚度、折射率等, 薄膜干涉也因此在实际生产生活中用途广泛, 如增透膜、增反膜、滤光器等.

阳光下的彩色泡泡

对薄膜干涉现象的详细分析比较复杂, 在实际中, 比较简单且应用较多的有两种, 分别为厚度均匀的薄膜所形成的**等倾干涉**和厚度不均匀的薄膜形成的**等厚干涉**.

一、薄膜等倾干涉

如图 13.10 所示, 有一均匀透明介质的薄膜, 上表面 M_1 与下表面 M_2 平行, 其厚度为 d, 折射率为 n_2, 放在折射率为 r_1 ($n_1 < n_2$) 的透明介质中, 某单色光源 S 上的一点发出光线 1 入射到薄膜上表面 M_1 上的 A 点, 其波长为 λ, 入射角为 i. 一部分光在 A 点处反射得到光线 2, 另一部分进入薄膜, 在下表面 M_2 上的 B 点反射后, 再经过 M_1 折射出去成为光线 3. 显然, 由于 M_1 与 M_2 平行, 所以光线 2 与光线 3 也平行, 它们经过透镜 L 会聚于屏幕上 P 点处. 光线 2 与光线 3 都来源于光线 1, 两者将发生干涉, 干涉的具体结果将取决于它们的光程差.

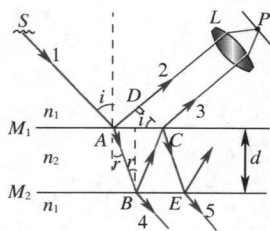
图 13.10　薄膜等倾
干涉

由图可知, 光线 2 与光线 3 在 A 点之前是等光程的. 作 $CD \perp AD$, 光线 2 与光线 3 在 CD 之后也是等光程的. 因此, 它们的光程差就来源于中间的一段, $\Delta' = n_2(AB+BC) - n_1 AD$.

根据几何知识,

$$AB = BC = \frac{d}{\cos r},$$

$$AD = AC\sin i = 2d\tan r\sin i,$$

再结合折射定律 $n_1\sin i = n_2\sin r$, 最终有

$$\Delta' = 2n_2 d\sqrt{1-\sin^2 r} = 2d\sqrt{n_2^2 - n_1^2\sin^2 i}.$$

此外, 由于薄膜内外的折射率不同, 光在上下表面反射时, 会有附加光程差 $\frac{\lambda}{2}$, 因此光线 2 与光线 3 的实际光程差为

$$\Delta_r = 2d\sqrt{n_2^2 - n_1^2\sin^2 i} + \frac{\lambda}{2}. \tag{13.7}$$

于是，干涉条件为

$$\Delta_r = 2d\sqrt{n_2^2 - n_1^2 \sin^2 i} + \frac{\lambda}{2}$$

$$= \begin{cases} k\lambda, & k = 1, 2, 3, \cdots （加强）, \\ (2k+1)\dfrac{\lambda}{2}, & k = 0, 1, 2, \cdots （减弱）. \end{cases} \qquad (13.8)$$

从上式可以看出，对于同样厚度的薄膜，光程差随入射光的倾角 i 的改变而变化，不同的倾角导致不同的干涉明纹或暗纹，同一干涉条纹上的各点都具有相同的倾角，所以将这类干涉条纹称为等倾干涉条纹.

当光垂直入射（$i = 0$）时，干涉条件简化为

$$\Delta_r = 2n_2 d + \frac{\lambda}{2} = \begin{cases} k\lambda, & k = 1, 2, 3, \cdots （加强）, \\ (2k+1)\dfrac{\lambda}{2}, & k = 0, 1, 2, \cdots （减弱）. \end{cases} \qquad (13.9)$$

同理，从薄膜下表面透射出去的光线 4 与光线 5 也满足相干光条件，上述的分析方法仍然适用. 但需要说明的是，透射光之间的附加光程差，和反射光之间的附加光程差，产生的条件是相反的. 即当反射光之间有附加光程差 $\frac{\lambda}{2}$ 时，透射光之间没有附加光程差；当透射光之间有附加光程差 $\frac{\lambda}{2}$ 时，反射光之间没有. 也就是说，反射光和透射光的干涉加强或减弱，彼此是互补的，从能量的角度看，这是干涉现象引起了光能的重新分布.

关于附加光程差的情形，有必要进行一些详细说明. 在前面的劳埃德镜中涉及相位突变和半波损失的概念，更一般的情况下，反射光的相位变化与入射角的关系是很复杂的，它与分界面两边介质的折射率及入射角都有关，需要用到菲涅尔公式进行分析，这部分内容已经超出了本书的讨论范围. 但是在波动光学的章节中，会经常遇到比较两束反射光的相位问题，如上述薄膜等倾干涉，因此将规律总结如下（见图 13.11）.

（1）对于透射光，无附加光程差.

（2）如果两束光都是从光密介质到光疏介质的界面反射，即 $n_1 > n > n_2$，它们之间无附加光程差.

（3）如果两束光都是从光疏介质到光密介质的界面反射，即 $n_1 < n < n_2$，它们之间无附加光程差.

（4）如果一束光从光疏介质到光密介质的界面反射，另一束光从光密介质到光疏介质的界面反射，即 $n_1 < n > n_2$ 或者 $n_1 > n < n_2$，它们之间有附加光程差 $\frac{\lambda}{2}$.

需要注意的是，透镜 L 并不引起附加光程差. 这是因为，平行光束通

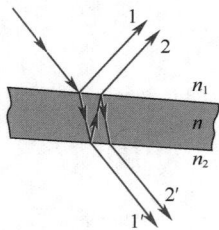

图 13.11　薄膜上下界面
光线的附加光程差

过透镜后，将会聚到焦平面上的一点.

如图 13.12 所示，由于任一时刻平行光束波前上各点（如图中 A、B、C、D、E 各点）的相位相同，它们到达焦平面后彼此的相位仍然相同，所以干涉加强，表现为焦平面上的一亮点，由此可见，这些点到点 F' 的光程都相等，即使用透镜并不引起附加光程差. 因此，今后大家在遇到光路中有透镜的时候，都不需要考虑它对光程差的影响.

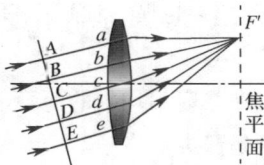

图 13.12 透镜不引起
附加光程差

薄膜干涉特性在生产生活中应用广泛，典型的为光学器件中的**增反膜**和**增透膜**. 比如，激光器中的谐振腔反射镜，需要对特定波长的光有高反射率，利用薄膜干涉的原理，让反射光由于干涉而增强，从而达到增强反射的目的. 再比如，单反照相机镜头常采用组合透镜，就形成了多个空气-玻璃界面，外界的入射光不断地在两介质分界面上反射，随着界面数目的增加，损失的光能增多，最终透射的光减少. 利用薄膜干涉的原理，在透镜表面上镀一层薄膜，使入射光在界面的反射由于干涉而减弱，由能量守恒定律可知，透射光一定是增强了，从而达到增强透射的效果. 实际上，采用单层增透膜往往很难达到理想的增透效果，为了在单波长实现零反射，或在较宽的光谱区达到好的增透效果，会采用双层、三层甚至更多层数的增透膜.

在全球范围的能源产业低碳化趋势下，我国提出了碳达峰、碳中和的目标，在国内国际引发关注，以太阳能为代表的新能源产业蓬勃发展. 增透膜也可应用于太阳能电池领域，用于提高光伏组件的功率. 例如，目前晶体硅太阳能电池使用的增透膜材料是氮化硅，采用等离子增强化学气相沉积技术，使氨和硅烷离子化，沉积在硅片的表面，其具有较高的折射率，从而可获得较好的增透效果.

例 13.3 白光垂直照射到空气中一厚度为 380nm 的肥皂膜上. 设肥皂膜的折射率为 1.32. 该肥皂膜的正面呈现什么颜色？

分析 求正面呈现的颜色，就是在反射光中求因干涉而增强的光波长（在可见光范围）.

解 根据分析，若要反射光干涉加强，则有

$$2ne+\frac{\lambda}{2}=k\lambda \quad (k=1,2,3,\cdots),$$

$$\lambda=\frac{4ne}{2k-1}.$$

在可见光范围，$k=2$ 时，$\lambda=668.8$nm（红光）；$k=3$ 时，$\lambda=401.3$nm（紫光），故正面呈现红紫色.

二、薄膜等厚干涉

在厚薄不均匀的薄膜上产生的干涉现象称为等厚干涉，实验室中较常见的是**劈尖**和**牛顿环**.

1. 劈尖

如图 13.13（a）所示，图中 L 为透镜，M 为倾斜 45°角放置的半透半反镜，T 为显微镜. G_1、G_2 为两块叠放在一起的透明平板玻璃片，二者的左端相接触，相交线称为棱边，右端被一直径为 D 的细丝隔开（为了便于读者观察，图中细丝的直径进行了夸张式放大，实际实验中该直径非常小），那么空气在 G_1 的下表面和 G_2 的上表面之间形成一个薄层，叫作**空气劈尖**. 这样一来，我们之前所讨论的薄膜干涉，此处变成了空气劈尖膜干涉. 单色光源 S 发出的光经透镜 L 后成为平行光，经 M 反射后垂直射向劈尖，自空气劈尖膜的上下两个界面反射的光相互干涉，此时从显微镜 T 中可观察到干涉条纹，如图 13.13（b）所示，为均匀分布且明暗交替的图像，相邻两暗纹（或明纹）的中心间距 b 叫作劈尖干涉的条纹宽度.

关于劈尖干涉条纹的形成原理，可以进行定量讨论. 在图 13.13（c）中，L 为玻璃片长度，D 为细丝直径，θ 为两玻璃片间的夹角. 由于细丝实际很细，θ 很小，所以在劈尖的上表面处反射的光线和在劈尖下表面处反射的光线都可看作垂直于劈尖表面，两者在劈尖表面处进行干涉，从而产生干涉条纹. 因为空气的折射率 n 比玻璃的折射率小，所以在空气劈尖上表面（玻璃-空气界面）的反射与在空气劈尖下表面（空气-玻璃界面）的反射情况是不同的，两束光线有附加光程差 $\frac{\lambda}{2}$. 根据前文介绍的薄膜干涉的光程差公式 [式（13.9）]，这两束相干光线的总光程差为

$$\Delta = 2nd + \frac{\lambda}{2},$$

式中 d 为上下反射面之间的距离. 产生干涉明纹的条件为

$$2nd + \frac{\lambda}{2} = k\lambda, \quad k = 1, 2, 3, \cdots; \tag{13.10a}$$

产生干涉暗纹的条件为

$$2nd + \frac{\lambda}{2} = (2k+1)\frac{\lambda}{2}, \quad k = 0, 1, 2, \cdots. \tag{13.10b}$$

从上式可以看出，空气厚度 d 相同的地方产生的干涉条纹的 k 值相同，即条纹的级数与厚度相关，我们把这种干涉叫作等厚干涉. 根据式（13.10b）可知，在 d=0 处，即两玻璃片的接触处，应该看到暗条纹，而实验观测中正是这样，由此也证实了"相位突变"确实存在.

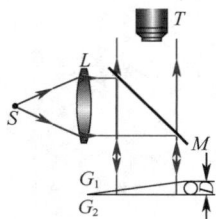

（a）劈尖干涉实验装置

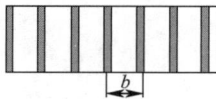

（b）劈尖干涉条纹

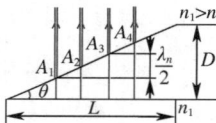

（c）劈尖干涉条纹的计算

图 13.13 劈尖干涉

牛顿环和劈尖

此外，根据公式可以求出两相邻明纹（或暗纹）处空气劈尖的厚度差. 设第 k 级明纹处劈尖的厚度为 d_k，第 $k+1$ 级明纹处劈尖的厚度为 d_{k+1}，那么两相邻明纹处空气劈尖的厚度差为

$$d_{k+1}-d_k=\frac{\lambda}{2n}=\frac{\lambda_n}{2}, \tag{13.11}$$

其中 λ_n 为光在折射率为 n 的劈尖介质中的波长.

由于 θ 很小，因此有

$$\theta\approx\frac{D}{L}, \quad \theta\approx\frac{\lambda_n/2}{b},$$

从而可得

$$D=\frac{\lambda_n}{2b}L=\frac{\lambda}{2nb}L. \tag{13.12}$$

所以，只要知道光在真空中的波长 λ、劈尖长度 L、劈尖介质的折射率 n、相邻明纹或暗纹间的距离 b，就可从上式计算出细丝的直径 D.

劈尖干涉在生产生活中有很多应用. 比如，在制造半导体元件时，经常要在硅片上生成一层很薄的二氧化硅，二氧化硅可以阻止杂质扩散，这就提供了选择掺杂的可能，如掺杂硼就使硼扩散进没有二氧化硅保护的区域. 如果要测量该二氧化硅薄膜的厚度，可用化学方法腐蚀掉一部分薄膜，使其成为劈尖形状，根据式（13.12）就可算出二氧化硅薄膜的厚度，如图 13.14 所示.

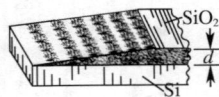

图 13.14　二氧化硅上的劈尖干涉

再比如，由于等厚干涉条纹都是和厚度相关的，如果劈尖的上下两个表面都是平整的光学平面，那么条纹将会是一系列平行的等间距的明暗条纹，可利用这一性质来进行光学元件表面平整度检查.

如图 13.15（a）所示，M 为一透明标准平板，其平面是理想的光学平面，N 为待验平板. 如果待验平板的表面也是理想的光学平面，那么由此产生的干涉条纹将是一系列平行的间距为 b 的明暗条纹，如图 13.15（b）所示；如果待验平板的表面有凹凸不平之处，则干涉条纹将不是平行的直线，如图 13.15（c）所示. 根据某处条纹弯曲的方向，就可判断待验平板在该处是凸还是凹，根据弯曲的最大畸变量 b'，可估算出凹凸的不平整度. 这种光学测量方法非常精密，其精度可达到 10nm 量级，远高于用机械方法测量的精度.

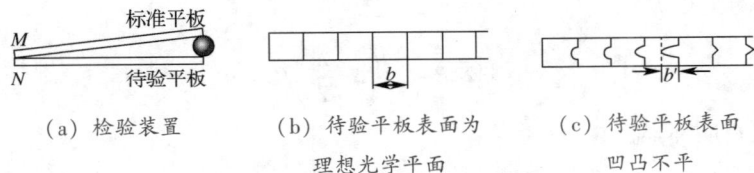

（a）检验装置　　（b）待验平板表面为　　（c）待验平板表面
　　　　　　　理想光学平面　　　　凹凸不平

图 13.15　用劈尖干涉检查光学元件表面的平整度

例 13.4　利用空气劈尖可测细丝直径. 如图 13.16 所示，已知 $\lambda = 589.3\text{nm}$，$L = 2.888 \times 10^{-2}\text{m}$，测得 30 条条纹的总宽度为 $4.259 \times 10^{-3}\text{m}$，求细丝直径 D.

分析　在应用劈尖干涉公式 $D = \dfrac{\lambda}{2nb}L$ 时，应注意相邻条纹的间距 b 是 N 条条纹的宽度 Δx 除以 $N-1$. 取空气折射率 $n = 1$.

解　由分析知，相邻条纹间距 $b = \dfrac{\Delta x}{N-1}$，则细丝直径为

$$D = \frac{\lambda}{2nb}L = \frac{\lambda(N-1)}{2n\Delta x} \approx 5.75 \times 10^{-5}\text{m}.$$

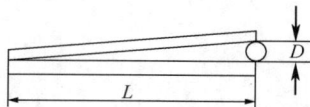

图 13.16　用劈尖干涉测量细丝直径

2. 牛顿环

牛顿环是由另一类型的空气薄膜所形成的干涉条纹现象. 如图 13.17（a）所示，一块表面光滑的平玻璃与一块曲率半径很大的平凸透镜放置在一起，它们之间的间隙就形成了一个空气薄膜，这是一个上表面为球面、下表面为平面的空气薄膜. 图中 M 为倾斜 $45°$ 角放置的半透半反镜，T 为显微镜. 由单色光源 S 发出的光经透镜变为平行光线，被 M 反射后，垂直射向空气薄膜，在空气薄膜的上下表面处反射，从而在显微镜 T 内可观察到图 13.17（b）所示的干涉条纹. 这里空气薄膜的等厚处是以接触点为圆心的一系列同心圆，因此产生的干涉条纹的形状也是明暗相间的同心圆环，因其最早是被牛顿观察到的，故称为牛顿环.

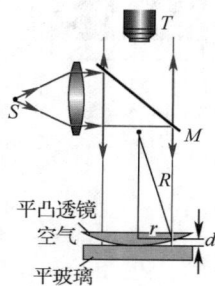

（a）实验装置

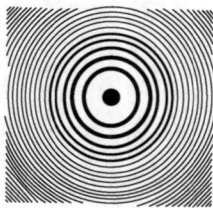

（b）干涉条纹

图 13.17　牛顿环实验
装置及干涉条纹

关于牛顿环的形成原理，可以进行定量讨论. 设平凸透镜的曲率半径为 R，考虑到光是垂直入射的，且玻璃的折射率大于空气薄膜的折射率（近似为 1），那么在空气厚度为 d 处，上下表面反射光的光程差为

$$\Delta = 2d + \frac{\lambda}{2}.$$

再由图中的几何关系可得

$$r^2 = R^2 - (R-d)^2 = 2dR - d^2,$$

由于平凸透镜的曲率半径 R 远远大于空气薄膜的厚度 d，故可以略去上式中的高次项，从而

$$r = \sqrt{2dR} = \sqrt{\left(\Delta - \frac{\lambda}{2}\right)R}.$$

进而可得明环半径

$$r = \sqrt{\left(k - \frac{1}{2}\right)R\lambda}, \quad k = 1, 2, 3, \cdots, \tag{13.13a}$$

暗环半径

$$r = \sqrt{kR\lambda}, \quad k = 0, 1, 2, 3, \cdots \tag{13.13b}$$

需要指出的是，根据公式，在平玻璃与平凸透镜的接触点处 $d = 0$，按照光程差，其符合暗纹条件，而实际观测中正是如此，这再次印证了"相位突变"理论.

例 13.5　在利用牛顿环测未知单色光波长的实验中，当用已知波长为 589.3nm 的钠黄光垂直照射时，测得第一和第四暗环的距离为 $\Delta r = 4 \times 10^{-3}$ m；当用波长未知的单色光垂直照射时，测得第一和第四暗环的距离为 $\Delta r' = 3.85 \times 10^{-3}$ m. 求该单色光的波长.

分析　牛顿环装置产生的干涉暗环半径 $r = \sqrt{kR\lambda}$，其中 $k = 0, 1, 2, 3, \cdots$. $k = 0$ 对应牛顿环中心的暗斑，$k = 1$ 和 $k = 4$ 对应第一和第四暗环，由它们之间的间距 $\Delta r = r_4 - r_1 = \sqrt{R\lambda}$，可知 $\Delta r \propto \sqrt{\lambda}$，据此可按题中的测量方法求出未知波长 λ'.

解　根据分析有

$$\frac{\Delta r'}{\Delta r} = \frac{\sqrt{\lambda'}}{\sqrt{\lambda}},$$

代入数据可得所求波长 $\lambda' \approx 546$nm.

13.5　迈克耳孙干涉仪

干涉仪是根据光的干涉原理制成的精密测量仪器，迈克耳孙干涉仪是其中的一种，它是由物理学家迈克耳孙精心设计的，该仪器在物理学发展史上曾起了很重要的作用，而且现代科技中有多种干涉仪都是从迈克耳孙干涉仪衍生而来的.

其结构及光路如图 13.18 所示. 图中 M_1、M_2 是两块平面反射镜，分别置于相互垂直的两臂上；G_1 和 G_2 是两块平板玻璃，材质和厚度均相同，在 G_1 朝着 E 的一面上镀有一层薄薄的半透明膜，使照射到 G_1 上的光有一半反射和一半透射，即将光分为两束，因此称其为**分光板**；E 处为人眼或观测设备. M_2 是固定的，其朝向由螺钉 V_2 调节；M_1 由螺旋测微器 V_1 控制，可在支撑面 T 上左右微小移动. G_1、G_2 与 M_1、M_2 成 45°角.

面光源 S 发出的光经过透镜 L 后成为平行光，射向 G_1 后，一部分被反射后向 M_1 传播，经 M_1 反射后再穿过 G_1 向 E 处传播（图中用 1 标记的光线），另一部分则透过 G_1、G_2，向 M_2 传播，经 M_2 反射后，再穿过 G_2，经 G_1 反射后也向 E 处传播（图中用 2 标记的光线）. 由于光线 1 和光线 2 来源于同一束光，二者是相干光. G_2 的作用是使光线 1 和光线 2 在整个过程中都是 3 次穿过厚薄相同的平板玻璃，以此来避免光线 1 和光线 2 之间出现

迈克耳孙

迈克耳孙干涉仪
寻找以太

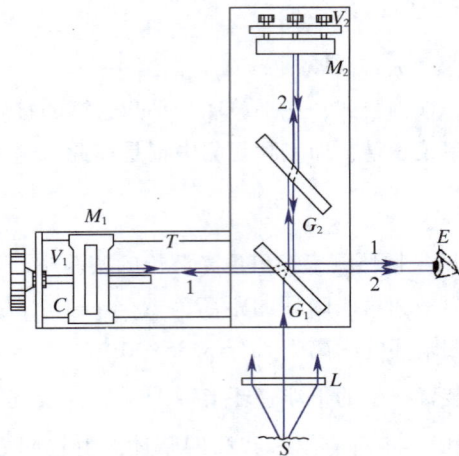

图 13.18　迈克耳孙干涉仪的结构及光路

额外的光程差，G_2 叫作**补偿玻璃**. 由此，我们可以画出一个简明的迈克耳孙干涉仪原理图.

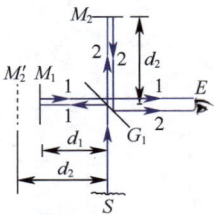

图 13.19　迈克耳孙
干涉仪原理示意图

如图 13.19 所示，M_2 经由 G_1 形成虚像 M_2'，这样从 M_2 上反射的光就可以看成从虚像 M_2' 处发出来，所以光线 1 和光线 2 的光程差就是由 G_1 到 M_1 和 M_2' 的距离 d_1 和 d_2 的差所决定的.

如果 M_1 与 M_2 严格垂直，那么 M_1 与 M_2' 严格平行，面光源 S 上任意一点发出的光经 G_1 反射后以不同的入射角到达 M_1 与 M_2'，由于薄膜 M_1M_2' 的厚度均匀，此即前文所讨论的等倾干涉情况，条纹通常呈圆环形. 如果 M_1 与 M_2 并不严格垂直，那么 M_1 与 M_2' 也不严格平行，它们之间的空气薄层就形成一个劈尖，我们观察到的干涉条纹就是等厚条纹.

设入射光为单色光，波长为 λ，则当 M_1 向前或者向后移动距离 $\dfrac{\lambda}{2}$ 时，由之前的劈尖相关知识可知，干涉条纹的级数将会减 1 或者加 1，看到的现象则是干涉条纹整体平移了一条纹距离. 因此，只要测出条纹移动的数目 Δn，就可以得到 M_1 移动的距离 $\Delta d = \Delta n \dfrac{\lambda}{2}$.

这种测量方法十分精密，迈克耳孙曾用此方法测得镉发出的红光波长.

13.6 菲涅耳衍射

一、惠更斯–菲涅耳原理

衍射和前文所说的干涉一样，都是波的重要特征，而光作为电磁波的一种，其在传播中若遇到尺寸比光的波长小或者差不多的障碍物（或者狭缝、孔径等），它就会绕过障碍物，表现为在传播过程中"拐弯"的现象，并在空间形成明暗变化的光强分布，这就是光的衍射现象. 在实际生活中不太容易见到光的衍射现象，这主要是由于可见光的波长很短.

如图 13.20 所示，一束平行光通过狭缝 K 后，会在屏幕 P 上留下光斑 E. 如图 13.20（a）所示，若狭缝 K 的宽度比光的波长大得多，那么光斑 E 和狭缝形状几乎完全一致，这时光没有明显的衍射现象，可看成沿直线传播. 如图 13.20（b）所示，若狭缝的宽度比光的波长小或者差不多，光斑 E 就会出现明暗相间的衍射条纹，即有明显的衍射现象.

惠更斯曾提出惠更斯原理来解释波的衍射现象，但只是定性地给出衍射波的波阵面的形状，未能定量地给出衍射波在各点的强度. 菲涅耳基于这一原理，进一步提出：波在传播过程中，同一个波阵面上的各点都会发出各自的子波，这些子波具有相干性，它们传播到空间中某一点时，将会产生相干叠加，即"子波相干叠加"的理论. 这一拓展型的惠更斯原理就叫作惠更斯–菲涅耳原理.

如图 13.21 所示，空间中一波阵面 S，惠更斯–菲涅耳原理指出，每一个面元 dS 作为发出球面子波的子波源，而空间中任意一点 P 的光振动，取决于波阵面 S 上所有面元发出的子波在该点相互干涉的总效应. 具体来说：P 处光振动的相位，由 dS 到 P 的光程决定；P 处光振动的振幅，与面元的面积 dS 成正比，与面元到 P 的距离 r 成反比，与 r 和 dS 的法线方向之间的夹角 θ 有关，θ 越小，在 P 处的振幅越大，θ 越大，在 P 处的振幅越小，当 θ 超过 90° 时，振幅为零. 进而，整个波阵面 S 在 P 处的振幅就是对 dS 产生的光效应进行积分即可. 但是，这种直接积分运算一般比较复杂，已超出本书的范围，因此本书后文将介绍一种巧妙的计算方法，即当年菲涅耳提出的菲涅耳波带法.

二、单缝菲涅耳衍射

常见的单缝衍射有两种，依照光源、衍射孔、屏幕这三者的相互位置来分类. 如图 13.22 所示，当光源和屏幕都距离衍射孔无限远时，这种衍射叫作**夫琅禾费衍射**；当光源或者屏幕与衍射孔的距离为有限值时，这种衍射叫作**菲涅耳衍射**.

单缝的菲涅耳衍射在理论计算上比较复杂，超出了本书的要求，因此这里只做简单介绍，读者知道两者的区别即可.

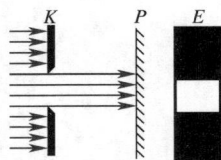
（a）缝宽比波长大得多时，光可看成沿直线传播

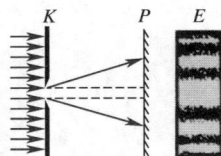
（b）缝宽比波长小或差不多时，出现衍射条纹
图 13.20　平行光通过狭缝的不同情形

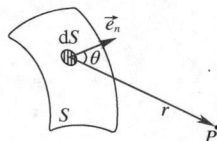
图 13.21　惠更斯–菲涅耳原理

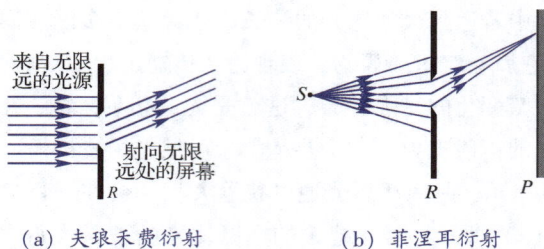

（a）夫琅禾费衍射　　　（b）菲涅耳衍射

图 13.22　单缝衍射的分类

13.7 夫琅禾费衍射

实验室中是通过透镜来实现夫琅禾费衍射的，如图 13.23 所示，把光源 S 放在透镜 L_1 的焦点上，把屏幕 P 放在透镜 L_2 的焦平面上．这样一来，光源发出的光经过透镜变成平行光束，射向狭缝后发生衍射，衍射后的光线经过透镜会聚到焦平面处的屏幕上，呈现出一系列衍射条纹．

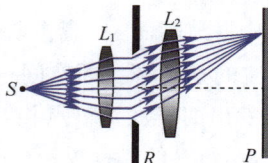

图 13.23　实验室中实现夫琅禾费衍射的方法

可以看出，夫琅禾费衍射情形中，入射光到达衍射孔时的波前是平面，到达屏幕时的波前也是平面．正因如此，这种衍射在理论计算上比菲涅耳衍射简单，且在实际应用中也十分常见，所以本书只讨论夫琅禾费衍射．

一、单缝夫琅禾费衍射

图 13.24 所示是单缝夫琅禾费衍射的光路图，AB 为单缝的截面，其宽度为 b．根据惠更斯-菲涅耳原理，AB 就是入射光束的一个波阵面，此波面上的各点都是相干的子波源且相位相同．首先考虑最简单的情况，沿入射方向传播的各子波射线（图中的光束 1），被透镜会聚于焦点 O．由于 AB 上的各点相位相同，而经过透镜不会引起附加光程差，所以它们到达点 O 时仍保持相同的相位，彼此干涉加强，从而在正对狭缝中心的 O 处形成一条明纹，即中央明纹．那么与入射方向成 θ 角（θ 叫作**衍射角**）的子波射线（图中的光束 2），该如何判断呢？光束 2 被透镜会聚于屏幕上的点 Q，但光束中各子波到达点 Q 的光程并不相等，因此在点 Q 的相位也不相同，彼此干涉将引起能量重新分布．作一条垂线 BC 垂直于 AC，垂足为 C，那么面 BC 上各点到达点 Q 的光程将会相等．换言之，面 AB 上各点在 Q 处

的相位差，其实就取决于从面 AB 到面 BC 的光程差．由图可知，点 A 发出的子波比点 B 发出的子波多走了 $AC = b\sin\theta$ 的光程，这也是沿 θ 角方向各子波的最大光程差．通过上述的初步分析，我们再结合菲涅耳提出的波带法，则可获得各子波在点 Q 处叠加的结果．

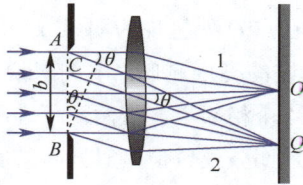

图 13.24　单缝夫琅禾费衍射的光路图

菲涅耳波带法无须复杂的数学推导，便能得知衍射条纹分布的概貌，是一种非常巧妙的方法．设入射光波长为 λ，若 AC 恰好等于半波长的整数倍，即

$$b\sin\theta = \pm k\frac{\lambda}{2}, \ k = 1, 2, 3, \cdots,$$

这就相当于把 AC 分成了 k 等份，此时我们作一系列平行于 BC 的平面，它们彼此相距 $\dfrac{\lambda}{2}$，那么这些平面就把波面 AB 切割成了 **k 个波带**．

图 13.25（a）表示 $k = 4$ 的时候，波面 AB 被分成了 AA_1、A_1A_2、A_2A_3、A_3B 4 个波带．由于各个波带的面积相等，则它们所发出的子波的强度也就近似相等，且相邻两个波带上的对应点（如 A_1A_2 和 A_2A_3 的中点）所发出的子波，在点 Q 处的光程差均为 $\dfrac{\lambda}{2}$．因为都是半个波长，所以这样划分的波带叫作半波带．通过这样划分，相邻两半波带的各子波将两两成对，彼此在点 Q 处相互干涉相消．如此推理可知，偶数个半波带相互干涉的总效果，就是使点 Q 处呈现为干涉相消的现象．进而我们可以得出结论，对于一系列特定的衍射角，若能够使 AC 恰好等于半波长的偶数倍，即单缝上波面 AB 恰好能分成偶数个半波带，则在屏幕上对应处将呈现为暗条纹．

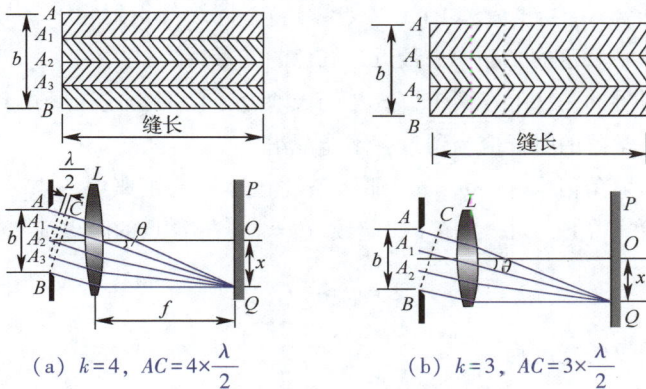

单缝衍射的半波带理论

（a）$k = 4$，$AC = 4 \times \dfrac{\lambda}{2}$　　（b）$k = 3$，$AC = 3 \times \dfrac{\lambda}{2}$

图 13.25　菲涅耳波带法

图 13.25（b）表示 $k=3$ 的时候，波面 AB 被分成了 AA_1、A_1A_2、A_2B 3 个面积相等的半波带．类似上面的分析，相邻两个半波带上的对应点发出的子波在点 Q 处能够干涉相消，最终只剩下一个半波带 A_2B 上的子波到达点 Q 处时没有被抵消，因此点 Q 将是明条纹．如此推理可知，奇数个半波带相互干涉的总效果，在点 Q 处呈现为明条纹．需要说明的是，半波带的个数越多，形成的明条纹的亮度越暗．举例来说，$k=5$ 时，波面 AB 被分成了 5 个半波带，其中 4 个相邻半波带两两干涉抵消，只剩下一个半波带的子波没有被抵消而显示明条纹，但是对同一缝宽而言，$k=5$ 时每个半波带的面积，肯定小于 $k=3$ 时每个半波带的面积，因此波带越多，明条纹的亮度越小，而且都比中央明纹的亮度小很多，即衍射角 θ 越大的地方，明条纹的亮度越小，直至和暗条纹混在一起难以分辨．

如果某个衍射角不满足上述两种情况，即波面 AB 不能分成整数个半波带，那么点 Q 处的条纹将介于明暗之间．

用数学公式表述即为，当衍射角 θ 满足

$$b\sin\theta = \pm(2k+1)\frac{\lambda}{2}, \quad k=1,2,3,\cdots \tag{13.14a}$$

时，点 Q 处呈现为**明条纹**．$k=1,2,3,\cdots$ 对应于第 1 级明纹、第 2 级明纹、第 3 级明纹……式中正负号表示条纹对称分布于中心点的两侧．

当衍射角 θ 满足

$$b\sin\theta = \pm 2k\frac{\lambda}{2} = \pm k\lambda, \quad k=1,2,3,\cdots \tag{13.14b}$$

时，点 Q 处呈现为**暗条纹**．$k=1,2,3,\cdots$ 对应于第 1 级暗纹、第 2 级暗纹、第 3 级暗纹……式中正负号表示条纹对称分布于中心点的两侧．而两个第 1 级暗纹之间的距离，就是**中央明纹**的宽度．如果入射光为白光，中央处因为各个波长的光都在此处加强，所有光重叠，所以仍显示为白色亮纹．而在其两侧，不同波长的光在屏幕上的衍射条纹不再完全重叠而显示彩色条纹，依据公式，波长越大的光（如红光），同级的衍射角 θ 将越大，因此彩色条纹中紫色的光靠中央最近，红色的光最远．

值得提醒的是，上述两个公式与杨氏双缝干涉的公式在形式上**正好相反**，大家在学习的时候应当留意，不能混淆．

如果衍射角很小，$\sin\theta \approx \theta$，那么条纹在屏幕上距离中心点 O 的距离 $x=\theta f$，而由式（13.14b），第 1 级暗纹（$k=1$）与 O 点的距离为

$$x_1 = \theta f = \frac{\lambda}{b}f,$$

由此中央明纹的宽度为

$$l_0 = 2x_1 = \frac{2\lambda f}{b}, \tag{13.15}$$

而其他任意两相邻暗纹的距离为

$$l = \theta_{k+1}f - \theta_k f = \left[\frac{(k+1)\lambda}{b} - \frac{k\lambda}{b} \right]f = \frac{\lambda f}{b}, \qquad (13.16)$$

也即其他明纹的宽度. 由此我们可以知道, 除了中央明纹外, 所有的其他明纹的宽度相等, 而中央明纹的宽度为其他明纹宽度的两倍. 这就是单缝衍射和杨氏双缝干涉在图像上最直观的区别, 前者的中央明纹既宽又亮, 两侧的明纹窄而且较暗, 而后者是等间距的条纹, 且明纹的亮度基本一致. 这一点可从图 13.26 看出来.

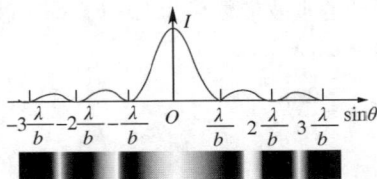

图 13.26　单缝衍射的光强分布

从上述公式还可以看出, 当单缝宽度 b 为定值时, 入射光的波长越长, 衍射角也越大; 当入射光的波长为定值时, 单缝宽度 b 的变化会影响衍射条纹的宽度. 具体来说, b 很小时, 条纹较宽, 光的衍射效应明显; b 逐渐变大时, 条纹相应变得狭窄而密集; 当 b 很宽, 远大于光的波长时, 各级衍射条纹都将收缩到中央明纹的附近, 此时人眼不易分辨出各级条纹而只能看到一条亮纹, 它就是光通过单缝所形成的光斑, 这就对应于我们在 13.6 节开头所说的情况, 此时光可看成沿直线传播. 现实生活中我们常认为光的传播路径是直线, 就是因为可见光的波长极短, 生活中常见物体的线度 b 远远大于光的波长, 观察不到衍射现象.

单缝衍射的现象在实际生活中有不少应用, 如用单缝衍射测量物体之间的微小位移, 或测量细微物体的线度等.

例 13.6　如图 13.27 所示, 狭缝的宽度 $b = 0.6$mm, 透镜焦距 $f = 0.4$m, 有一与狭缝平行的屏幕放置在透镜焦平面处. 若以波长为 600nm 的单色平行光垂直照射狭缝, 则在屏幕上离点 O 为 $x = 1.4$mm 处的点 P 看到的是衍射明条纹. 试求：（1）点 P 处条纹的级数；（2）从点 P 看来, 狭缝的波阵面可划分的半波带数目；（3）中央明纹的宽度；（4）第 3 级明纹的宽度.

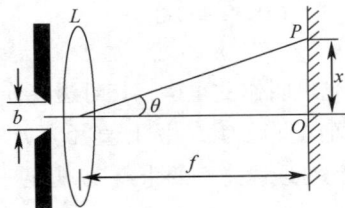

图 13.27　单缝衍射

分析　单缝衍射中的明纹条件为 $b\sin\theta=\pm(2k+1)\dfrac{\lambda}{2}$，在观察点 P 的位置确定（即衍射角确定）及波长 λ 确定后，条纹的级数 k 也就确定了. 而狭缝处的波阵面对明条纹可以划分的半波带数目为 $2k+1$.

解　（1）由于 $f\gg x$，对点 P 而言，属于衍射角很小的情形，根据明条纹公式，有

$$b\frac{x}{f}=\pm(2k+1)\frac{\lambda}{2},$$

将数值代入，可得 $k=3$.

（2）狭缝处的波阵面对明条纹可以划分的半波带数目为 $2k+1$，即半波带数目为 7.

（3）中央明纹的宽度

$$l_0=\frac{2\lambda f}{b},$$

将数值代入，可得宽度为 0.8mm.

（4）第 3 级明纹的宽度

$$l=\frac{\lambda f}{b},$$

将数值代入，可得宽度为 0.4mm.

二、圆孔衍射

上文介绍的主要是光通过狭缝所发生的现象，衍射图样是明暗相间的平行条纹. 光通过小圆孔时，也会产生衍射现象，衍射图样是明暗相间的环形条纹. 如图 13.28（a）所示，小圆孔右方有一会聚透镜 L，在其焦平面处放置一屏幕 P，当一单色的平行光垂直照射到圆孔上时将会发生衍射，衍射后的光线通过透镜会聚到屏幕上，呈现出图 13.28（b）所示的衍射图样，其中央为亮光斑，周围为明暗交替的圆环.

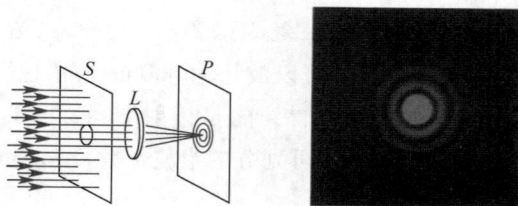

（a）圆孔衍射　　　　（b）衍射图样

图 13.28　圆孔衍射及衍射图样

中央的亮光斑叫作艾里斑，其对透镜光心的张角可通过图 13.29 计算出来. 设艾里斑的直径为 d，圆孔直径为 D，透镜的焦距为 f，单色光波长为 λ，则艾里斑对透镜光心的张角 2θ 满足

图 13.29　艾里斑的
张角

$$2\theta=\frac{d}{f}=2.44\frac{\lambda}{D}. \tag{13.17}$$

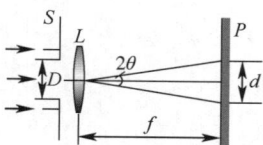

由此可知，圆孔的直径越小，或者光的波长越大，衍射现象将会越明显.

在几何光学的章节中，物体经透镜可成像，似乎只要物距和焦距合适，任意小的物体都能够通过透镜成一清晰的像. 而实际经验并非如此. 这是因为，在光学实验中常用的透镜、光阑等光学仪器其实都相当于一个透光的小圆孔. 若从几何光学的理论来看，物体通过光学仪器成像时，物体上每一个点都会有一个对应的像点，但从波动光学的理论来看，由于光的衍射效应，像点已不是一个点，而是具有一定大小的艾里斑. 这样一来，对于相距很近的两个物点，其对应的两个艾里斑就会有互相重叠的部分，导致不易分辨甚至无法分辨出这两个物点的像，也即由于光的衍射使光学仪器的分辨能力受到了限制.

下面我们将以透镜为例，来说明光学仪器的分辨能力受哪些因素影响.

如图 13.30（a）所示，两个点光源 S_1 与 S_2 相距较远，它们所形成的两个艾里斑中心的距离大于艾里斑的半径，此时两者衍射图样虽然有部分重叠，但重叠部分的光强比艾里斑中心处的光强要小，因此这两个物点的像是能够分辨的.

如图 13.30（b）所示，两个点光源 S_1 与 S_2 相距很近，它们所形成的两个艾里斑中心的距离小于艾里斑的半径，此时两者衍射图样重叠的部分很多乃至混为一体，这样两个物点就不能被分辨出来.

如图 13.30（c）所示，两个点光源 S_1 与 S_2 之间的距离合适，它们所形成的两个艾里斑中心的距离恰好等于艾里斑的半径，换言之，S_1 的艾里斑的中心正好和 S_2 的艾里斑的边缘相重叠，而 S_2 的艾里斑的中心也正好和 S_1 的艾里斑的边缘相重叠，这时候两个衍射图样的重叠部分的中心处的光强约为单个衍射图样的中央最大光强的 80％，我们把这种情形作为两个物点刚好能被分辨的临界情形，这一判定能否分辨的准则称为**瑞利判据**. 此时两个点光源 S_1 与 S_2 对透镜光心的张角 θ_0 称为**最小分辨角**，大小为

$$\theta_0 = \frac{1.22\lambda}{D}. \qquad (13.18)$$

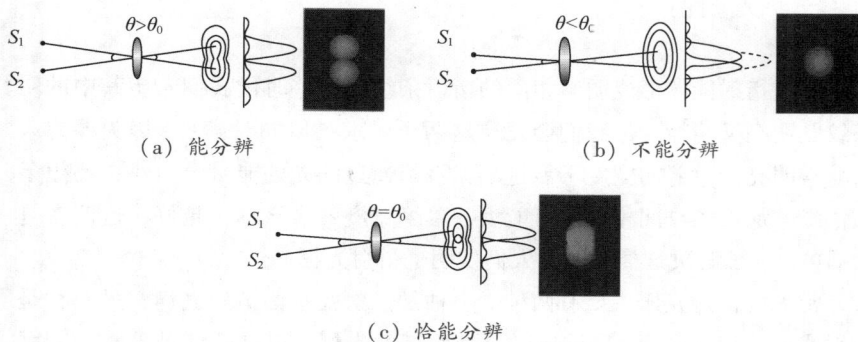

（a）能分辨

（b）不能分辨

（c）恰能分辨

图 13.30 光学仪器的分辨本领

由此可知，最小分辨角与波长 λ 成正比，与透光孔径 D 成反比．光学仪器的分辨本领，又称分辨率，用字母 R 表示，定义为最小分辨角的倒数，即 $R=\dfrac{1}{\theta_0}$．所以光学仪器的分辨本领与波长 λ 成反比，波长越小则分辨本领越大；与仪器的透光孔径 D 成正比，D 越大则分辨本领也越大．这个原理在天文望远镜上有典型的应用，通过采用直径很大的透镜来制作天文望远镜，从而提高其分辨本领．

在后面的章节中，我们将会了解到电子也具有波动性，也有相应的波长，且比可见光的波长要小 4 个数量级．这样一来，制造出来的电子显微镜的分辨本领自然要比普通的光学显微镜的分辨本领大数千倍．

例 13.7 老鹰眼睛的瞳孔直径约为 6mm，其最多飞翔多高时可看清地面上身长为 5cm 的小鼠？设光在空气中的波长为 600nm．

分析 两物点能否被分辨，取决于两物点对光学仪器通光孔（包括老鹰眼睛）的张角 θ 和光学仪器的最小分辨角 θ_0 之间的关系．当 $\theta \geqslant \theta_0$ 时能分辨，其中 $\theta=\theta_0$ 为恰能分辨．在本题中 $\theta_0=1.22\dfrac{\lambda}{D}$ 为一定值，这里 D 是老鹰眼睛的瞳孔直径．而 $\theta=\dfrac{L}{h}$，其中 L 为小鼠的身长，h 为老鹰飞翔的高度．恰好看清时 $\theta=\theta_0$．

解 由分析可知 $\dfrac{L}{h}=\dfrac{1.22\lambda}{D}$，得飞翔高度

$$h=\frac{LD}{1.22\lambda}=409.8\text{m}.$$

曾经有一种传言，说在太空中仅凭肉眼就能看到的地球上的建筑物之一是我国的长城．我国的"神州五号"上天后，航天员杨利伟也被感兴趣的群众问及该问题，答案是否定的．这是由于，根据人眼的最小分辨角（约 $1'$）和飞船距离地面最近的高度（约 200km）来计算，在太空中只能看到地面上尺度在 50m 以上的物体，而长城虽然很长，但宽度和高度平均大约 8m，所以是看不到的．

中国天眼

三、光栅衍射

单缝衍射能够形成明暗相间的衍射条纹，有些时候我们希望其中的明条纹既明亮又清晰，但我们会发现这两个要求难以同时满足．因为要想条纹非常明亮，单缝的宽度不能过小，否则通过的光的能量会很小；要想条纹清晰，那么条纹间距要尽可能大，单缝宽度就应该越小越好，这两者是矛盾的．为了解决这类问题，人们发明了衍射光栅．

常见的衍射光栅主要有两种，一种是**透射式平面衍射光栅**，另一种是**反射式平面衍射光栅**．所谓透射式平面衍射光栅，是在透明玻璃片上刻画一系列等距离等宽度的平行直线，刻痕处因为有划痕所以不容易透光，相

当于毛玻璃，而刻痕与刻痕之间可以透光，相当于一条单缝，这样一系列平行排列的等距离等宽度的狭缝就构成了透射式平面衍射光栅. 反射式平面衍射光栅则是在不透明的材料上刻划一系列等间距的平行槽纹，入射光经过一系列槽纹反射从而形成衍射条纹. 这里我们只介绍透射式平面衍射光栅.

图 13.31 所示为透射式平面衍射光栅的示意图，设缝宽（即透光的宽度）为 b，不透光的宽度为 b'，则 $b + b'$ 为相邻两缝之间的距离，叫作**光栅常数**. 实际制造的光栅，通常在 1cm 内刻划上万条透光狭缝，所以光栅常数是很小的一个值.

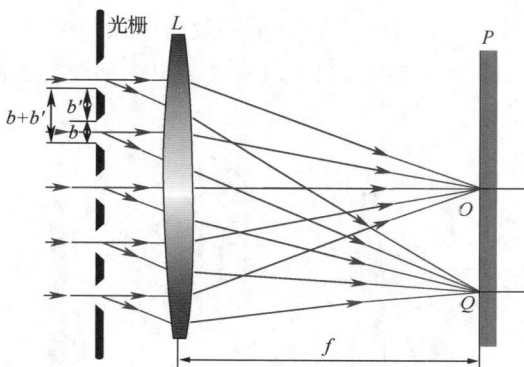

图 13.31　透射式平面衍射光栅

当一束平行单色光照射到光栅上时，每一狭缝都要发生衍射. 狭缝的位置虽然不同，但可以用一透镜 L 把这些衍射光束进行会聚，将屏幕放置在透镜的焦平面上，这些光束中平行的部分将完全会聚到屏幕上的对应点，就和一条狭缝形成的一组衍射条纹的情形一样.

此外，各个狭缝都处在同一个波阵面上，相邻两条狭缝上所有的对应点发出的子波，到达屏幕上某一点的光程差都是相等的，由于缝与缝之间透过的光都是相干光，彼此也会发生干涉，这就是多缝干涉. 此时我们用透镜 L 把光束会聚到屏幕上，就会呈现出多缝干涉图样.

所以，光栅的衍射图样，其实是单缝衍射和多缝干涉的总效果.

图 13.32 展示了光栅常数一定而狭缝数目不同时的衍射条纹.

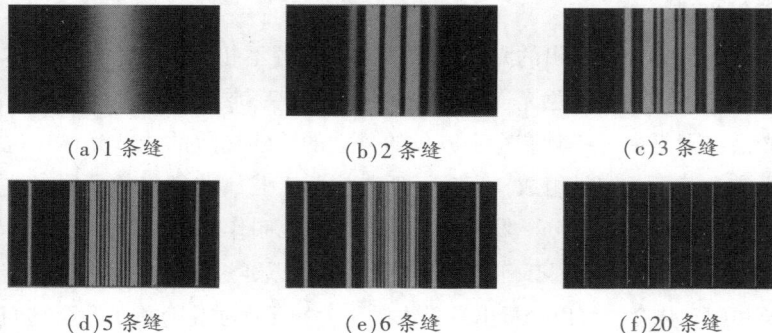

(a)1 条缝　　　　(b)2 条缝　　　　(c)3 条缝

(d)5 条缝　　　　(e)6 条缝　　　　(f)20 条缝

图 13.32　多缝衍射图样

由图 13.32 可知，随着狭缝的增多，明条纹将逐渐变细，且亮度也会增大．下面讲解明条纹形成的条件．

如图 13.33 所示，我们先取任意相邻的两条透光缝来分析，它们发出衍射角为 θ 的光束，经透镜会聚于点 Q，则它们对应点的光程差为 $(b+b')\sin\theta$，如果此光程差恰好是入射光波长 λ 的整数倍，这两光线将相互干涉加强．显而易见的是，其他相邻两缝之间的角度为 θ 的光束也都是干涉加强．由此，我们得到明条纹形成的条件是

$$(b+b')\sin\theta = \pm k\lambda, \quad k = 0,1,2,3,\cdots, \tag{13.19}$$

该式称为**光栅方程**，式中对应于 $k=0$ 的条纹叫中央明纹，$k=1,2,3,\cdots$ 的明条纹分别叫第 1 级、第 2 级、第 3 级明纹……正负号表示各级明纹对称分布在中央明纹两侧．

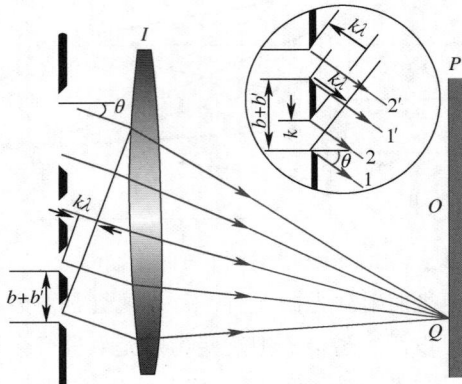

图 13.33　光栅衍射明条纹的计算

由式（13.19）可知，当光栅常数一定时，明条纹衍射角的大小和入射光的波长有关，波长越长则角度越大．因此，如果用白光照射衍射光栅，那么各种波长的单色光将产生各自的衍射条纹．中央明纹处由于各色光都在此处干涉加强而混合为白光，其两侧的各级明纹都按衍射角大小来排列，角度小的靠近中央明纹．白光中紫光的波长最短，根据光栅方程可知其衍射角最小，更靠近中央，即由紫到红排列成彩色光带，称为**衍射光谱**．

不同种类的光源发出的光所形成的光谱是各不相同的．如炽热固体发光所形成的光谱，是各色光连成一片的连续光谱；放电管中气体发光所形成的光谱，则是由一些具有特定波长的分立的明线构成的线状光谱；也有一些光谱由若干条明带组成，而每一明带实际上是一些密集的谱线，这类光谱叫带状光谱，是由分子发光产生的，所以也叫作分子光谱．

各种元素或化合物都有自己特定的光谱，所以通过测量光谱中各个谱线的波长和相对强度，可以分析出发光物质所含的元素或化合物，乃至它们的含量．这类分析方法叫作**光谱分析**，在科学研究和工业技术上有广泛的应用．

此外，在光栅衍射中有一个有趣的现象：根据光栅方程，某些明纹处会出现缺失的现象，称为**缺级**. 这是由于某些衍射角 θ 虽然满足了光栅方程的明纹形成条件，但是同时又满足单缝衍射的暗纹形成条件，从而导致明纹缺失. 这本质上就是前文所讲的，光栅的衍射图样，其实是单缝衍射和多缝干涉的总效果. 图 13.34 形象地展示了这种效具.

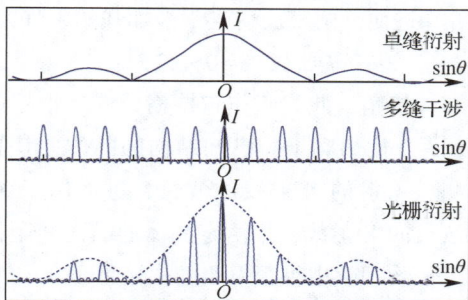

图 13.34　光栅衍射的总效果

缺级的条件是衍射角 θ 同时满足

$$(b+b')\sin\theta = \pm k\lambda ,$$

$$b\sin\theta = \pm k'\lambda ,$$

由此当 $\dfrac{b+b'}{b} = \dfrac{k}{k'}$ 时，将会出现缺级现象. 图 13.35 就是一个示例：

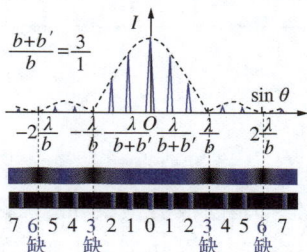

图 13.35　光栅衍射的缺级现象

*13.8　X 射线衍射

X 射线是物理学家伦琴在 1895 年发现的一种电磁波，波长大约在 0.1nm 的数量级，对于这么短的波长，普通的光栅已经没有效果，若想获得 X 射线使用的光栅，通过普通光栅那种机械制造方法无法达到目的. 但晶体材料中的原子间距一般能正好匹配 X 射线的波长，所以对 X 射线而言，晶体材料可被视为立体光栅.

1913 年，英国物理学家布拉格父子提出了一种解释 X 射线衍射的方法，并且进行了定量的解释. 他们把晶体看成由一系列彼此相互平行的原

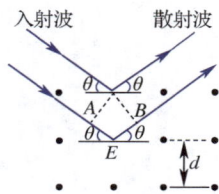

图 13.36 布拉格反射

子层所组成. 如图 13.36 所示，小圆点表示晶格中原子，当 X 射线照射到它们时，根据惠更斯原理，这些原子就成为子波波源，向各方向发射子波，也就是说，入射的 X 射线被原子散射了.

设两原子平面层的间距为 d，则由两个相邻平面所反射的散射波的光程差为图中的 $AE+EB$，即 $2d\sin\theta$，θ 是 X 射线入射方向与原子层平面之间的夹角，称为掠射角. 进而，两束反射光干涉加强的条件为

$$2d\sin\theta=k\lambda，\quad k=0,1,2,\cdots,\qquad(13.20)$$

此时的掠射角叫作布拉格角，此式叫作**布拉格公式**，根据此公式可测出 X 射线的波长或晶面间距. 比如对于一已知结构的晶体，其晶面间距是知道的，那么便可用来测量入射的 X 射线的波长，进而用于 X 射线的光谱分析；或者利用已知波长的 X 射线，来测定晶体的晶面间距，进而推测出其结构，这种方法在分子物理学中有很重要的作用.

其实，布拉格公式不仅对于 X 射线衍射适用，对于电子射线的衍射等也适用，因此在近代物理方面也有应用，如利用这项技术衍射成像、探测晶体材料表面或内部的结构缺陷等.

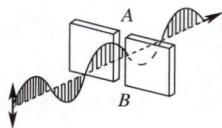

（a）

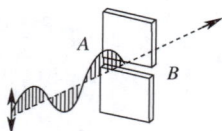

（b）

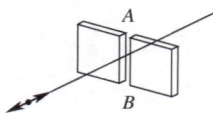

（c）

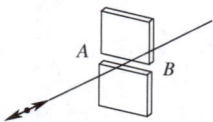

（d）

图 13.37 机械横波和
纵波的区别

13.9 光的偏振

一、光的偏振性

由前面章节的知识我们知道，波有横波和纵波之分. 光既然是一种波，那么是横波还是纵波呢？这个问题在物理史上曾经有过不小的争论，但物理学家们通过不断实验研究，最终确定了光是**横波**.

无论是横波还是纵波，在干涉和衍射方面没有区别，但在某些方面的表现是不同的，这里可以先看一个机械波的例子.

如图 13.37 所示，在机械波的传播路径上放置一个狭缝 AB，当狭缝 AB 与横波的振动方向平行时，横波便能够穿过狭缝继续向前传播，如图 13.37（a）所示；而当狭缝 AB 与横波的振动方向垂直时，由于振动受阻，横波就不能穿过狭缝继续向前传播了，如图 13.37（b）所示. 而对纵波而言，无论狭缝 AB 的方向如何，纵波都能够穿过狭缝继续向前传播，如图 13.37（c）和图 13.37（d）所示. 光是横波，那么也会受到类似这样的影响.

光是横波，即光的振动方向（即光矢量 $\vec{E}$ 的方向）和传播方向垂直. 一般光源发出的光中，包含各个方向的光矢量，没有哪一个方向的光振动

比其他方向占优势. 换言之, 从宏观平均的角度来说, 在垂直于光传播方向的平面内, 沿各个方向的光矢量 $\vec{E}$ 的振幅都相等, 这样的光叫作自然光, 如图 13.38（a）所示.

为研究问题方便起见, 在任意时刻我们可以把各个光矢量分解成互相垂直的两个分量, 因此也可以用图 13.38（b）所示的方法表示自然光. 这种分解不论在哪两个相互垂直的方向上进行, 分解的结果都是等价的. 不过需要注意的是, 由于自然光中各个光振动是相互独立的, 所以这合成起来的相互垂直的两个光矢量分量之间并没有恒定的相位差, 它们不是相干光. 显而易见的是, 每个分量的光强都是原先的一半.

为了简明地表示光的传播, 用短线表示在纸面内的光振动, 用点来表示垂直纸面的光振动. 对自然光来说, 短线和点是等距等数目分布的, 表示没有哪个方向的光振动占优势, 如图 13.38（c）所示.

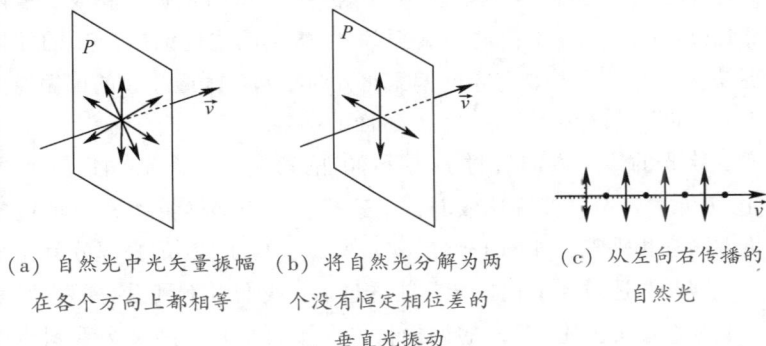

（a）自然光中光矢量振幅　（b）将自然光分解为两　　（c）从左向右传播的
　　在各个方向上都相等　　　个没有恒定相位差的　　　　　自然光
　　　　　　　　　　　　　　垂直光振动

图 13.38　自然光及其图示

如果光矢量始终沿一个方向振动, 这样的光叫作线偏振光, 简称偏振光, 可用图 13.39（a）和图 13.39（b）来表示. 偏振光的振动方向与传播方向组成的平面叫作振动面. 如果某一方向的光振动比与之相垂直方向上的光振动占优势, 那么这种光叫作部分偏振光, 可用图 13.39（c）和图 13.39（d）来表示. 部分偏振光其实可以看成线偏振光与自然光的混合.

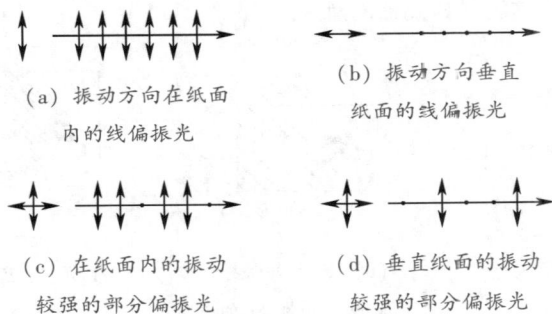

（a）振动方向在纸面　　　　　（b）振动方向垂直
　　内的线偏振光　　　　　　　　纸面的线偏振光

（c）在纸面内的振动　　　　　（d）垂直纸面的振动
　　较强的部分偏振光　　　　　　较强的部分偏振光

图 13.39　线偏振光和部分偏振光

二、马吕斯定律

除了激光器等特殊光源外，一般光源如太阳光、白炽灯、日光灯等，发出的光都是自然光．使自然光成为偏振光的方法有多种，利用偏振片就是其中之一．某些物质能强烈吸收某一方向的光振动，而对于与这个方向垂直的光振动则吸收很少，这种性质称为二向色性，如硫酸金鸡纳碱、碘化硫酸奎宁等．把具有二向色性的材料涂于透明薄片上就制成了偏振片．当自然光照射在偏振片上时，它只让某一特定方向的光振动通过，这个方向叫作**偏振化方向**，也叫透光轴，可在图上用双向箭头表示．自然光从偏振片射出后，就变成了线偏振光，这种装置叫作**起偏器**，如图 13.40 所示．显然，透过的线偏振光的光强为入射光的一半．

偏振片还可用来检查某一束光是否为偏振光，此时偏振片就成了**检偏器**．如图 13.41（a）所示，有两块偏振片 A、B，让透过偏振片 A 的偏振光投射到偏振片 B 上，若 B 与 A 的偏振化方向相同，则透过 A 的偏振光仍能透过 B，因此可清晰地看到在 A、B 后面的字迹．

若把 B 绕光的传播方向转过一小于 90° 的角度，如图 13.41（b）所示，则 A、B 重叠部分的光强比较弱，字迹暗淡；若继续转动 B，使 A、B 的偏振化方向互相垂直，如图 13.41（c）所示，则 A、B 重叠部分就完全不透明了，即此时透过 A 的偏振光不能透过 B，我们看不到重叠部分后面的字迹；继续转动 B，使 A、B 的偏振化方向不再垂直，则又会看到暗淡的字迹；转动 B 到 180° 后，回到图 13.41（a）所示情形．以此类推，直到转动 B 一圈后，回到最开始的图 13.41（a）所示情形．由此看来，在转动 B 一圈的过程中，透过 B 的光由全明逐渐变暗再变为全暗（90°），又由全暗变为全明（180°），再由全明变为全暗（270°），接着又由全暗变为全明（360°），共经历了两个全明和全暗的过程．这是偏振光和偏振片的综合效果，如果改用自然光照射在 B 上，那么在转动 B 一圈的过程中，不会出现两次明暗的现象，因此，我们可根据这些现象来判断照射在偏振片上的光是否为偏振光，这就是检偏器的意义．

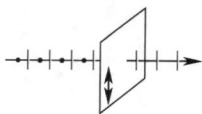

3D 电影眼镜
的原理

图 13.40 偏振片
作为起偏器

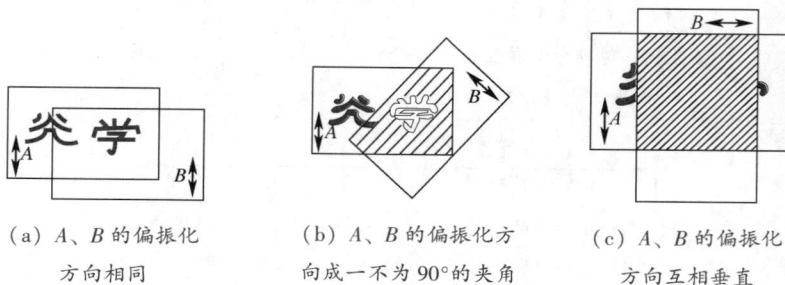

（a）A、B 的偏振化
方向相同

（b）A、B 的偏振化方
向成一不为 90° 的夹角

（c）A、B 的偏振化
方向互相垂直

图 13.41 偏振片作为检偏器

以上是定性说明，下面定量讲解光的明暗程度，即由起偏器产生的偏振光在通过检偏器以后，光强的变化满足何种关系.

如图 13.42 所示，OM 表示起偏器 Ⅰ 的偏振化方向，ON 表示检偏器 Ⅱ 的偏振化方向，它们的夹角为 α. 自然光入射到起偏器 Ⅰ 上，出射为线偏振光，设其光矢量的振幅为 E_0，光强为 I_0. 由于检偏器 Ⅱ 只允许沿 ON 方向的分量通过，所以从检偏器透出的光的振幅为

$$E = E_0 \cos\alpha,$$

相应的光强为

$$I = I_0 \cos^2\alpha. \tag{13.21}$$

式（13.21）是马吕斯于 1808 年通过实验发现的，因此叫作**马吕斯定律**. 马吕斯定律表明了入射光通过偏振片后出射光的强度为多少. 从公式中可以看出，当起偏器与检偏器的偏振化方向平行，即 $\alpha = 0$ 或 $\alpha = 180°$ 时，出射光强最大；当两者的偏振化方向互相垂直，即 $\alpha = 90°$ 或 $\alpha = 270°$ 时，出射光强为零，即没有光从检偏器中射出，呈现消光现象；若 α 介于上述各值之间，则光强在最大和零之间，由此可检查入射光是否为偏振光，并确定其偏振化方向.

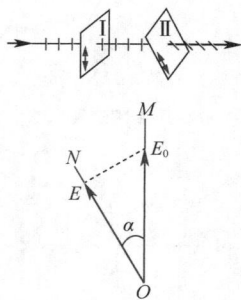

图 13.42　马吕斯定律

例 13.8　一束光是自然光和线偏振光的混合，当它通过一偏振片时，发现透射光的强度取决于偏振片的取向，其强度可以变化 5 倍，求入射光中两种光的强度各占总入射光强度的几分之几.

分析　偏振片的旋转，仅对入射的混合光中的线偏振光部分有影响，在偏振片旋转一周的过程中，当偏振光的振动方向平行于偏振片的偏振化方向时，透射光光强最大；而相互垂直时，透射光光强最小. 分别计算最大透射光光强 I_{max} 和最小透射光光强 I_{min}，按题意用相比的方法即能求解.

解　设入射混合光光强为 I，其中线偏振光光强为 xI，自然光光强为 $(1-x)I$. 按题意旋转偏振片，有最大透射光光强 $I_{max} = \left[\dfrac{1}{2}(1-x) + x \right] I$，最小透射光光强 $I_{min} = \left[\dfrac{1}{2}(1-x) \right] I$.

按题意 $\dfrac{I_{max}}{I_{min}} = 5$，则有

$$\frac{1}{2}(1-x) + x = 5 \times \frac{1}{2}(1-x),$$

解得 $x = \dfrac{2}{3}$.

故线偏振光占总入射光强度的 $\dfrac{2}{3}$，自然光占 $\dfrac{1}{3}$.

三、反射光和折射光的偏振

在几何光学章节中，我们介绍过光在不同介质分界面上的反射和折射，研究的是光线传播的方向，其实，光的偏振也会因反射和折射受到影响. 一

般来说，当自然光入射到两种不同折射率的介质的分界面上时，反射光和折射光都是部分偏振光. 而特定情况下，反射光有可能成为线偏振光.

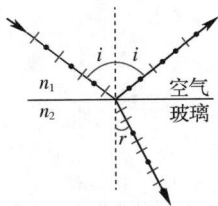

（a）自然光经反射和
折射后产生部分偏振光

如图 13.43（a）所示，一束自然光入射到空气与玻璃的分界面上，入射角为 i，折射角为 r，我们把自然光分解为相互垂直的两个光振动，图中点表示垂直于入射面的光振动，短线表示平行于入射面的光振动. 由图可知，反射光中垂直入射面的光振动较强（点多），折射光中平行入射面的光振动较强（短线多），二者都是部分偏振光. 当入射角改变时，反射光的偏化程度也随之改变. 当入射角满足关系

$$\tan i_B = \frac{n_2}{n_1} \qquad (13.22)$$

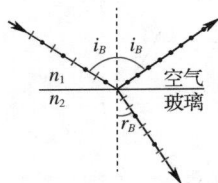

（b）入射角为布儒斯特
角时，反射光为线偏振光

图 13.43　不同入射角
对应的偏振情况

时，反射光中平行入射面的光振动将消失，只留下垂直入射面的光振动. 这时反射光为**线偏振光**，而折射光仍为部分偏振光，如图 13.43（b）所示. 这个规律是 1811 年布儒斯特通过实验研究得出的，因此叫作布儒斯特定律，这个特定的入射角 i_B 叫作起偏角或布儒斯特角.

进而，根据几何光学中的折射定律

$$\frac{\sin i_B}{\sin r_B} = \frac{n_2}{n_1},$$

结合布儒斯特定律

$$\tan i_B = \frac{\sin i_B}{\cos i_B} = \frac{n_2}{n_1},$$

我们得到

$$\sin r_B = \cos i_B,$$

$$i_B + r_B = \frac{\pi}{2}.$$

这说明，当入射角为布儒斯特角时，反射光与折射光互相垂直.

例 13.9　设有一池静止的水，太阳光入射到水面上，测得水面反射出来的太阳光是线偏振光，问：此时太阳处在地平线的多大仰角处？（水的折射率为 1.33.）

分析　如图 13.44 所示，设太阳光（自然光）以入射角 i 入射到水面，则所求仰角 $\theta = \frac{\pi}{2} - i$. 当反射光起偏时，根据布儒斯特定律，有 $i = i_0 = \arctan \dfrac{n_2}{n_1}$（其中 n_1 为空气的折射率，n_2 为水的折射率）.

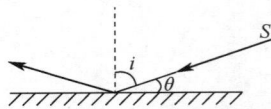

图 13.44　太阳光入射到水面

解　根据以上分析，有

$$i_0 = i = \frac{\pi}{2} - \theta = \arctan \frac{n_2}{n_1},$$

则 $\theta = \dfrac{\pi}{2} - \arctan \dfrac{n_2}{n_1} = 36.9°.$

*13.10　双折射现象

一、光的双折射现象

在几何光学中，我们介绍过折射现象和折射定律，这是指光线在两种各向同性介质的分界面上发生的情形，并且一束光通常只产生一束折射光. 但是对于各向异性的一些晶体（如方解石等），当光线进入晶体后，可以出现两束折射光，沿不同的方向传播. 如图 13.45 所示，其中一束折射光仍然遵从上述折射定律，我们把它叫作寻常光线（或 o 光），另一束折射光则不遵从折射定律，我们把它叫作非常光线（或 e 光）. 一般情况下，e 光不在入射面内，且传播速度随入射光的方向变化而变化. 这种现象叫作**双折射现象**，能产生双折射现象的晶体叫作双折射晶体.

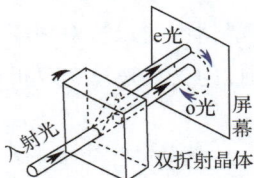

图 13.45　双折射现象

图 13.46 所示是一块方解石晶体的截面图. 实验表明，该晶体中有一特定的方向，如果光沿这个方向传播，将不产生双折射现象，我们把这个方向叫作双折射晶体的**光轴**. 如果把某一个双折射晶体磨出两个平面，这两个平面互相平行且都垂直于光轴（图中虚线所示），那么当光线垂直入射到该平面上时，将不会发生双折射现象.

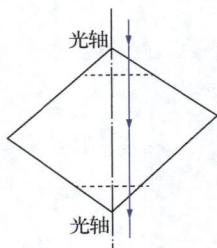

值得一提的是，这里的光轴概念和几何光学系统的光轴是不同的，后者是通过光学系统球面中心的直线，而晶体的光轴是晶体的一个固定方向，不是一条直线，也就是说，晶体内任何一条与光轴方向平行的直线都是光轴.

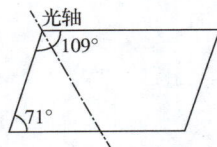

当光线在晶体的某一表面入射时，此表面的法线与晶体的光轴将构成一个平面，叫作**主截面**. 如图 13.47（a）所示，方解石的主截面是平行四边形，当自然光沿图 13.47（b）所示方向射入方解石时，该入射面就是主截面，此时由检偏器可以检测到 o 光、e 光都是偏振光，且在这种情况下 o 光的光振动垂直于主截面，而 e 光的光振动在主截面内.

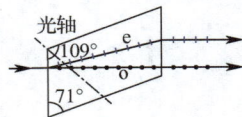

把 o 光的传播速度大小定义为 v_o，根据折射率的定义，晶体对 o 光的折射率为

$$n_o = \frac{c}{v_o}.$$

图 13.46　光轴

（a）方解石的主截面

（b）自然光通过方解石时 o 光、e 光的偏振情形

图 13.47　主截面和 o 光、e 光

由于 o 光在各个方向的传播速度都一样，因此 o 光的波阵面是一球面，n_o 是常数，与传播方向无关，由晶体材料自身的性质所决定. 而 e 光在晶体内不同方向的传播速度不同，把 e 光沿垂直于光轴方向的传播速度大小定为 v_e，则真空中的光速 c 与 v_e 之比叫作 e 光的主折射率 n_e，即

$$n_e = \frac{c}{v_e}.$$

这样一来，e 光在晶体内其他方向上的折射率介于 n_o 和 n_e 之间，它的波阵面是一个围绕光轴方向的旋转椭球面.

双折射晶体根据 n_e 与 n_o 的大小可分为两类，其中 $n_e > n_o$ 的晶体称为正晶体，如石英等；$n_e < n_o$ 的晶体称为负晶体，如方解石等. 有趣的是，其实冰也是一种正晶体，只不过其 n_e 和 n_o 的值非常接近，我们肉眼通常观察不出它的双折射现象.

二、人工双折射

上文所讨论的是存在于晶体中的双折射现象，对于某些非晶体，如塑料、玻璃等，它们是各向同性的，本来没有双折射现象，但通过人工方法也能实现.

1. 克尔效应

有些各向同性的透明介质，如非晶体或液体，当外加一强电场时，内部分子重新定向排列，显示出类似晶体的各向异性，从而能产生双折射现象，这种现象称为克尔效应. 这是物理学家克尔于 1875 年首先发现的.

克尔效应的延迟时间极短，在加上和撤去外电场的 10^{-9} s 时间内就会出现变化. 因此，人们可利用克尔效应制成弛豫时间极短的"电控光开关"，这种开关的优点在于几乎没有惯性，能随电场的出现和消失迅速地开启和关闭，可使光强变化非常迅速，这已广泛应用于电影、电视、高速摄影和激光通信等领域.

2. 光弹效应

有些各向同性的透明材料（如玻璃、塑料等），如果内部存在应力，它就会呈现出各向异性，产生双折射现象，这就是光弹效应. 在存在应力的透明介质中，$n_o - n_e$ 与应力分布有关，厚度均匀但应力不同的地方，由于 $n_o - n_e$ 的不同，会引起 o 光与 e 光间不同的相位差，于是在观察干涉现象时，屏幕上就会呈现反映应力差别情况的干涉条纹. 因此，我们可以通过干涉条纹来分析材料中是否存在应力，材料中某处的应力越大，则该处材料的各向异性越厉害，干涉条纹也就越细密.

各向同性的透明材料在外力的作用下，也会显示出光学上的各向异

性，从而产生光弹效应. 光测弹性仪就是利用光弹效应测量应力分布的装置，其在工程领域应用很广. 实验时，把待测的工件用透明材料制成模型，按实际使用时的情形对模型施加力，于是在各受力区就会发生双折射现象，再把该工件模型放在相互垂直的起偏器和检偏器之间，就能够观察到干涉条纹，进而根据条纹的分布及颜色来分析工件内部的应力分布情况.

*13.11　旋光现象

1811 年，物理学家阿拉果发现，偏振光通过某些透明物质后，其振动面将以光的传播方向为轴线转过一定的角度，这种现象称为振动面的旋转，也叫作**旋光现象**. 能产生旋光现象的物质叫作旋光物质，如石英晶体、糖溶液、酒石酸溶液等.

图 13.48 所示是一种观察偏振光振动面旋转的旋光仪，A 为起偏器，B 为检偏器，L 为盛有液体旋光物质的管子，两端为透明的玻璃片. 观察开始前，管中没有液体，A 和 B 的偏振化方向互相垂直，这时以单色自然光照射 A，由前面所介绍的知识可知，透过 B 的光强为零. 然后把液体旋光物质注入管内，由于偏振光振动面的旋转，在 B 后将发现原先全暗的状态开始逐渐变为明亮，旋转检偏器 B 使视场再度变为全暗，这时 B 所转过的角度就是偏振光振动面所转过的角度 $\Delta\psi$，其满足

$$\Delta\psi = \alpha l \rho.$$

其中，l 为旋光物质的透光长度，ρ 为旋光物质的浓度，α 为与旋光物质有关的常数.

对于固体的旋光物质，其旋转角 $\Delta\psi$ 满足

$$\Delta\psi = \alpha l.$$

其中，l 为旋光物质的透光长度，α 为与旋光物质及入射光波长有关的常数.

旋光物质使光振动面发生旋转，分为左旋、右旋两种，对应的分别称为左旋物质、右旋物质. 左旋和右旋的规定：面对光源观察时，旋转方向为逆时针的是左旋，旋转方向为顺时针的是右旋. 在制糖工业中，有一种专门测量糖溶液浓度的糖量计，就是根据这种原理制成的.

用人工方法也可以产生旋光现象，如外加一定强度的磁场，可使某些不具有自然旋光性的物质产生旋光现象，这种旋光现象称为磁致旋光效应.

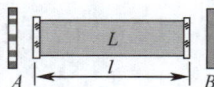

图 13.48　旋光仪

本章
提要

一、杨氏双缝干涉

    1. 明条纹到屏幕中心 O 的距离

- $x = \pm \dfrac{D\lambda}{d}(k=0,1,2,\cdots)$

    2. 暗条纹到屏幕中心 O 的距离

- $x = \pm(2k-1)\dfrac{D\lambda}{2d}(k=1,2,3,\cdots)$

    3. 两条相邻的明（暗）纹之间的距离

- $\Delta x = \dfrac{D\lambda}{d}$

二、薄膜上下表面的反射光干涉

    1. 一般角度入射时的干涉条件

- $\Delta_r = 2d\sqrt{n_2^2 - n_1^2 \sin^2 i} + \dfrac{\lambda}{2} = \begin{cases} k\lambda, & k=1,2,3,\cdots \text{（加强）} \\ (2k+1)\dfrac{\lambda}{2}, & k=0,1,2,\cdots \text{（减弱）} \end{cases}$

    2. 垂直入射时的干涉条件

- $\Delta_r = 2n_2 d + \dfrac{\lambda}{2} = \begin{cases} k\lambda, & k=1,2,3,\cdots \text{（加强）} \\ (2k+1)\dfrac{\lambda}{2}, & k=0,1,2,\cdots \text{（减弱）} \end{cases}$

    3. 劈尖干涉

- $D = \dfrac{\lambda_n}{2b}L = \dfrac{\lambda}{2nb}L$

    4. 牛顿环

- 明环半径 $r = \sqrt{\left(k - \dfrac{1}{2}\right)R\lambda}$，$k=1,2,3,\cdots$

- 暗环半径 $r = \sqrt{kR\lambda}$，$k=0,1,2,\cdots$

三、单缝夫琅禾费衍射

- 明条纹 $b\sin\theta = \pm(2k+1)\dfrac{\lambda}{2}$，$k=1,2,3,\cdots$

- 暗条纹 $b\sin\theta = \pm 2k\dfrac{\lambda}{2} = \pm k\lambda$，$k=1,2,3,\cdots$

四、圆孔衍射

- 瑞利判据 $\theta_0 = \dfrac{1.22\lambda}{D}$

五、光栅方程

- $(b+b')\sin\theta = \pm k\lambda$，$k=0,1,2,\cdots$

六、X 射线衍射布拉格公式

- $2d\sin\theta = k\lambda$，$k=0,1,2,\cdots$

七、马吕斯定律

- $I = I_0\cos^2\alpha$

八、布儒斯特定律

- $\tan i_B = \dfrac{n_2}{n_1}$

本章习题

13.1 如图 13.49 所示，在杨氏双缝干涉实验中，若单色光源 S 到两缝 S_1、S_2 距离相等，则观察到屏幕上中央明纹位于图中 O 处，现将光源 S 向下移动到图中的 S' 位置，则（　　）.

A. 中央明纹向上移动，且条纹间距增大

B. 中央明纹向上移动，且条纹间距不变

C. 中央明纹向下移动，且条纹间距增大

D. 中央明纹向下移动，且条纹间距不变

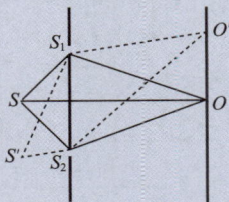

图 13.49　13.1 题图

13.2 如图 13.50 所示，折射率为 n_2、厚度为 e 的透明介质薄膜的上方和下方透明介质的折射率分别为 n_1 和 n_3，且 $n_1<n_2$，$n_2>n_3$，若使波长为 λ 的单色平行光垂直入射到该薄膜上，则从薄膜上、下两表面反射的光束的光程差是（　　）.

A. $2n_2e$　　　　　　B. $2n_2e - \dfrac{\lambda}{2}$

C. $2n_2e - \lambda$　　　　D. $2n_2e - \dfrac{\lambda}{2n_2}$

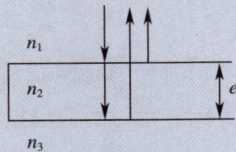

图 13.50　13.2 题图

13.3 在杨氏双缝干涉实验中，叙述正确的是（　　　）.

　　A. 增大双缝间距，干涉条纹间距也随之增大

　　B. 增大缝到屏幕之间的距离，干涉条纹间距增大

　　C. 频率大的可见光产生的干涉条纹间距较大

　　D. 将整个实验装置放入水中，干涉条纹间距变大

13.4 在杨氏双缝干涉实验中，为使屏幕上的干涉条纹变得稀疏一些，可行的做法是（　　　）.

　　A. 减小屏幕和双缝之间的距离

　　B. 减小两缝的间距

　　C. 改用波长较小的激光

　　D. 把两个缝的宽度稍微调窄

13.5 在两块玻璃片所形成的劈尖干涉装置中，玻璃的一端夹着细丝，若细丝直径增大，从上方所观察到的干涉条纹（　　　）.

　　A. 变疏　　　　B. 变密　　　　C. 不变　　　　D. 无法确定

13.6 如图 13.51 所示，两个直径有微小差别的彼此平行的滚柱之间的距离为 L，夹在两块平面晶体的中间，形成空气劈尖膜，当单色光垂直入射时，产生等厚干涉条纹，如果滚柱之间的距离 L 变小，则在 L 范围内干涉条纹的（　　　）.

　　A. 数目减少，间距变大

　　B. 数目减少，间距不变

　　C. 数目不变，间距变小

　　D. 数目增加，间距变小

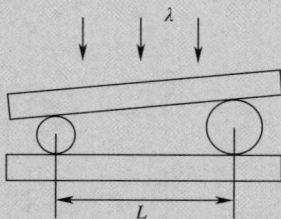

图 13.51　13.6 题图

13.7 用平行单色光垂直照射单缝时，可观察夫琅禾费衍射. 若屏幕上点 P 处为第 2 级暗纹，则相应的单缝波阵面可分成的半波带数目为（　　　）.

　　A. 2　　　　　B. 3　　　　　C. 4　　　　　D. 5

13.8 一束自然光以 $60°$ 的入射角照射到某一透明介质表面时，反射光为线偏振光，则（　　　）.

　　A. 折射光为线偏振光，折射角为 $30°$

　　B. 折射光为部分偏振光，折射角不能确定

　　C. 折射光为线偏振光，折射角不能确定

　　D. 折射光为部分偏振光，折射角为 $30°$

13.9 3 个偏振片 P_1、P_2 与 P_3 堆叠在一起，P_1 与 P_3 的偏振化方向相互垂直，P_2 与 P_1 的偏振化方向间的夹角为 30°，强度为 I_0 的自然光入射于偏振片 P_1，并依次透过偏振片 P_1、P_2 与 P_3，求通过 3 个偏振片后的光强.

13.10 一束自然光从空气射向玻璃，当入射角为60°时，反射光是完全偏振光，求此玻璃的折射率.

13.11 自然光的光强为 I_1，通过两个偏振化方向成45°角的偏振片，透射光光强为 I_2，则 I_2 的大小为 _____.

13.12 两偏振片平行放置，观察 A、B 两个自然光光源. 若观察 A 光源时，两偏振片偏振化方向间的夹角为 30°；而观察 B 光源时，该夹角为 60°，才能使两次观察所得的光强相等. A、B 两光源的光强之比为 _____.

13.13 杨氏双缝干涉实验装置中，双缝与屏幕之间的距离 $D = 10\text{m}$，双缝间距 $d = 1\text{mm}$，用波长 $\lambda = 500\text{nm}$ 的单色光垂直照射双缝.

（1）求原点 O（0 级明纹所在处）上方第 4 级明纹的坐标 x.

（2）若把整个装置放入水中，则明暗条纹间距是变大还是变小了？

13.14 在杨氏双缝干涉实验中，两缝间距为 0.3mm，用单色光垂直照射双缝，在离缝 1.2m 的屏幕上测得中央明纹一侧第 5 级暗纹与另一侧第 5 级暗纹间的距离为 22.78mm. 问：所用光的波长为多少，是什么颜色的光？

13.15 在杨氏双缝干涉实验中，用波长为 546.1nm 的单色光照射，双缝与屏幕的距离为 300mm. 测得中央明纹两侧的两个第 5 级明纹的间距为 12.2mm，求双缝间的距离.

13.16 一个微波发射器置于岸上，离水面高度为 d，对岸在离水面 h 高度处放置一接收器，水面宽度为 D，且 $D \gg d$，$D \gg h$，如图 13.52 所示. 发射器向对面发射波长为 λ 的微波，且 $\lambda > d$，问：接收器测到极大值时，至少离地多高？

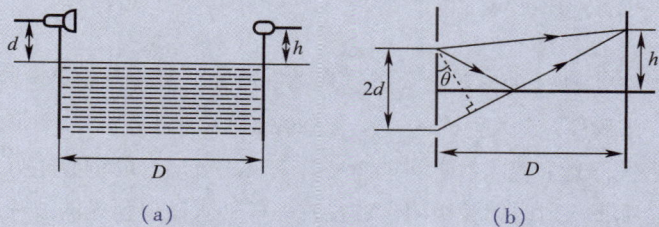

(a)　　　　　　　　　　　(b)

图 13.52　13.16 题图

13.17 一束平行单色光波长为 600nm，垂直入射到空气中的透明薄膜上，薄膜折射率 $n = 1.5$，要使反射光尽可能加强，则薄膜最小厚度应为多少？

13.18 集成光学中的楔形薄膜耦合器原理如图 13.53 所示. 沉积在玻璃衬底上的是氧化钽（Ta_2O_5）薄膜，其楔形端从 A 到 B 厚度逐渐减小为零. 为测定薄膜的厚度，用波长 $\lambda = 632.8\text{nm}$ 的 He–Ne 激光垂直照射，观察到薄膜楔形端共出现 11 条暗纹，

且 A 处对应一条暗纹，试求氧化钽薄膜的厚度．（Ta_2O_5 对 632.8nm 激光的折射率为 2.21.）

图 13.53　13.18 题图

13.19　如图 13.54 所示的干涉膨胀仪，已知样品的平均高度为 3×10^{-2}m，用 $\lambda = 589.3$nm 的单色光垂直照射．当温度由 17℃ 上升至 30℃ 时，看到有 20 条条纹移过，问：样品的热膨胀系数为多少？

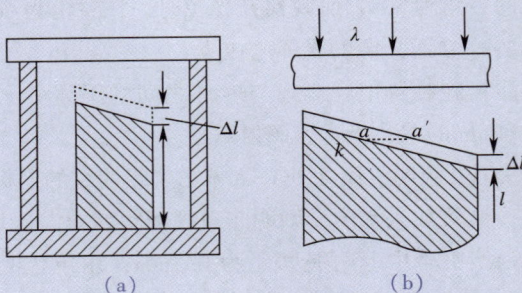

（a）　　　　　　　　　（b）

图 13.54　13.19 题图

13.20　如图 13.55 所示，折射率 $n_2 = 1.2$ 的油滴落在 $n_3 = 1.5$ 的平板玻璃上，形成一上表面近似于球面的油膜，测得油膜中心最高处的高度 $d_m = 1.1\mu$m．用 $\lambda = 600$nm 的单色光垂直照射油膜，问：（1）油膜周边是暗环还是明环？（2）整个油膜可看到几个完整的暗环？

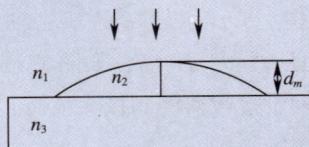

图 13.55　13.20 题图

13.21　把折射率 $n = 1.4$ 的薄膜放入迈克耳孙干涉仪的一臂，如果由此产生了 7 条条纹的移动，求膜厚．设入射光的波长为 589nm．

13.22　一单色平行光垂直照射于一单缝，若其第 3 级明纹的位置正好和波长为 600nm 的单色光垂直入射时第 2 级明纹的位置一样，求该单色光的波长．

13.23　已知单缝宽度 $b = 1 \times 10^{-4}$m，透镜焦距 $f = 0.5$m，用波长为 400nm 和 760nm 的单色平行光分别垂直照射，求这两种光的第 1 级明纹离屏幕中心的距离，以及这两条明纹之间的距离．若用每厘米刻有 1000 条刻线的光栅代替这个单缝，则这两种单色光的第 1 级明纹分别距屏幕中心多远？这两条明纹之间的距离又是多少？

***13.24**　一束平行光垂直入射到某个光栅上，该光束中包含两种波长的光，分别为 440nm 和 660nm．实验发现，两种光的谱线（不计中央明纹）第二次重合于衍射角为 60° 的方向上，求此光栅的光栅常数．

*13.25　波长为 600nm 的单色光垂直入射在一光栅上，其透光和不透光部分的宽度比为 1∶3，第 2 级明纹出现在 $\sin\varphi = 0.2$ 处. 问：（1）光栅上相邻两缝的间距是多少？（2）光栅上狭缝的宽度有多大？

*13.26　以波长为 0.11nm 的 X 射线照射岩盐晶体，实验测得 X 射线与晶面夹角为 11.5° 时获得第 1 级反射光极大.（1）岩盐晶体原子平面之间的间距 d 为多大（见图 13.56）？（2）如以另一束待测 X 射线照射，测得 X 射线与晶面夹角为 17.5° 时获得第 1 级反射光极大，求该 X 射线的波长.

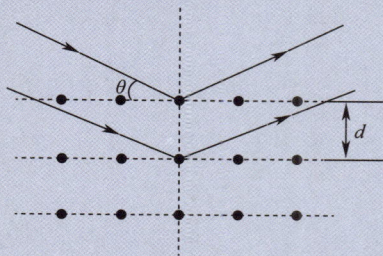

图 13.56　13.26 题图

本章习题
参考答案

第五篇
量子力学

19 世纪末，经典物理学取得了令人瞩目的成就，力学、热学、电磁学和波动光学的理论、实验和应用研究都已经发展到相当完善的阶段．包括开尔文在内的许多物理学家都认为物理学基本规律的研究已经到头了，剩下的只是物理规律的精确性和物理参数的测量问题．

但是，一些新的实验事实在经典物理学的理论框架下无法得到合理的解释．1900 年 4 月 27 日，开尔文在英国皇家研究所做了名为《在热和光动力理论上空的十九世纪乌云》的演讲，演讲中开尔文声称："动力学理论认为热和光都是运动的方式，现在这一理论的优美和明晰，正被两朵乌云笼罩着．"

开尔文所说的两朵乌云分别是指迈克耳孙–莫雷实验的零结果和黑体辐射理论出现的问题．前者我们在第 4 章做过介绍，迈克尔孙–莫雷实验的零结果否定了绝对参考系的存在，最终由爱因斯坦提出的相对论做出了解释．后者指用经典的能量均分定理解释黑体辐射现象时，在高频区域出现发散的问题，也称为"紫外灾难"．此外，1897 年 J. J. 汤姆孙发现了电子，这说明原子并非之前人们所认为的是不可分割的物质的最小单元，原子具有内部结构．

这些新的实验事实使一些物理学家感到困惑，开始重新思考物理学中某些基本概念．经过许多物理学家的不懈努力，人们终于在 20 世纪初建立了相对论和量子力学，它们成为近代物理学的基础．

第14章

量子力学简介

本章将介绍量子力学的相关概念和理论，主要包括以下内容：黑体辐射、普朗克能量子假设、光电效应及光电效应方程、玻尔氢原子理论、德布罗意波、波粒二象性、不确定关系、量子力学的波函数、薛定谔方程、一维无限深方势阱、隧道效应、量子数、多电子原子的电子分布等.

14.1 黑体辐射和普朗克能量子假设

普朗克

人们习惯性地认为物质都是由更小的基本单元组成的，典型代表是古希腊时期的德谟克利特和战国时期的墨子. 这种组成物质的基本单元被称为原子，并且在早期原子被认为是不可再分的. 1897 年，J. J. 汤姆孙发现电子是比原子更小的物质单元，随后中子、质子等粒子的发现表明原子还可以再分. 这些基本单元通过多种多样的组合方式形成丰富多彩的物质世界. 这些事实表明，不连续性在物质世界是很常见的. 然而，对于能量的不连续性，20 世纪前人们一直没有怀疑过. 在经典力学、电磁学和统计力学等理论中，能量一直被认为是连续变化的. 直到 1900 年，普朗克在研究黑体辐射问题时提出能量子的概念，打破了能量连续的固有成见，开创了物理学发展的新纪元.

一、黑体辐射问题

物体中包含大量的原子、分子，这些原子和分子内部的电子受到热激发会发出电磁辐射，称为**热辐射**. 另一方面，电磁辐射照射到物体上，一部分会被物体反射，一部分会被物体吸收. 因此，物体在任何时候任何情况下都在发射和吸收电磁辐射. 物体发射和吸收电磁辐射的能力通常是各不相同的，比如深色的物体发射和吸收电磁辐射的能力比浅色物体强一些. 但是对于同一个物体，如果在某个波长范围发射电磁辐射的能力比较强，那么吸收电磁辐射的能力也会比较强. 物体表面越黑，吸收电磁辐射的能力就越强，辐射本领也会越强，能全部吸收入射到其表面的电磁辐射的物体叫作**绝对黑体**，简称**黑体**. 黑体是一种理想模型，在自然界中，真正的黑体是不存在的，最黑的煤烟也只能吸收 99%. 假设用某种材料制作一个空腔，在腔壁上开一个小孔，如图 14.1 所示. 电磁辐射从小孔入射到腔内会经过多次反射，每次反射都会被吸收一部分，能从小孔射出的电磁辐射非常少. 假设一个腔的内壁吸收率为 10%，电磁辐射经过 100 次反射才从小孔中射出，那么射出的电磁辐射只有入射的 $0.9^{100} \approx 2.656 \times 10^{-5}$. 所以，无论是从吸收还是从发射电磁辐射来看，空腔上的小孔是可以当作黑体的.

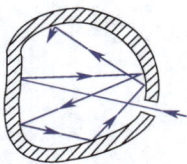

图 14.1 绝对黑体模型

为了定量描述黑体的辐射本领，引入**单色辐射出射度**（也叫单色辐出度）的概念. 在热力学温度为 T 的黑体的单位面积上，单位时间中，波长为 λ 的电磁辐射在 λ 附近单位波长范围内辐射出的能量，称为单色辐出度，通常用符号 $M_\lambda(T)$ 表示，其单位为 $W \cdot m^{-3}$. 相应地，如果考虑各种波长的电磁辐射在单位时间从黑体的单位面积上辐射出的能量，则只需对波长进行积分，即

$$M(T) = \int_0^{+\infty} M_\lambda(T) \, d\lambda,$$

这称为**总辐射出射度**，简称辐出度.

二、斯特藩-玻尔兹曼定律、维恩位移定律和瑞利-金斯公式

1. 斯特藩-玻尔兹曼定律

前面提到过物体对电磁辐射的吸收和发射与电磁辐射的波长有关，即单色辐出度是波长的函数. 1879 年，奥地利物理学家斯特藩（J. Stefan）发现，黑体单色辐出度与波长之间的关系曲线如图 14.2（a）所示. 斯特藩得出黑体辐出度与黑体的热力学温度 T 的 4 次方成正比，即

$$M(T) = \int_0^{+\infty} M_\lambda(T)\, d\lambda = \sigma T^4. \tag{14.1}$$

玻尔兹曼也得到相同的结论，因此上式称为斯特藩-玻尔兹曼定律. 其中，斯特藩-玻尔兹曼常数大小为 $\sigma = 5.67 \times 10^{-8}\,\text{W} \cdot \text{m}^{-2} \cdot \text{K}^{-4}$.

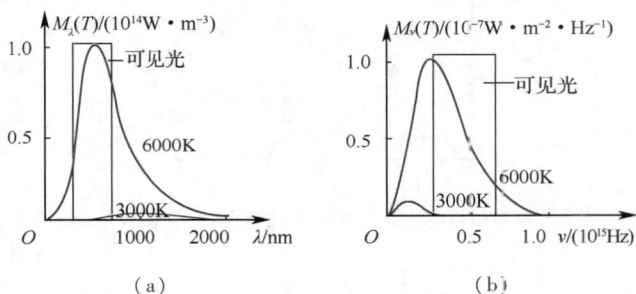

图 14.2　黑体单色辐出度的实验曲线

2. 维恩位移定律

如图 14.2（a）所示，随着黑体温度升高，每一条曲线的峰值波长 λ_m 与热力学温度 T 的倒数成比例地减小，有如下数量关系：

$$T\lambda_m = b. \tag{14.2}$$

实验测得常量 $b = 2.898 \times 10^{-3}\,\text{m} \cdot \text{K}$. 上式表明，当黑体的热力学温度升高时，在 $M_\lambda(T)$-λ 曲线上，峰值波长 λ_m 向短波方向移动，这个结论称为**维恩位移定律**.

维恩位移定律有许多实际应用，比如通过测定星体的谱线的分布来确定其热力学温度；也可以通过比较物体表面不同区域的颜色变化情况，来确定物体表面的温度分布.

3. 瑞利-金斯公式及经典物理的困难

单色辐出度 $M_\lambda(T)$ 的数学公式对理论研究和实际应用都有重要的作用，因此，19 世纪末，许多物理学家都试图由经典电磁理论和统计物理出发，找出与实验结果相符合的 $M_\lambda(T)$ 的数学表达式. 但遗憾的是，他们都未能取得成功，反而遇到新的困惑. 其中比较具有代表性的是维恩公式和瑞利-金斯公式. 维恩公式是 1896 年维恩利用辐射按波长的分布（类似于麦克斯韦分子速率分布的思想）得到的一个公式：

$$M_\lambda(T) = C_1 \lambda^{-5} e^{-\frac{C_2}{\lambda T}}. \tag{14.3}$$

如图 14.2（b）所示，维恩公式给出的数值结果与实验结果在短波范围比较一致，但在长波范围相差较大. 1900 年，瑞利和金斯根据经典电磁理论与能量均分定理得到另一个数学公式：

$$M_\nu(T) d\nu = \frac{2\pi\nu^2}{c^2} kT d\nu. \tag{14.4}$$

其中，k 为玻尔兹曼常数，c 为光速. 如图 14.3 所示，根据上式计算得到的曲线在低频部分与实验结果符合得比较好，但在高频部分，却出现巨大的差别. 从图中可以看出，随着频率增加，瑞利-金斯公式给出的结果会趋于无穷大，这通常称为"紫外灾难"，这样的结果使 19 世纪末许多物理学家感到困惑.

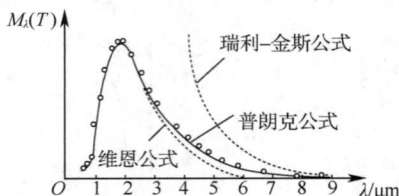

图 14.3　热辐射的理论公式与实验结果的比较（○表示实验结果）

三、普朗克能量子假设和普朗克黑体辐射公式

1900 年，德国物理学家普朗克为了拟合实验结果，提出了以下两个假设.

（1）黑体由带电谐振子组成，这些谐振子辐射电磁波，并和周围的电磁场交换能量.

（2）这些谐振子的能量不能连续变化，只能取最小能量单位 ε 的整数倍，即

$$E = n\varepsilon.$$

其中，n 为正整数. 频率为 ν 的谐振子的最小能量单位 ε 正比于频率：

$$\varepsilon = h\nu. \tag{14.5}$$

其中，h 为普朗克常数，ε 称为能量子.

按照上述假设，谐振子的能量只能是 ε 的整数倍中的某个值，通常把谐振子处于某个能量状态叫作处于某个能级. 基于上述假设，并结合玻尔兹曼统计理论，普朗克推导出单色辐射度的数学公式

$$M_\lambda(T) = 2\pi hc^2 \lambda^{-5} \frac{1}{e^{hc/(\lambda kT)} - 1}. \tag{14.6}$$

这就是著名的普朗克黑体辐射公式. 图 14.3 给出了其计算结果与实验结果的对比，两者吻合得非常好. 式（14.6），h 为普朗克常数，根据实验测

定, 其大小为

$$h = 6.62607015 \times 10^{-34} \text{J} \cdot \text{s}.$$

普朗克的能量子假设虽然能够从理论上得到与实验结果完全吻合的黑体辐射频谱, 但是普朗克自己却认为他的这个假设破坏了经典物理学的和谐, 后来他曾尝试将能量量子化纳入经典物理学的范畴. 还有一些物理学家也持相同的态度, 希望能从经典物理学中找到量子化的合理性, 然而他们都失败了. 后来, 爱因斯坦受到量子化观点的启发, 提出光子的概念, 成功解释了光电效应, 玻尔则发展了量子化观念, 弄清楚了氢原子光谱问题, 他们的贡献在于对量子化的概念进行了进一步的深化和拓展, 最终发展出量子力学.

普朗克的能量子假设打破了能量只能连续变化的成见, 开创了物理学的新时代, 为了表彰他的贡献, 1918 年他被授予诺贝尔物理学奖.

例 14.1　某物体辐射频率为 6×10^{14} Hz 的黄光, 这种辐射的能量子的能量是多大?

解　根据普朗克能量子公式, 有

$$\varepsilon = h\nu \approx 6.63 \times 10^{-34} \times 6 \times 10^{14} \approx 4 \times 10^{-19} \text{ (J)}.$$

这个能量就是辐射体在辐射或吸收黄光过程中的最小能量单元.

14.2　光电效应和光的波粒二象性

在前面的波动光学中, 我们知道人们对光的认识经历了一段比较漫长的时期, 先是认为光是一种实物粒子, 19 世纪经典电磁学取得了巨大的发展, 人们知道光是一种电磁波. 但仍然有一些实验现象是人们基于光的波动性无法理解的, 如光电效应等. 1905 年, 爱因斯坦受到能量量子化观点的启发, 提出光量子的概念, 并成功解释了光电效应的实验结果, 这促进了量子理论的进一步发展, 同时也对人们认识光的本性有重要意义.

一、光电效应

光照射到金属表面时, 会有电子从金属表面逸出, 这种现象称为**光电效应**, 逸出的电子称为光电子. 图 14.4 所示是研究光电效应的实验装置示意图. 图中 S 是一个抽成真空的光电管, A 接电源正极, K 接电源负极. 当光照射到 K 上时, 会有电子从 K 逸出, 并且在电势差 $U = U_A - U_K$ 的作用下向 A 运动, 形成电流, 这个电流称为**光电流**. 如果将 K 接电源正极, A 接电源负极, 光电子从金属表面逸出后会受到电场的阻碍. 当两者之间的电势差达到

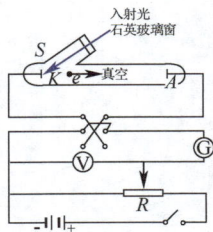

图 14.4　光电效应实验
装置示意图

某个临界值 U_a 时，逸出后动能最大的光电子刚好无法到达 A，光电流恰好为零，U_a 称为**遏止电势差**. 遏止电势差与电子逸出后的最大动能有如下关系：

$$\frac{1}{2}mV_m^2 = e\,|\,U_a\,|. \tag{14.7}$$

式中，e 为电子电量.

从光电效应实验可以得到以下几个规律.

（1）对某一种金属而言，只有当入射光的频率大于某一临界频率 ν_0 时，电子才能从金属表面逸出，才会有光电流. 这个频率称为截止频率. 如果入射光的频率小于 ν_0，无论光强多大，都没有光电子逸出.

（2）用不同频率的光照射金属，当入射光频率大于截止频率时，遏止电势差与入射光频率成线性关系，如图 14.5 所示.

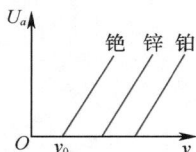

图 14.5　遏止电势差和入射光频率的关系

（3）随着加速电势差 U 的增大，光电流趋于一个饱和值，这说明从金属表面逸出的电子全部达到正极 A，所以光电流的强度代表光照射金属后逸出的光电子数量. 实验发现，在入射光频率不变的情况下，饱和电流与光强成正比，即光强增加，光电子数量也会增加.

（4）只要频率大于截止频率 ν_0，光电效应会立刻发生，几乎立即有光电子逸出金属表面. 根据实验观测，从光照射到金属表面，到光电子逸出，时间间隔不超过 $10^{-9}\,\mathrm{s}$，可以说光电效应是"瞬时"发生的.

这些实验结果用经典的光的波动理论无法解释. 按照光的波动理论，金属中的电子在光的照射下做受迫振动，足够长时间后，电子的振动频率就是光的频率. 光强正比于入射光振幅的平方，因此，不管入射光的频率是多大，只要光强足够大，照射时间足够长，电子就可以获得足够的能量而从金属表面逸出. 也就是说，按照经典理论，光电流的产生与入射光的光强和光照时间有关，与入射光的频率无关，然而这与实验事实截然不同. 这种情况充分表明人们需要进行物理理论的革新.

二、光子和光电效应方程

1905 年，爱因斯坦在普朗克能量子概念的基础上提出了光子理论，圆满地解释了光电效应的实验结果. 该理论认为，光也具有粒子性，光束可以看成由微粒构成的粒子流，这些微粒称为**光量子**，简称**光子**. 真空中，每个光子都以光速运动，对于频率为 ν 的光子，其能量为

$$\varepsilon = h\nu. \tag{14.8}$$

式中，h 为普朗克常数. 根据上述观点，频率为 ν 的光束由许多能量均为 $h\nu$ 的光子组成. 频率越高，每个光子的能量就越大；对于给定频率的光束，光强越大，则说明光束中包含的光子数就越多. 这与经典物理的观点是不同的. 爱因斯坦认为，当频率为 ν 的光束照射在金属表面时，一个光子的能量被一个电子吸收. 如果 ν 比较小，电子获得的能量也比较小，无法摆脱原子核的束缚，不会从金属表面逸出. 如果 ν 足够大，那么电子就

获得了足够多的能量，从而可以脱离原子核的束缚．从金属表面逸出．电子从金属表面逸出时需要克服原子核的吸引而做功，这部分功称为**逸出功** W，根据能量守恒定律，电子离开金属表面后的最大动能为

$$\frac{1}{2}mV_m^2 = h\nu - W, \qquad (14.9)$$

这就是**爱因斯坦光电效应方程**．

根据式（14.9），当电子刚好从金属表面逸出，即逸出后的初动能为零时，可以计算出对应的频率为 $\nu_0 = \dfrac{W}{h}$，这就是前面提到的**截止频率**．当入射光的频率小于截止频率时，电子无法获得足够的能量来脱离原子核的束缚，因此不会产生光电子；只有当入射光的频率大于截止频率时，电子才能获得足够的能量克服原子核的束缚，从金属表面逸出，从而形成光电流，这样就解释了前述的第一个实验规律．结合式（14.7）和式（14.9），可以得到电子从金属表面逸出后所具有的最大动能与入射光频率的关系

$$e|U_a| = h\nu - W, \qquad (14.10)$$

遏止电势差与入射光频率成正比是光量子理论的自然结果．

按照光子理论，一束频率为 ν 的光中，每个光子的能量均为 $h\nu$，光强的大小则取决于光束中所包含的光子数量．频率一定时，光子数量越多，光强就越大．在光电效应实验中，当入射光频率一定且大于截止频率时，光强越大，光子数量越多，单位时间内吸收光子的电子数量就越多，从而光电流也会越大，这就解释了饱和电流与光强成正比的实验规律．光子是光的粒子性的一种体现，电子吸收光子的能量并从金属表面逸出几乎是同时发生的，没有延迟，这与实验结果是一致的．根据上面的讨论，用爱因斯坦的光子理论可以圆满地解释光电效应的实验规律．同时，光子理论还促使人们在认识光的本性方面有了一个质的飞跃．在波动光学中，我们知道有诸多证据表明，光是一种电磁波，但光电效应实验又充分显示了光具有粒子性的一面．这就说明，光不仅仅只具有波动性或者粒子性的一种，而是同时具有波动性和粒子性，可以说光具有**波粒二象性**．

例 14.2　已知一单色光源的功率为 $P = 1\text{W}$，光波波长为 589nm，在距离光源 $R = 3\text{m}$ 处放一块金属板，求单位时间内打到金属板单位面积上的光子数．

解　单位时间内照射到金属板单位面积上的光能量为

$$E = \frac{P}{4\pi R^2} = \frac{1}{4\pi \times 3^2} \approx 8.8 \times 10^{-3} \text{J}/(\text{m}^2 \cdot \text{s}) \approx 5.5 \times 10^{16} \text{eV}/(\text{m}^2 \cdot \text{s}) .$$

每个光子的能量为

$$\varepsilon = h\nu = \frac{hc}{\lambda} = \frac{6.63 \times 10^{-34} \times 3 \times 10^8}{5.89 \times 10^{-7}} \approx 2.1 \text{eV},$$

所以单位时间内打到金属板单位面积上的光子数为

$$N = \frac{E}{\varepsilon} \approx \frac{5.5 \times 10^{16}}{2.1} \approx 2.6 \times 10^{16} (\text{s}^{-1}) .$$

例 14.3　钾的光电效应红限波长是 550nm，求：（1）钾电子的逸出功；（2）当用波长 $\lambda =$ 300nm 的紫外光照射时，钾的遏止电势差是多大？

解　（1）由爱因斯坦光电效应方程

$$h\nu =\frac{1}{2}mV_m^2+W,$$

当 $\frac{1}{2}mV_m^2=0$ 时，

$$W=h\nu =h\frac{c}{\lambda_0}=\frac{6.63\times 10^{-34}\times 3\times 10^8}{550\times 10^{-9}}\approx 3.616\times 10^{-19}(\text{J})\approx 2.26\text{eV}.$$

（2）$|eU_a|=\frac{1}{2}mV_m^2=\frac{hc}{\lambda}-W\approx \frac{6.63\times 10^{-34}\times 3\times 10^8}{300\times 10^{-9}}-3.616\times 10^{-19}=3.014\times 10^{-19}$（J）$\approx$

1.88eV，所以遏止电势差为 1.88V.

三、光的波粒二象性

光的波动性用波长 λ 和频率 ν 来描述，光的粒子性则用质量 m、动量 $\vec{P}$ 和能量 E 来描述. 下面介绍光的波动性和粒子性之间的内在联系. 由于光子的静止质量为零，所以其静止能量 $E_0=m_0c^2=0$，根据狭义相对论的动量和能量的关系式

$$E^2=p^2c^2+E_0^2,\tag{14.11}$$

可得光子的能量和动量之间的关系

$$E=pc,\tag{14.12}$$

结合光子的能量表达式［式（14.8）］，有

$$p=\frac{E}{c}=\frac{h\nu}{c}=\frac{h}{\lambda}.\tag{14.13}$$

因此，频率为 ν、波长为 λ 的光子的能量和动量分别为

$$E=h\nu,\quad p=\frac{h}{\lambda}.\tag{14.14}$$

描述光的波动性的频率和波长与描述光的粒子性的能量和动量被普朗克常数 h 联系在一起.

光既具有波动性，又具有粒子性，这是一种全新的认识，人们第一次意识到波动性和粒子性是可以同时存在于一个物体上的. 通常，光在传播过程中波动性比较明显，光与物质相互作用时粒子性比较明显.

四、康普顿效应

在光电效应中，光子的能量被电子全部吸收，只要入射光的光子能量

足够大，电子就能从金属表面逸出，并具有一定的动能. 实际上，光与物质的相互作用还有其他形式，康普顿效应就是其中一种.

1920 年，康普顿在研究 X 射线被物质散射的问题时，发现散射谱线中除了有波长与原波长相同的成分，还有波长较长的部分. 这种现象称为康普顿效应. 图 14.6（a）是康普顿效应的实验装置示意图. 从 X 射线源发出的波长为 λ_0 的 X 射线，通过光阑 B 后被物体散射. 散射光的波长和强度可以用晶体 X 射线衍射谱仪进行探测. 散射方向和入射方向之间的夹角 φ 称为散射角. 实验结果表明：

（1）散射光中除了有与原波长 λ_0 相同的谱线，还有 $\lambda > \lambda_0$ 的谱线；

（2）波长的改变量 $\Delta\lambda = \lambda - \lambda_0$ 随散射角 φ 的增大而增加；

（3）对于不同元素的散射物质，在同一散射角下，波长的改变量是相同的，波长为 λ 的散射光，其强度随散射物质原子序数的增加而减小.

按照波动理论，当色光作用在尺寸比波长还要小的带电粒子上时，带电粒子将以与入射光相同的频率做电磁受迫振动，并辐射出同一频率的电磁波，不应当出现波长变长的情况. 然而康普顿效应中的确出现了波长变长的情况，如图 14.6（b）所示，这表明经典电磁理论是不能用来解释康普顿效应的.

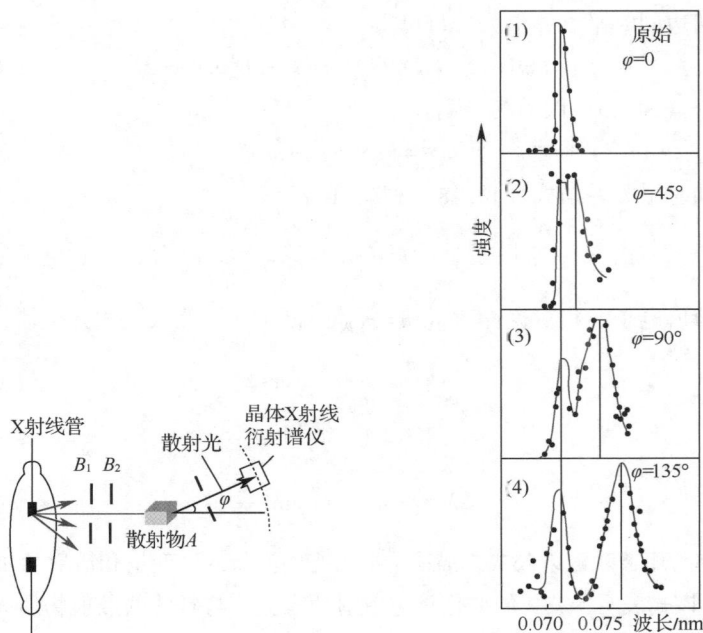

吴有训

（a）康普顿效应的实验装置示意图　　（b）石墨的康普顿效应实验结果

图 14.6　康普顿效应的实验装置示意图及石墨的康普顿效应实验结果

康普顿利用光子理论成功解释了这些实验结果. X 射线散射是单个电子和单个光子发生弹性碰撞的结果. 在固体中有许多受原子核束缚较弱的

电子或自由电子，这些电子热运动的平均动能（百分之几电子伏特）和入射的 X 射线的光子能量（$10^4 \text{eV} \sim 10^5 \text{eV}$）相比可以忽略不计，碰撞前可以近似认为这些电子是静止的. 假设入射的 X 射线的频率为 ν_0，光子能量为 $h\nu_0$，动量为 $\dfrac{h\nu_0}{c}\vec{n}_0$. 碰撞前电子的质量为 m_0，总能量为 m_0c^2，动量为零. 光子和电子发生弹性碰撞后，假设光子的频率变为 ν，能量为 $h\nu$，动量为 $\dfrac{h\nu}{c}\vec{n}$，而电子的相对论性质量为 m，对应的能量为 mc^2，动量为 $m\vec{V}$. 散射角记为 φ，如图 14.7 所示. 在光子和电子的完全弹性碰撞过程中，电子会获得一部分光子的能量，因此散射后光子的能量变低，频率变小，波长增加. 下面通过定量计算研究波长的增加具体由哪些因素决定. 根据动量和能量守恒可以列出如下方程：

$$h\nu_0 + m_0c^2 = h\nu + mc^2, \tag{14.15}$$

$$\frac{h\nu_0}{c}\vec{n}_0 = \frac{h\nu}{c}\vec{n} + m\vec{V}. \tag{14.16}$$

将方程（14.16）写成

$$m\vec{V} = \frac{h\nu_0}{c}\vec{n}_0 - \frac{h\nu}{c}\vec{n}, \tag{14.17}$$

方程两边同时平方并消去分母可得

$$(mVc)^2 = (h\nu_0)^2 + (h\nu)^2 - 2h^2\nu_0\nu\cos\varphi. \tag{14.18}$$

将方程（14.15）改写为

$$mc^2 = h(\nu_0 - \nu) + m_0c^2, \tag{14.19}$$

两边同时平方并与式（14.18）相减可得

$$m^2c^4\left(1 - \frac{V^2}{c^2}\right) = m_0^2c^4 - 2h^2\nu_0\nu(1 - \cos\varphi) + 2m_0c^2h(\nu_0 - \nu). \tag{14.20}$$

将碰撞后电子的相对论性质量 $m = m_0(1 - v^2/c^2)^{-1/2}$ 代入上式并化简，可得

$$\frac{c}{\nu} - \frac{c}{\nu_0} = \frac{h}{m_0c}(1 - \cos\varphi), \tag{14.21}$$

或

$$\Delta\lambda = \lambda - \lambda_0 = \frac{2h}{m_0c}\sin^2\frac{\varphi}{2}. \tag{14.22}$$

该式称为康普顿散射公式，描述了散射光的波长的改变量和散射角 φ 之间的关系. 该式表明，波长的变化只与散射角有关，与具体的散射物质无关，这与实验观察到的结果相一致. 式中 $\dfrac{h}{m_0c}$ 为一个常量，称为康普顿波长，其值为

$$\frac{h}{m_0c} = 2.43 \times 10^{-12}\text{m}, \tag{14.23}$$

大小与 X 射线的波长相当. 当入射光波长较大时，如可见光或者微波，波

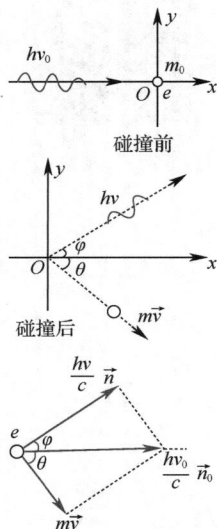

图 14.7 光子与静止
电子碰撞过程示意

长的变化量与入射光波长相比要小得多, 所以散射光与原波长非常接近, 这与经典电磁理论的结果是一致的. 当入射光的波长与康普顿波长相当时, 波长的变化很容易被观察到.

定量计算的结果说明了波长增加的原因, 那么为什么仍然能观察到具有原波长的散射光呢? 这是因为计算过程中我们假定光子与受原子核束缚较弱的电子或自由电子相碰撞, 这种碰撞会导致波长增加的现象. 但原子中有大量受原子核束缚较强的内层电子, 光子与这些电子碰撞可以近似认为是与整个原子相碰撞, 而原子的质量相比电子要大得多. 根据弹性碰撞理论, 这种情况下光子传递给原子的能量微乎其微, 光子的能量几乎保持不变, 频率也基本不会发生变化, 从而能够观察到仍具有原波长的散射光. 此外, 轻元素的原子核对电子的束缚较弱, 而重元素的原子核对电子的束缚较强. 所以, 对于原子序数较小的原子 (即轻元素的原子), 更加容易观察到波长增加的现象. 而对于原子序数较大的原子 (即重元素的原子), 波长增加的现象相对不明显, 这也是与实验结果相符合的.

康普顿效应的发现及理论探索充分表明光量子学说的正确性, 而且证实了在微观粒子的碰撞过程中, 能量和动量守恒定律依然成立.

例 14.4　波长为 $\lambda_0 = 0.01\mathrm{nm}$ 的 X 射线与静止的自由电子碰撞, 在与入射方向成 90° 角的方向上观察时, 散射光的波长多大? 反冲电子的动能和动量各为多少?

解　将 $\varphi = 90°$ 代入康普顿散射公式

$$\Delta\lambda = \lambda - \lambda_0 = \frac{h}{m_0 c}(1 - \cos 90°) = \frac{h}{m_0 c} = \lambda_c,$$

得

$$\lambda = \lambda_0 + \lambda_c = 0.01 + 0.0024 = 0.0124\,(\mathrm{nm}).$$

当然, 在这个方向上还有波长不变的散射光. 对于反冲电子, 所获得的动能 E_k 等于入射光子损失的能量, 有

$$E_k = h\nu_0 - h\nu = hc\left(\frac{1}{\lambda_0} - \frac{1}{\lambda}\right) = \frac{hc\Delta\lambda}{\lambda_0\lambda} = \frac{6.63\times10^{-34}\times3\times10^8\times0.0024\times10^{-9}}{0.01\times10^{-9}\times0.0124\times10^{-9}}$$

$$\approx 3.8\times10^{-15}\,(\mathrm{J}) \approx 2.4\times10^4\,(\mathrm{eV}).$$

设该电子动量为 $\vec{P}_e$, 根据动量守恒定律有

$$\frac{h}{\lambda_0}\vec{n}_0 = \frac{h}{\lambda}\vec{n} + \vec{P}_e.$$

已知 $\vec{n}_0$ 与 $\vec{n}$ 的夹角为 90°, 设 $\vec{P}_e$ 与 $\vec{n}_0$ 的夹角为 θ (见图 14.8), 则

$$P_e\cos\theta = \frac{h}{\lambda_0},\quad P_e\sin\theta = \frac{h}{\lambda}.$$

两式平方相加并开方, 得

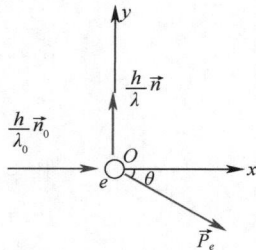

图 14.8　光子与静止的
自由电子碰撞

$$P_e = \frac{(\lambda_0^2+\lambda^2)^{1/2}}{\lambda_0\lambda}h = \frac{[(0.01\times10^{-9})^2+(0.0124\times10^{-9})^2]^{1/2}}{0.01\times10^{-9}\times0.0124\times10^{-9}}\times6.63\times10^{-34}$$

$$\approx 8.5\times10^{-23}(\text{kg}\cdot\text{m/s}),$$

$$\cos\theta = \frac{h}{P_e\lambda_0} \approx \frac{6.63\times10^{-34}}{8.5\times10^{-23}\times0.01\times10^{-9}} = 0.78,\quad \theta\approx38°44'.$$

14.3 玻尔氢原子理论

19 世纪末，由于光学技术的进步，光谱学得到长足的发展，科学家们通过光谱学的研究发现诸多新元素，每一种元素的光谱各不相同，这充分说明光谱是与不同元素原子的某种性质有深层次联系的. 然而，这种联系到底是什么？蕴含什么样的物理思想？这些问题一直到玻尔提出他的氢原子理论才得到充分解释. 氢原子是结构最简单的原子，对氢原子光谱的研究有非常丰富的结果，瑞士数学家巴耳末（J. J. Balmer，1825—1898）把氢原子可见光部分的光谱归纳成一个经验公式，这成为弄清氢原子内部结构的契机.

一、氢原子光谱的实验规律

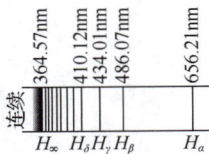

在可见光和近紫外光区域，氢原子的光谱如图 14.9 所示. 光谱线从长波方向的 H_α 起向短波方向展开，谱线的间距越来越小，最后区域一个极限位置，用 H_∞ 表示. 1885 年，瑞士巴塞尔女子中学的数学教师巴耳末首次将氢原子光谱中的可见光谱线归纳为一个经验公式

图 14.9 巴耳末系
谱线示意

$$\lambda = B\frac{n^2}{n^2-4},$$

式中，$B = 364.57\text{nm}$，当 $n = 3,4,5,6,\cdots$ 时，可以计算出图 14.9 中 H_α,H_β，$H_\gamma,H_\delta,\cdots$ 等可见光区域谱线的波长.

1890 年，瑞典物理学家里德伯（J. R. Rydberg，1854—1919）在巴耳末公式的基础上，提出氢原子光谱公式的一般形式

$$\tilde{\nu} = \frac{1}{\lambda} = R\left(\frac{1}{k^2}-\frac{1}{n^2}\right),\quad k = 1,2,3,\cdots,\quad n = k+1,k+2,k+3,\cdots.\quad (14.24)$$

其中，λ 为波长；$\tilde{\nu}$ 为波数，表示单位长度中所包含的完整波长的数目；$R = 1.097\times10^7\text{m}^{-1}$，为**里德伯常数**. 人们发现氢原子的可见光谱线、红外光谱和紫外谱线都可以被概括在公式中，具体如下.

莱曼系：$\tilde{\nu} = R\left(\dfrac{1}{1^2}-\dfrac{1}{n^2}\right)$，$n = 2,3,4,\cdots$（紫外区）.

巴耳末系: $\tilde{\nu}=R\left(\dfrac{1}{2^2}-\dfrac{1}{n^2}\right)$, $n=3,4,5,\cdots$ (可见光).

帕邢系: $\tilde{\nu}=R\left(\dfrac{1}{3^2}-\dfrac{1}{n^2}\right)$, $n=4,5,6,\cdots$ (近红外区).

布拉开系: $\tilde{\nu}=R\left(\dfrac{1}{4^2}-\dfrac{1}{n^2}\right)$, $n=5,6,7,\cdots$ (红外区).

普丰德系: $\tilde{\nu}=R\left(\dfrac{1}{5^2}-\dfrac{1}{n^2}\right)$, $n=6,7,8,\cdots$ (红外区).

氢原子光谱的规律表明, 氢原子内部结构一定有某种规律性, 而光谱则是其外在体现.

二、玻尔的氢原子理论

1912 年, 卢瑟福提出原子的有核模型. 他认为原子中心有一个带正电荷的原子核, 其线度不超过 $10^{-15}\,\mathrm{m}$, 集中了原子的绝大部分质量, 原子核外有 Z 个带负电荷的电子, 它们绕原子核运动. 这个模型能够很好地解释 α 粒子散射实验的结果, 但是却与经典电磁理论有根本的矛盾. 根据经典电磁理论, 电子绕原子核做圆周运动时, 会产生电子辐射, 辐射出的电磁波的频率等于电子绕原子做圆周运动的频率. 由于电子不断辐射出电磁波, 其能量不断减小, 运动轨道的半径会越来越小, 因此电子最终会落到原子上, 原子应当是一个不稳定系统. 但实际上, 线状的原子光谱表明并没有连续的电磁辐射, 而且原子是一个稳定系统. 1913 年, 玻尔在卢瑟福有核模型的基础上, 结合普朗克能量子的概念和爱因斯坦光量子的概念, 提出 3 个基本假设.

(1) 定态假设

原子中存在一系列不连续的能量状态, 处于这些状态的电子只能在特定的轨道上绕原子核做圆周运动, 但不辐射能量. 这些稳定的能量状态称为定态, 相应的能量为 $E_1, E_2, E_3, \cdots$.

(2) 频率假设

当原子从一个高能量的状态 E_n 跃迁到另一个低能量的状态 E_k 时, 会辐射出一个光子, 光子的频率满足下列关系:

$$h\nu = E_n - E_k. \tag{14.25}$$

(3) 轨道角动量量子化假设电子绕原子核做圆周运动时, 稳定轨道必须满足的条件是角动量 L 等于 $\dfrac{h}{2\pi}$ 的整数倍, 即

$$L = n\frac{h}{2\pi}, \quad n=1,2,3,\cdots. \tag{14.26}$$

式中, n 取正整数, 称为量子数. 这个假设也叫轨道角动量量子化条件.

下面我们根据这 3 个假设计算氢原子光谱的能级公式，并解释氢原子光谱的规律．假设在氢原子中，质量为 m、电量为 e 的电子，在某个稳定轨道上绕原子核做圆周运动的速率为 V，原子核近似认为保持不动，电子所受的向心力为

$$m\left(\frac{V^2}{r}\right)=\frac{e^2}{4\pi\varepsilon_0 r^2}. \tag{14.27}$$

根据轨道角动量量子化假设，有

$$L=mVr=n\frac{h}{2\pi},\ n=1,2,3,\cdots. \tag{14.28}$$

两式联立，消去 V，并假设对于第 n 个轨道，其半径为

$$r_n=n^2\left(\frac{\varepsilon_0 h^2}{\pi me^2}\right)=n^2 r_1, \tag{14.29}$$

式中 ε_0 为第一玻尔轨道半径，是氢原子核外电子的最小半径，也简称玻尔半径，其值为 $\varepsilon_0=5.29\times10^{-11}\mathrm{m}$．

电子在第 n 个轨道上所具有的总能量等于动能和势能的和，即

$$E_n=\frac{1}{2}mV_n^2-\frac{e^2}{4\pi\varepsilon_0 r_n}. \tag{14.30}$$

利用牛顿第二定律的表达式可知

$$\frac{1}{2}mV_n^2=\frac{e^2}{8\pi\varepsilon_0 r_n}, \tag{14.31}$$

代入式（14.30）中，可得

$$E_n=-\frac{e^2}{8\pi\varepsilon_0 r_n}=-\frac{1}{n^2}\left(\frac{me^4}{8\pi\varepsilon_0^2 h^2}\right), \tag{14.32}$$

其中 n 取正整数．可见电子的总能量的确是量子化的，这些分立的能量值称为**能级**，它们就是定态假设中所说的定态的能量．当 $n=1$ 时，有

$$E_1=-\left(\frac{me^4}{8\pi\varepsilon_0^2 h^2}\right)=-13.58\mathrm{eV}, \tag{14.33}$$

总能量可以写成

$$E_n=-\frac{13.58}{n^2}\mathrm{eV}. \tag{14.34}$$

原子处于能量最低的 E_1 能级时称为处于基态，处于 $n=2,3,4,5,\cdots$ 能量更高的能级时称为处于**激发态**，如图 14.10 所示．这时电子处于原子内部分立的稳定轨道上，统称为原子处于**束缚态**．当 n 趋于 $+\infty$ 时，$E_{+\infty}=0$，电子具有足够的能量脱离原子核的束缚，变成自由电子．因此，如果要使电子变成自由电子，至少需要使其获得 $|E_1|=13.58\mathrm{eV}$ 的能量，这个能量称为电离能，与实验测得的电离能（13.599eV）非常接近．当电子脱离原子核的束缚变成自由电子后，其能量变化是连续的，称这种状态对应的原子处于**电离态**．

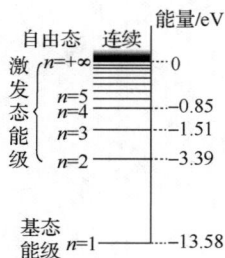

图 14.10　氢原子能级示意

当原子中的电子从高能级跃迁到低能级时，会将多余的能量以光的形式释放出去，根据能量守恒可得发出的光子的频率为

$$\nu = \frac{E_n - E_k}{h} = \frac{me^4}{8\varepsilon_0^2 h^3}\left(\frac{1}{k^2} - \frac{1}{n^2}\right),$$

用波数表示为

$$\tilde{\nu} = \frac{\nu}{c} = \frac{me^4}{8\varepsilon_0^2 h^3 c}\left(\frac{1}{k^2} - \frac{1}{n^2}\right),$$

式中 m 为电子质量. 里德伯常数表达式为 $R = \dfrac{me^4}{8\varepsilon^2 h^3 c}$，将各物理量的值代入计算，得到

$$R_{理论} = 1.097373 \times 10^7 \, \text{m}^{-1},$$

而实验值为

$$R_{实验} = 1.096776 \times 10^7 \, \text{m}^{-1},$$

两者符合得非常好. 这是玻尔氢原子理论有效性的一个重要体现.

根据光子的频率公式可以得到前面提到的可见光及红外、紫外区域氢原子的光谱. 电子从 $n>1$ 的能级向 $n=1$ 的能级跃迁，产生莱曼系的各谱线；电子从 $n>2$ 的能级向 $n=2$ 的能级跃迁，产生的是巴耳末系各谱线；从 $n>3$ 的能级向 $n=3$ 的能级跃迁，产生的则是帕邢系各谱线，如图 14.11 所示.

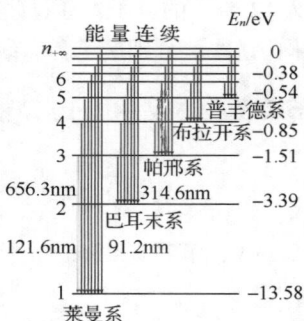

图 14.11　氢原子光谱中不同线系的跃迁

玻尔的氢原子理论能够很好地解释氢原子光谱的规律性，从理论上计算出的氢原子的电离能和里德伯常数也与实验结果吻合得非常好，这充分说明该理论的正确性. 玻尔的氢原子理论表明经典的物理理论不适用于原子内部的物理现象，而是需要采用能量量子化和角动量量子化的观念，这促进了量子化观念进一步发展和普及. 玻尔提出的定态假设和能级跃迁的概念仍然是现代量子理论中重要的概念.

玻尔理论也具有一些缺陷. 比如，它只能计算氢原子谱线的频率，无法计算光谱的强度、宽度和偏振等问题；而且它只能说明氢原子及类氢原子（只有一个价电子的原子或离子）的光谱规律，无法计算具有多个价电子的原子系统. 此外，虽然该理论在观念上说明经典物理理论不适用于原子内部的物理现象，但在前面具体的计算过程中，仍然使用了一些经典物理学的方法和结论，比如在该理论中电子被看作质点，但其又具有能量量子化和角动量量子化的特征，这显得很矛盾. 不过很快，随着一系列新的理论和实验研究成果涌现，更加正确系统的量子力学理论得到发展和确立.

例14.5 试计算氢原子的电离电势和第一激发电势.

解 由氢原子能级公式

$$E_n = -\frac{13.58}{n^2}\text{eV},$$

电离能为

$$E_{电离} = E_{+\infty} - E_1 = 0 - \left(-\frac{13.58}{1^2}\right) = 13.58(\text{eV}),$$

电离电势为

$$V_{电离} = \frac{E_{电离}}{e} = 13.58(\text{V}).$$

从基态到第一激发态所需能量为

$$E_2 - E_1 = \left(-\frac{13.58}{2^2}\right) - \left(-\frac{13.58}{1^2}\right) \approx 10.2(\text{eV}),$$

所以第一激发电势为10.2V.

例14.6 用动能为12.5eV的电子，通过碰撞使基态氢原子激发，最高激发到哪一能级？当回到基态时能产生哪些谱线？分别属于什么线系？

解 设氢原子全部吸收12.5eV的能量后最高能激发到第 n 能级，由 $E_n = -\frac{Rhc}{n^2}$，有

$$E_n - E_1 = Rhc\left(1 - \frac{1}{n^2}\right) = 12.5\text{eV}.$$

Rhc 等于电离能13.6eV，解得 $n = 3.5$. n 只能取整数，所以最高能激发到 $n = 3$ 的能级，于是将产生3条谱线.

当 n 从 $3 \to 1$：$\tilde{\nu}_1 = R\left(\frac{1}{1^2} - \frac{1}{3^2}\right) = \frac{8}{9}R$，$\lambda_1 = \frac{9}{8R} = 102.6\text{nm}.$

当 n 从 $2 \to 1$：$\tilde{\nu}_1 = R\left(\frac{1}{1^2} - \frac{1}{2^2}\right) = \frac{3}{4}R$，$\lambda_2 = \frac{4}{3R} = 121.6\text{nm}.$

当 n 从 $3 \to 2$：$\tilde{\nu}_1 = R\left(\frac{1}{2^2} - \frac{1}{3^2}\right) = \frac{5}{36}R$，$\lambda_3 = \frac{36}{5R} = 656.3\text{nm}.$

λ_1、λ_2 属于莱曼系，λ_3 属于巴耳末系. 对单个氢原子来说，一次跃迁只能发出一种波长的光，实际观测时是大量氢原子发光，所以3种波长同时存在.

14.4 德布罗意波

根据前面对光的性质的讨论，我们知道，光的干涉和衍射现象说明光具有波动性，而光电效应及康普顿效应等则说明光具有粒子性. 综合而言，光是同时具有波动性和粒子性的，这个观念在1923年到1924年间逐渐得

德布罗意

到理解和接受. 但是, 电子、原子等微观粒子在具有明显的粒子性的同时, 是不是也具有波动性呢？1927 年 11 月, 法国青年物理学家德布罗意在他的博士论文《关于量子理论的研究》中给出了肯定的回答. 他指出：自然界在许多方面都是明显对称的, 在过去很长一段时间中, 我们过分强调光的波动性, 忽略了光的粒子性, 但实际上两者不是对立的, 那么实物粒子, 如电子、质子等, 应当也具有波动性.

德布罗意在光的波粒二象性的基础上, 进一步拓展了这个思想. 他认为一个质量为 m、以速率 v 运动的实物粒子, 具有的能量为 E, 动量大小为 p, 也同时具有波动性, 这种波动性所对应的频率为 v, 波长为 λ. 能量 E、动量 p 和频率 v、波长 λ 之间的关系为

$$E = mc^2 = h\nu, \tag{14.35}$$

$$p = mv = \frac{h}{\lambda}. \tag{14.36}$$

这种波称为德布罗意波或物质波. 式（14.35）和式（14.36）称为德布罗意公式. 这个公式揭示了包括光、实物粒子在内的所有一切物质的波粒二象性本质, 即任何一个物体都同时具有波动性和粒子性, 描述波动性和粒子性的物理量满足上述关系.

需要注意的是, 式（14.35）和式（14.36）中的质量应当是相对论性质量. 对于粒子速率 V 较小的情况, 物体的质量与静止质量比较接近, 波长可以近似写成

$$\lambda = \frac{h}{m_0 V}. \tag{14.37}$$

对于粒子速率 V 接近光速的情况, 波长可写为

$$\lambda = \frac{h}{\dfrac{m_0}{\sqrt{1 - V^2/c^2}} v}. \tag{14.38}$$

在宏观低速的情况下, 粒子质量比较大, 而速率比较小, 因此德布罗意波的波长非常短, 波动性表现得不明显. 而对于微观尺度, 粒子的质量很小, 运动速率较快, 这时德布罗意波的波长较长, 波动性比较明显.

一、德布罗意波的实验验证

德布罗意波是否存在最终需要实验的证明. 电子的波动性对应的波长大约为 8.67×10^{-2} nm, 与 X 射线的波长相当. 因此, 戴维森和革末在 1927 年使用类似 X 射线衍射的方法做了电子束衍射实验. 实验装置如图 14.12 所示, 电子从灯丝射出后经过电场 U 的加速, 通过狭缝 D 后成为很细的电子束, 投射到镍晶体表面. 电子束在晶体表面散射后被探测器接

收到产生电流，形成可探测的信号．实验发现，电子探测器中的电流具有明显的选择性，对于特定的加速电压，只有在某个散射角度才能探测到电流的最大值．例如，当加速电压为 $U=54\mathrm{V}$ 时，$\theta=50°$ 才能探测到最大值．

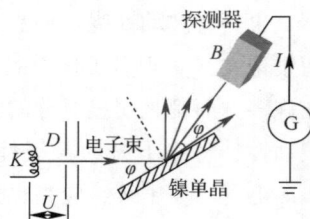

图 14.12　戴维森-革末电子衍射实验装置示意

假设晶体是由间隔均匀的原子规则排列而成的，相邻两个晶面间距为 d，物质波的波长为 λ．与 X 射线在晶体上衍射的布拉格公式相似，反射的电子束干涉加强的条件为

$$2\Delta = 2d\sin\frac{\theta}{2}\cos\frac{\theta}{2} = k\lambda,$$

即

$$d\sin\theta = k\lambda.$$

利用德布罗意公式 $\lambda = \dfrac{h}{mV}$，以及电子速率 V 与加速电压的关系 $V = \left(\dfrac{2eU}{m}\right)^{1/2}$，上式可以写成

$$\sin\theta = \frac{kh}{d}\sqrt{\frac{1}{2emU}}.$$

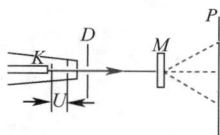

（a）

已知镍晶体原子间距为 $d=0.215\mathrm{nm}$，把相关参数代入上式，可得

$$\sin\theta = 0.777k.$$

因为 k 必须是整数，所以只有 $k=1$ 才能保证 $\sin\theta<1$，可得

$$\theta = \arcsin 0.777 = 51°.$$

这与实验测得的结果 $\theta=50°$ 比较接近．这个结果说明电子确实具有波动性，德布罗意波的存在性首次得到证实．

在上述实验的同一年，英国物理学家 G.P.汤姆孙独立地从实验上观察到电子透过多晶铝薄的衍射现象．得到的衍射图样如图 14.13 所示，这与 X 射线通过多晶膜的衍射图样非常相似，充分说明了电子具有波动性．不仅仅是电子，后来的实验证明质子、中子、氦原子、氢分子等实物粒子都具有波动性．大量的实验事实表明，波粒二象性确实是物体的本质属性，而德布罗意公式是反映这种性质的基本公式．

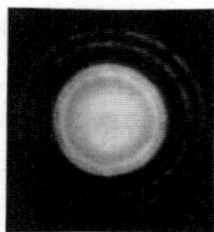

（b）

图 14.13　电子透过多晶铝箔的衍射图样

例 14.7　计算质量为 $m=0.01\mathrm{kg}$、速率为 $V=300\mathrm{m/s}$ 的子弹的德布罗意波长．

解　根据德布罗意公式，可得

$$\lambda = \frac{h}{mV} = \frac{6.63\times10^{-34}}{0.01\times300} = 2.21\times10^{-34} \ （\mathrm{m}）.$$

可以看出，因为普朗克常数很小，所以宏观物体的波长小到实验难以观测的程度，宏观物体的粒子性占绝对主导地位.

二、德布罗意波的统计解释

1926 年，波恩提出的**概率波**是对实物粒子波动性的一种很好的解释. 为了理解概率波的概念，我们将电子的衍射图样和光的衍射图样做类比，如图 14.14 所示. 对光的衍射图样而言，光强较大的地方，到达的光子数比较多，或者说光子到达该位置的概率比较大；光强较小的地方，到达的光子数比较少，光子到达该位置的概率比较小. 相应地，从电子衍射图样来看，亮条纹处是电子比较密集的地方，到达该处的电子数量较多，或者说电子在运动过程中到达该位置的概率比较大. 暗条纹是电子比较稀疏的地方，到达该处的电子数量较少，或者说电子在运动过程中到达该位置的概率比较小. 从波动的观点来看，电子到达某位置的概率的大小反应的正是其物质波的波动性的强弱. 对于电子或者其他微观粒子都是这样. 概括而言，德布罗意波在空间某位置的强度代表的是粒子在该位置出现的概率，这就是德布罗意波的统计解释. 这种统计性将粒子的波动性和粒子性联系在一起，是量子力学的基本观点之一.

（a）电子

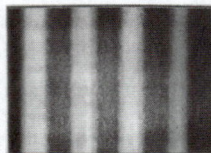

（b）光

图 14.14　电子通过双缝衍射和光通过双缝衍射的衍射图样对比

14.5 不确定关系

在经典力学中，粒子（质点）的运动状态可以用位置和速度来描述，这两个量是可以同时准确测定的，这就是经典力学中的确定性. 然而，对于具有很明显的波粒二象性的微观粒子，是否能对位置和速度同时进行准确测量呢？下面借助电子通过单缝的衍射来进行讨论.

如图 14.15 所示，假设一束电子沿 y 轴穿过宽度为 Δx 的狭缝，在屏幕上形成衍射条纹. 对于一个电子，无法确定它从狭缝的哪个位置通过，只能确定它的确是从宽度为 Δx 的狭缝穿过了，因此电子在 x 轴方向的位置不确定范围为 Δx. 当电子穿过狭缝后，由于发生衍射，电子的动量大小不变，但是方向发生了变化，沿 x 轴方向的分量 p_x 不再为零，因此形成了宽度比狭缝更大的条纹. 这里我们只以中央明纹的宽度为例，其半宽角为 φ，根据单缝衍射的公式有

$$\Delta x \sin\varphi = \lambda.$$

电子的动量在 x 轴方向的分量为 $p_x = p\sin\varphi$，所以 p_x 的不确定范围为 $\Delta p_x = p\sin\varphi$，由此式和上式可得

$$\Delta p_x = p\frac{\lambda}{\Delta x}.$$

不确定关系

再利用德布罗意关系 $\lambda = \dfrac{h}{p}$，可得

$$\Delta x \Delta p_x \approx h.$$

考虑更高级别的衍射条纹，对应的 p_x 的不确定范围会更大，有

$$\Delta x \Delta p_x \geq h.$$

量子力学给出的严格结果为

$$\Delta x \Delta p_x \geq \frac{\hbar}{2},$$

其中 $\hbar = \dfrac{h}{2\pi} = 1.0545887 \times 10^{-34} \text{J} \cdot \text{s}$，称为约化普朗克常数.

由于上式通常用于数量级的估计，所以可以简写为

$$\Delta x \Delta p_x \geq \hbar. \tag{14.39}$$

该式说明，位置的不确定范围越小，动量的不确定范围就越大. 就上述讨论的例子来讲，就是狭缝越小，衍射条纹的宽度越大，这与电子的单缝衍射的实验结果是一致的.

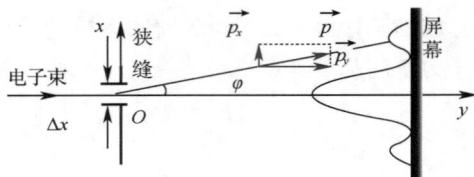

图 14.15　用电子衍射说明不确定性

式 (14.39) 也称为不确定关系，或者不确定原理，由海森堡在 1927 年提出. 它表明：对于微观粒子，不能同时用准确的位置和动量来描述其状态. 这个原理不仅适用于电子，也适用于任何其他微观粒子. 不确定关系还给出了位置不确定范围和动量不确定范围应当满足的关系，即两者乘积一定不小于 $\hbar$. 微观粒子的这个性质，是波粒二象性的体现.

需要指出的是，不确定关系同样适用于任何尺度的物体，只不过普朗克常数 h 极其微小，为 10^{-34} 数量级，对于宏观物体，测量结果的不确定范围远远达不到如此精度，可以认为经典物理学中质点的位置和动量是可以同时准确测定的. 时间和能量也满足相似的关系，即

$$\Delta E \Delta t \geq \frac{h}{2}, \tag{14.40}$$

其中 ΔE 是系统的能量不确定范围，Δt 是时间的不确定范围. 假设一个质量为 m 的粒子以速率 V 做直线运动，其动能为

$$E = \frac{1}{2} mV^2 = \frac{p^2}{2m},$$

将上式两端取微分，得

$$\Delta E = \frac{p}{m}\Delta p = \frac{mV}{m}\Delta p = V\Delta p,$$

考虑到 $x = Vt$, 有 $\Delta x = V\Delta t$, 利用式 (14.40) 可得

$$\Delta p_x \Delta x = \frac{\Delta E}{V}V\Delta t = \Delta E\Delta t \geqslant h.$$

原子处于某激发态的平均时间为平均寿命, 用 τ 表示, 利用时间和能量的不确定关系可得, 能级宽度 ΔE 与其平均寿命 τ 成反比, 能级寿命越短, 能级宽度越宽, 反之亦然.

例 14.8　原子线度为 10^{-10} m, 求原子中电子速度的不确定量.

解　"电子在原子中"意味着电子的位置不确定量为 $\Delta x = 10^{-10}$ m, 根据测不准关系可得

$$\Delta v_x = \frac{\hbar}{m\Delta x} = \frac{1.05 \times 10^{-34}}{9.11 \times 10^{-31} \times 10^{-10}} \approx 1.2 \times 10^6 (\text{m/s}).$$

按玻尔理论计算得到的氢原子中电子轨道运动速度大小约为 10^6 m/s, 与上面计算得到的不确定量同数量级, 所以对于原子中的电子, 说轨道运动速度是没有意义的.

14.6 波函数和薛定谔方程

从 19 世纪末到 20 世纪 20 年代这段时间内, 人们认识到微观粒子与宏观物体有不同的性质和规律, 物质的波粒二象性、氢原子光谱等现象充分表明经典物理理论不适用于微观世界, 人们必须建立正确的适用于微观世界的物理理论. 在大量实验事实的基础上, 经过普朗克、爱因斯坦、玻尔、德布罗意、海森堡、薛定谔、狄拉克等人的一系列研究和探索, 最终人们建立了反映微观粒子本质特性的量子力学. 本节介绍量子力学的一些基本概念和薛定谔方程.

薛定谔

一、波函数和概率密度

薛定谔认为电子、中子等微观粒子的波动性同样可以用波函数来描述, 就像用波函数来描述声或光一样. 只不过电子波函数中的频率和能量、波长和动量的关系, 应当满足德布罗意物质波的公式. 也就是说, 微观粒子的波动性与机械波的波动性有本质区别. 下面我们首先介绍描述微观粒子波动性的波函数, 再介绍其物理内涵.

通过前面的学习, 我们知道沿 x 轴正向传播、频率为 ν、波长为 λ 的平面机械波的波函数为

$$y(x,t) = A\cos 2\pi\left(\nu t - \frac{x}{\lambda}\right), \tag{14.41}$$

写成复数形式为

$$y(x,t) = A\mathrm{e}^{-\mathrm{i}2\pi\left(\nu t - \frac{x}{\lambda}\right)},$$

其实部就是式（14.41）所代表的的波动方程.

现在考虑一个自由粒子的波函数，根据德布罗意关系，能量为 E、动量为 $\vec{p}$ 的粒子，其频率和波长可以写为

$$\nu = \frac{E}{h}, \quad \lambda = \frac{h}{p}. \tag{14.42}$$

自由粒子不受力，其动量和能量均为常量，不发生变化，可以认为该自由粒子对应的波是一个单色平面波. 将式（14.42）中的频率和波长代入平面机械波的复数表达式中，并用 Ψ 表示该波函数，有

$$\Psi(x,t) = \Psi_0 \mathrm{e}^{-\mathrm{i}\frac{2\pi}{h}(Et-px)} = \Psi_0 \mathrm{e}^{-\frac{\mathrm{i}}{h}(Et-px)}, \tag{14.43}$$

这就是一维空间中能量为 E、动量为 $\vec{p}$ 的自由粒子的波函数. 当我们研究系统能量为确定值，不随时间变化的问题时，该波函数可写为

$$\Psi(x,t) = \psi(x)\mathrm{e}^{-\frac{\mathrm{i}}{h}Et}. \tag{14.44}$$

其中，$\psi(x) = \Psi_0 \mathrm{e}^{\frac{\mathrm{i}}{h}px}$，其只与坐标有关，与时间无关，称为振幅函数，通常也简称为**波函数**.

说明波函数物理意义的是波恩的统计解释. 对于电子等微观粒子，粒子分布多的位置，粒子的德布罗意波在该位置的强度大，而粒子在某位置分布数目的多少，是与粒子在该位置出现的概率成正比的. 所以，某一时刻粒子出现在空间某位置附近的体积元 $\mathrm{d}V$ 中的概率与 $|\Psi|^2\mathrm{d}V$ 成正比. 波函数 Ψ 是复数，$|\Psi|^2\mathrm{d}V$ 可由下式代替：

$$|\Psi|^2\mathrm{d}V = \Psi\Psi^*\mathrm{d}V.$$

其中，Ψ^* 是 Ψ 的共轭复数. $\Psi\Psi^*$ 表示粒子出现在某位置附近单位体积元中的概率，称为**概率密度**，所以德布罗意波也叫**概率波**. 由此可见，实物粒子的波函数不表示任何物理量的波动，而是计算测量概率的数学量. 由于波函数只描写观测到的粒子的概率分布，因此有意义的是概率（即波函数的模平方）的相对大小，波函数乘以任何常数不会导致新的物理状态. 通常，如果波函数不为零，那么说明粒子总会出现在全部空间中的某个位置，或者说在整个空间中一定能找到该粒子，我们规定这种情况找到粒子的概率为 1，用数学公式表达为

$$\iiint_{-\infty}^{+\infty} |\Psi|^2 \mathrm{d}x\mathrm{d}y\mathrm{d}z = 1,$$

这称为波函数的**归一化条件**.

二、薛定谔方程

在经典力学中，知道了质点的受力情况及初始条件，就可以根据牛顿运动方程计算出质点在任意时刻的运动状态．在量子力学中，微观粒子的状态由波函数描述，如果知道粒子的波函数所满足的运动方程，根据初始条件，也可以求出任意时刻粒子的运动状态．微观粒子的波函数所满足的基本方程就是薛定谔方程，由薛定谔于 1926 年提出．薛定谔方程是量子力学的一个基本假设，即假设微观粒子的波函数满足**薛定谔方程**，它不能根据已有的物理学规律推导出来，也不能直接从实验事实总结出来（因为量子力学里的波是不可观测量）．方程的正确性只能依靠实践检验，不过到目前为止，各种实践证明它是正确的．下面介绍建立薛定谔方程的思路（并不是严格的理论推导）．

考虑一个质量为 m、动量为 $\vec{p}$、能量为 E 的自由粒子沿 x 轴运动，其波函数可表示为 $\varPsi(x,t)=\varPsi_0 \mathrm{e}^{-\mathrm{i}h(Et-px)}$，做如下运算：

$$\frac{\partial \varPsi}{\partial t}=-\frac{\mathrm{i}}{h}E\varPsi, \quad \frac{\partial^2 \varPsi}{\partial x^2}=-\frac{p^2}{h^2}\varPsi. \tag{14.45}$$

对于非相对论（$v \ll c$）情况，自由粒子的动量和能量满足关系 $p^2 = 2mE$，将式（14.45）代入该关系式中，可得

$$\mathrm{i}\hbar \frac{\partial \varPsi}{\partial t}=-\frac{\hbar^2}{2m}\frac{\partial^2 \varPsi}{\partial x^2}, \tag{14.46}$$

这就是一维自由粒子波函数所遵从的微分方程，方程的解就一维自由粒子的波函数．如果粒子在保守的外力场中运动，且粒子的势能为 V，则粒子的总能量为

$$E=\frac{p^2}{2m}+V.$$

同样，将该式子代入式（14.45），可得

$$\mathrm{i}\hbar \frac{\partial \varPsi}{\partial t}=-\frac{\hbar^2}{2m}\frac{\partial^2 \varPsi}{\partial x^2}+V\varPsi. \tag{14.47}$$

这就是势场中做一维运动的粒子的波函数所遵守的**含时薛定谔方程**，这个方程描述了一个质量为 m 的粒子，在势场 V 中运动时，其波函数的变化规律．

如果粒子在三维空间中运动，上式可推广为

$$\mathrm{i}\hbar \frac{\partial \varPsi}{\partial t}=-\frac{\hbar^2}{2m}\nabla^2 \varPsi+V\varPsi, \tag{14.48}$$

式中 ∇^2 为拉普拉斯算符，在三维直角坐标系中，$\nabla^2=\dfrac{\partial^2}{\partial x^2}+\dfrac{\partial^2}{\partial y^2}+\dfrac{\partial^2}{\partial z^2}$．式

薛定谔的猫

（14.48）可简写为

$$i\hbar\frac{\partial\Psi}{\partial t}=\hat{H}\Psi,\qquad(14.49)$$

式中$\hat{H}=-\frac{\hbar^2}{2m}\nabla^2+V$，称为哈密顿算符. 式（14.48）和式（14.49）称为薛定谔方程.

在玻尔的理论中曾提到定态，它是指能量不随时间变化的状态. 现在从薛定谔方程讨论这种状态. 假设方程中势场V只是空间坐标的函数，即$V=V(x,y,z)$，可以将波函数$\Psi(x,y,z,t)$分离变量，形式为

$$\Psi(x,y,z,t)=\psi(x,y,z)f(t),\qquad(14.50)$$

代入式（14.49），并适当处理，把坐标函数和时间函数放在等号两侧，有

$$\frac{1}{\psi}\left(-\frac{\hbar^2}{2m}\nabla^2\psi+V\psi\right)=\frac{i\hbar}{f}\frac{df}{dt}.\qquad(14.51)$$

此式等号左边是空间坐标的函数，右边是时间的函数，因此，要使等式成立，方程两边应当均为常数. 假设这个常数为E，有

$$\frac{i\hbar}{f}\frac{df}{dt}=E,$$

这个微分方程的解为

$$f(t)=ke^{-\frac{i}{\hbar}Et},$$

其中k为积分常数. 代回式（14.50）可得

$$\Psi(x,y,z,t)=\psi(x,y,z)e^{-\frac{i}{\hbar}Et}.\qquad(14.52)$$

与自由粒子的波函数相比，可知E就是能量. 且波函数满足$\Psi\Psi^*=\psi\psi^*$，说明概率密度与时间无关，所以叫作**定态**.

式（14.51）等号左侧同样等于常数E，有

$$-\frac{\hbar^2}{2m}\nabla^2\psi+V\psi=E\psi.\qquad(14.53)$$

ψ只是坐标的函数，整个方程与时间无关，称为定态薛定谔方程. 它的解称为**定态波函数**. 如果只考虑粒子在一维势场中的运动，方程可写成

$$\frac{d^2\psi(x)}{dx^2}+\frac{2m}{\hbar^2}(E-V)\psi(x)=0,\qquad(14.54)$$

对于自由粒子，势场$V=0$，且$E=\frac{p^2}{2m}$，方程的一个解为

$$\psi(x)=\Psi_0e^{\frac{i}{\hbar}px},$$

这是**空间波函数**，与前面得到的结果一致，它表示的是沿x轴正向传播的单色波.

由定态薛定谔方程可以解出给定势场中运动的粒子的波函数，从而知道粒子在空间某一位置附近单位体积中出现的概率；也能解出定态的能量.

由于粒子出现在给定时刻给定位置的概率应该是唯一的，并且是有限的，而且概率的空间分布不能发生突变，所以要使波函数合理，还需要满足下列几个条件：

（1）$\psi(x,y,z)$ 仅为坐标的单值函数；

（2）$\int_{-\infty<x,y,z<+\infty} |\psi|^2 \mathrm{d}x\mathrm{d}y\mathrm{d}z$ 应为有限值，ψ 可以归一化；

（3）ψ 及 $\dfrac{\partial \psi}{\partial x}, \dfrac{\partial \psi}{\partial y}, \dfrac{\partial \psi}{\partial z}$ 应当连续.

上述条件称为波函数的标准条件.

*14.7　薛定谔方程在几个一维问题中的应用

一、一维无限深方势阱

假设一个粒子沿 x 轴运动，并处于势场 $V(x)$ 中，假定粒子的势能满足下列条件：

$$V(x)=\begin{cases} 0, & 0<x<a, \\ \infty, & x\le 0, x\ge a. \end{cases}$$

也就是说，粒子只能在宽度为 a 的两个无限高势壁之间运动. 我们把这种理想化了的势能曲线称为无限深方势阱. 图 14.16 所示是一维深方势阱示意，对于图中的区域 I，$V=0$，代入式（14.54）中，可得

$$\frac{\mathrm{d}^2 \Psi}{\mathrm{d}x^2} + \frac{8\pi^2 mE}{h^2}\Psi = 0.$$

令

$$k = \sqrt{\frac{8\pi^2 mE}{h^2}}, \tag{14.55}$$

上式变为

$$\frac{\mathrm{d}^2 \Psi}{\mathrm{d}x^2} + k^2 \Psi = 0,$$

该微分方程的通解为

$$\Psi(x) = A\sin kx + B\cos kx,$$

其中 A、B 为待定常数，可用边界条件求出. 因为势阱无限深，粒子在壁上受到的力为无穷大，所以阱内的粒子出不了势阱. 波函数满足的边界条件为 $\Psi(0)=0$，只有当 $B=0$ 时，才能使 $\Psi(0)=0$，此时波函数可简化为

$$\Psi(x) = A\sin kx. \tag{14.56}$$

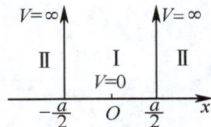

图 14.16　一维无限深方势阱示意

在另一个边界 $x=a$ 处，$\Psi(a)=0$，可得

$$\Psi(a)=A\sin ka=0.$$

为了使方程的解有意义，a 不为零，所以有

$$ka=n\pi.$$

这个条件限制了 k 只能取一些不连续的数值，即 $k=1,2,3,\cdots$.

k 与 E 通过式（14.55）相联系，因此能量也可以写成

$$E=n^2\frac{h^2}{8ma^2}. \tag{14.57}$$

上式说明一维无限深方势阱中粒子的能量天然是量子化的，n 称为粒子能量的量子数. 不过 n 不能为零，只能从 $n=1$ 开始取值，此时 $E_1=\frac{\pi^2\hbar^2}{2ma^2}$，称为零点能. 这可以从不确定关系来理解. 如果处于势阱中的粒子能量为零，则粒子的动量也为零，动量的不确定度为 $\Delta p=0$，按照不确定关系，必须满足 $\Delta p\Delta x\geqslant\hbar$，只有当 $\Delta x\rightarrow\infty$ 才有可能. 但实际上粒子处于势阱内，其不确定度为 $\Delta x=a$，所以能量 E 一定不为零. 从能量表达式可以发现，只有当 a、m 与 $\hbar$ 数量级比较接近时，能量量子化效应才比较明显. 如果 m 为宏观物体的质量，a 为宏观尺寸，那么能级间隔非常小，可以认为能量是连续变化的.

下面通过归一化条件确定系数 A. 由于粒子被限制在势阱中，因此按照归一化条件，粒子在此区域内出现的概率总和应当为 1，即

$$\int_0^a \Psi\Psi^* \,\mathrm{d}x=\int_0^a |\Psi|^2\mathrm{d}x=1,$$

或

$$A^2\int_0^\pi \sin^2\left(\frac{n\pi}{a}x\right)\mathrm{d}x=1.$$

令 $\theta=\frac{\pi x}{a}$，则 $\mathrm{d}\theta=\frac{\pi}{a}\mathrm{d}x$，上式左边用分部积分法可得

$$A^2\int_0^\pi \frac{a}{\pi}\sin^2(n\theta)\,\mathrm{d}\theta=\left(\frac{A^2a}{\pi}\right)\frac{\pi}{2}=\frac{1}{2}A^2a,$$

所以

$$A=\sqrt{\frac{2}{a}}.$$

波函数可写成下列形式：

$$\Psi(x)=\sqrt{\frac{2}{a}}\sin\frac{n\pi}{a}x,0<x<a. \tag{14.58}$$

从波函数可得到处于第 n 能级的粒子在势阱中的概率密度为

$$|\Psi(x)|^2=\frac{2}{a}\sin^2\frac{n\pi}{a}x. \tag{14.59}$$

图 14.17 中给出了一维无限深方势阱中，粒子在前 3 个能级的波函数和概率密度，粒子在势阱中各位置的概率密度并不是均匀分布的，而是随着量子数改变. 这一点与经典力学有明显的区别.

把空间波函数代入式（14.52）中，可以得到包含时间的波函数，本质上是驻波方程. 粒子被限制在势阱中，这种状态称为束缚态. 束缚态的薛定谔方程对应的是驻波形式的解. 在势阱中自由运动的粒子，在势阱的边界上会发生反射，从图 14.17 可以发现，这种驻波应当是两个沿相反方向传播的德布罗意波叠加形成的驻波，边界处是波节. 要在势阱内形成稳定的驻波，必然要求势阱的宽度为半波长的整数倍，即 $a = n\dfrac{\lambda}{2}$，$n = 1, 2,$ $3, \cdots$，可见势阱宽度范围内的半波数量即 n 越大，波长就越短，能级越高. 将波长写成 $\lambda = \dfrac{2a}{n}$，并代入德布罗意波关系式 $p = \dfrac{h}{\lambda}$，可得能量为

$$E = \frac{p^2}{2m} = \frac{h^2}{2m\lambda^2} = \frac{4\pi^2\hbar^2}{2m}\frac{n^2}{4a^2} = \frac{\pi^2\hbar^2}{2ma^2}n^2,$$

这与前面得到的结果是一致的.

图 14.17　一维无限深方势阱中粒子的能级、波函数和概率密度

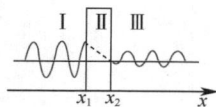

二、隧道效应

量子力学有许多与经典力学不一样的现象，隧道效应就是其中一种. 在经典力学中，一个质点与弹性壁碰撞会被反弹，无法穿透弹性壁. 类似地，我们考虑量子力学中一个粒子入射到一个势垒的情况. 假设粒子沿 x 轴正方向运动，有一个如下的势能分布：

$$V(x) = \begin{cases} 0, & 0 < x < a, \\ V_0, & x \leqslant 0, x \geqslant a. \end{cases}$$

上述势能分布称为**一维方势垒**. 初始时刻，粒子处于 $x<0$ 的区域，而它的能量 E 小于势垒的高度 E_0，按照经典力学的观点，粒子无法越过势垒的高度进入 $x>0$ 的区域，更不可能穿过势垒进入 $x>a$ 的区域. 然而量子力学给出的答案却与此不同，具体的求解过程比较复杂，这里不做介绍，我们只介绍结果. 根据量子力学解出的波函数曲线如图 14.18 所示. 在粒子的能量 $E<E_0$ 的情况下，粒子在势垒区域（$0 \leqslant x \leqslant a$）和势垒右侧区域（$x>a$）的波函数都不为零. 也就是说，粒子有一定的概率处于势垒中，甚至有一定的概率穿透势垒进入右侧区域. 粒子的能量不足以让它越过势垒，但是势垒中好像有个"隧道"一样，可以让少量粒子穿过. 这种现象称为隧道效应.

隧道效应来源于微观粒子的波粒二象性，已被许多实验证实. 1981 年，宾尼希和罗雷尔利用电子的隧道效应制成了**扫描隧道显微镜**（scanning

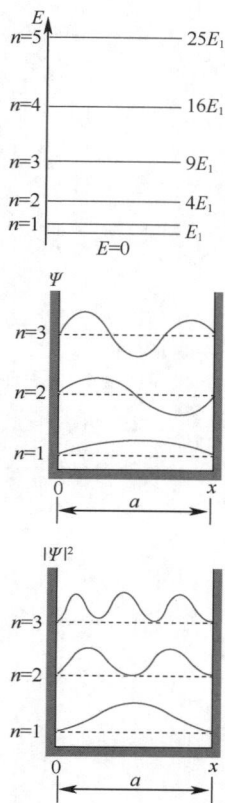

图 14.18　隧道效应的波函数曲线

扫描隧道显微镜

tunneling microscope，STM）. 利用这种显微镜，人们第一次观察到物质表面排列着一个个原子，它的发明对表面科学、材料科学乃至生命科学都有重大的意义. 1986 年，宾尼希又在 STM 的基础上制成了原子力显微镜. 它们都是在量子理论启发下的产物.

14.8 量子理论对氢原子的应用

玻尔的氢原子理论只适用于具有一个价电子的原子或离子的光谱，当把这个理论应用于具有两个以上价电子的原子或离子的光谱时，理论和实验结果有较大的差异. 此外，该理论是经典理论和量子理论的杂糅，比如该理论中电子会绕原子核做圆周运动，这与微观粒子的波粒二象性是不协调的. 基于微观粒子波粒二象性的量子理论更加完善，对氢原子系统有更加令人满意的阐述. 使用量子理论严格求解氢原子体系（两体问题）仍然是比较复杂的，这里我们只针对氢原子的定态问题进行讨论，并借此介绍几个重要的量子数及相关结论.

一、氢原子的薛定谔方程

氢原子中原子核的质量远远大于电子的质量，因此对于氢原子问题，可以近似认为原子核是静止不动的，而电子在原子核产生的库仑势场中运动. 假设电子的质量为 m，带电量为 $-e$，电子处于原子核产生的电场中所具有的电势能为

$$V(r) = -\frac{e^2}{4\pi\varepsilon_0 r}.$$

这里 $r = \sqrt{x^2+y^2+z^2}$，是电子与原子核的距离. 电势能 $V(r)$ 只是坐标的函数，与时间无关，因此这是一个定态问题. 按照式（14.54），三维直角坐标系中氢原子的薛定谔方程可写为

$$\nabla^2\psi + \frac{2m}{\hbar^2}\left(E + \frac{e^2}{4\pi\varepsilon_0 r}\right)\psi = 0. \tag{14.60}$$

由于电子运动具有球对称性，因此这里采用球坐标 r,θ,φ 会比较方便，直角坐标 x,y,z 与球坐标的变换关系（见图 14.19）如下：

$$x = r\sin\theta\cos\varphi, \quad y = r\sin\theta\cos\varphi, \quad z = r\cos\theta.$$

球坐标表示的拉普拉斯算符为

$$\nabla^2 = \frac{1}{r^2}\frac{\partial}{\partial r}\left(r^2\frac{\partial}{\partial r}\right) + \frac{1}{r^2\sin\theta}\frac{\partial}{\partial\theta}\left(\sin\theta\frac{\partial}{\partial\theta}\right) + \frac{1}{r^2\sin^2\theta}\frac{\partial^2}{\partial\varphi^2},$$

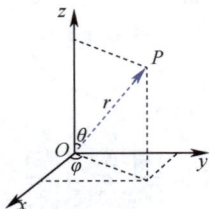

图 14.19 球坐标与直角坐标

假设波函数写成球坐标的形式为

$$\psi = \psi(r,\theta,\varphi),$$

薛定谔方程可写为

$$\frac{1}{r^2}\frac{\partial}{\partial r}\left(r^2\frac{\partial\psi}{\partial r}\right)+\frac{1}{r^2\sin\theta}\frac{\partial}{\partial\theta}\left(\sin\theta\frac{\partial\psi}{\partial\theta}\right)+\frac{1}{r^2\sin^2\theta}\frac{\partial^2\psi}{\partial\varphi^2}+$$

$$\frac{2m}{\hbar^2}\left(E+\frac{e^2}{4\pi\varepsilon_0 r}\right)\psi = 0. \tag{14.61}$$

由于势能仅为 r 的函数，与 θ 和 φ 无关，用分离变量法可得

$$\psi(r,\theta,\varphi) = R(r)\Theta(\theta)\Phi(\varphi),$$

式中 R 仅为 r 的函数，Θ 仅为 θ 的函数，Φ 仅为 φ 的函数. 代入式（14.61），并用 $R(r)\Theta(\theta)\Phi(\varphi)$ 除整个方程，然后乘以 r^2，可得

$$\frac{1}{R}\frac{d}{dr}\left(r^2\frac{dR}{dr}\right)+\frac{1}{\Theta}\frac{1}{\sin\theta}\frac{d}{d\theta}\left(\sin\theta\frac{d\Theta}{d\theta}\right)+\frac{1}{\Phi}\frac{1}{\sin^2\theta}\frac{d^2\Phi}{d\varphi^2}+$$

$$\frac{2m}{\hbar^2}\left(E+\frac{e^2}{4\pi\varepsilon_0 r}\right)r^2 = 0. \tag{14.62}$$

式中，第三项只与 φ 有关，当 φ 取任意值时，不会引起其他 3 项之和的变化，且这 4 项之和仍然为 0. 这就要求第三项中含 φ 的因子等于常数，假设这一常数为 $-m_l^2$，即

$$\frac{1}{\Phi}\frac{d^2\Phi}{d\varphi^2} = -m_l^2, \tag{14.63}$$

于是式（14.62）可写为

$$\left[\frac{1}{R}\frac{d}{dr}\left(r^2\frac{dR}{dr}\right)+\frac{2m}{\hbar^2}\left(E+\frac{e^2}{4\pi\varepsilon_0 r}\right)r^2\right]+$$

$$\left[\frac{1}{\Theta}\frac{1}{\sin\theta}\frac{d}{d\theta}\left(\sin\theta\frac{d\Theta}{d\theta}\right)-\frac{m_l^2}{\sin^2\theta}\right] = 0. \tag{14.64}$$

同理，式（14.64）中含有 r 和 θ 的部分也应当分别等于一个常数，且这两个常数互为相反数，令该常数为 λ，有

$$\frac{1}{R}\frac{d}{dr}\left(r^2\frac{dR}{dr}\right)+\frac{2m}{\hbar^2}\left(E+\frac{e^2}{4\pi\varepsilon_0 r}\right)r^2 = \lambda, \tag{14.65}$$

$$\frac{1}{\Theta}\frac{1}{\sin\theta}\frac{d}{d\theta}\left(\sin\theta\frac{d\Theta}{d\theta}\right)-\frac{m_l^2}{\sin^2\theta} = -\lambda, \tag{14.66}$$

这两个方程的求解过程略去.

二、3 个量子数

1. 磁量子数

方程（14.63）可写为

$$\frac{\mathrm{d}^2\varPhi}{\mathrm{d}\varphi^2}+m_l^2\varPhi=0,$$

其解的形式为

$$\varPhi=Ae^{im_l\varphi},$$

其中 m_l 是一个常数. 由于 φ 以 2π 为周期, 即

$$\varPhi(\varphi)=\varPhi(\varphi+2\pi),$$

这就要求 m_l 满足下列条件:

$$m_l=0,\pm1,\pm2,\cdots.$$

已知动量大小为 p、沿 x 轴正方向运动的一维波函数为 $e^{\frac{i}{\hbar}px}$. 与此相似, 一个动量大小为 p 的粒子绕 z 轴运动, 在局部空间小区域可近似为

$$\varPhi(\varphi)=Ae^{\frac{i}{\hbar}ps},$$

其中 s 是圆周上某位置的一小段弧长, p 为该位置处切线方向的动量大小. 弧长可写为 $s=r\varphi$, 动量大小可写为 $p=\dfrac{L_z}{r}$, 则有

$$\varPhi(\varphi)=Ae^{\frac{i}{\hbar}L_z\varphi}=Ae^{im_l\varphi}.$$

比较两边的指数可得

$$L_z=m_l\hbar, m_l=0,\pm1,\pm2,\cdots, \tag{14.67}$$

这说明处于稳定环状行波的粒子, 角动量在转轴方向的投影是量子化的, 只能取 $\hbar$ 的整数倍, m_l 称为角动量投影量子数或磁量子数. 按照角动量矢量 $\vec{L}$ 的方向与轨道平面成右手螺旋关系, 当电子绕核运动时, 其轨道平面在空间不能取任意方位, 只能取特定方向, 这称为轨道的**空间量子化**.

2. 角量子数

关于 $\varTheta$ 的方程可写为

$$\frac{1}{\sin\theta}\frac{\mathrm{d}}{\mathrm{d}\theta}\left(\sin\theta\frac{\mathrm{d}\varTheta}{\mathrm{d}\theta}\right)+\left(\lambda-\frac{m_l^2}{\sin^2\theta}\right)\varTheta=0,$$

这是勒让德方程, 其解为勒让德多项式. 为了使 $\theta=0$ 和 $\theta=\pi$ 时, φ 为有限值, 必须限定

$$\lambda=l(l+1), \quad l=0,1,2,\cdots,$$

且

$$l\geqslant|m_l|.$$

因此, 关于 $R(r)$ 的方程可写成

$$-\frac{\hbar^2}{2m}\frac{1}{r^2}\frac{\mathrm{d}}{\mathrm{d}r}\left(r^2\frac{\mathrm{d}R}{\mathrm{d}r}\right)+\left[\frac{l(l+1)\hbar^2}{2mr^2}-\frac{e^2}{4\pi\varepsilon_0r}\right]R=ER. \tag{14.68}$$

与经典力学中粒子的能量 $E=\dfrac{p^2}{2m}+V(r)$ 对照, 并把动量 $\vec{p}$ 分解为径向和垂直于径向两个分量 p_r 和 $p_\perp$, 粒子的角动量大小 $L=rp_\perp$, 则

$$p^2 = p_r^2 + p_\perp^2 = p_r^2 + \frac{L^2}{r^2}.$$

所以总能量为

$$E = \frac{p_r^2}{2m} + \frac{L^2}{2mr^2} + V(r).$$

与式（14.68）对比，式（14.68）左边第一项是径向动能项，中括号内第二项是势能项，中括号内第一项为转动动能项，所以

$$L^2 = l(l+1)\hbar^2,$$

即

$$L = \sqrt{l(l+1)}\,\hbar,\ l = 0,1,2,\cdots,\ l \geqslant |m_l|. \tag{14.69}$$

l 称为**角动量量子数**，简称**角量子数**.

3. 主量子数

式（14.68）中，只要 $E>0$，该式均有单值、有限、连续的解，但 $E>0$ 表示电子是自由电子，能量是连续分布的. 这里我们研究的是束缚态，即 $E<0$ 时薛定谔方程的解. 当 $r \to +\infty$ 时，$R(r) \to 0$；当 $r \to 0$ 时，$R(r)$ 不发散，从式（14.68）可求得

$$E = -\frac{me^4}{8\varepsilon_0^2 h^2}\frac{1}{n^2},\ n = 1,2,3,\cdots,$$

且 $n \geqslant l+1$. 这与玻尔理论得到的能级公式是相同的. n 称为**主量子数**. 氢原子的径向波函数与 n 和 l 这两个量子数有关.

三、氢原子在基态时的径向波函数和电子的分布概率

氢原子处于基态时，主量子数 $n = 1$，角量子数 $l = n-1 = 0$，代入式（14.68）可得氢原子处于基态时径向波函数应满足的方程为

$$r^2\frac{d^2R}{dr^2} + 2r\frac{dR}{dr}\left(E + \frac{e^2}{4\pi\varepsilon_0 r}\right)R = 0. \tag{14.70}$$

这个方程最简单的解为

$$R(r) = Ne^{-\frac{r}{a_1}}, \tag{14.71}$$

其中 N 和 a_1 为待定常数. 把 $R(r)$ 代入方程（14.70）可得

$$\frac{r^2}{a_1^2} - 2\frac{r}{a_1} + \frac{2mr^2}{\hbar^2}E + \frac{2mr}{\hbar^2}\frac{e^2}{4\pi\varepsilon_0} = 0,$$

整理得

$$\left(\frac{1}{a_1^2} + \frac{2mE}{\hbar^2}\right)r^2 - \left(\frac{2}{a_1} - \frac{2me^2}{4\pi\varepsilon_0 \hbar^2}\right)r = 0.$$

上式对任意 r 恒成立的条件是左侧两个括号内的项恒为零，即

$$\frac{1}{a_1^2} + \frac{2mE}{\hbar^2} = 0,$$

$$\frac{2}{a_1} - \frac{2me^2}{4\pi\varepsilon_0\hbar^2} = 0.$$

由此两式解得

$$a_1 = \frac{4\pi\varepsilon_0\hbar^2}{me^2} = 0.529\times10^{-10}\text{m},$$

$$E_1 = -\frac{\hbar^2}{2ma_1^2} = -\frac{me^4}{8\varepsilon_0h^2} = -13.6\text{eV}.$$

这两个结果分别是**玻尔半径**和**基态能量**，它们与前面介绍的结果完全一致.

把各能级的量子数考虑进来，氢原子中电子的波函数为

$$\psi_{n,l,m_l}(r,\theta,\varphi) = R_{nl}(r)\Theta_{lm_l}(\theta)\Phi(\varphi),$$

在体积元 $dV = r^2\sin\theta drd\theta d\varphi$（见图 14.20）内电子出现的概率为

$$|\psi_{n,l,m_l}(r,\theta,\varphi)|^2dV = |R_{nl}(r)|^2|\Theta_{lm_l}(\theta)|^2|\Phi_{m_l}(\varphi)|^2r^2\sin\theta drd\theta d\varphi,$$

对 θ 和 φ 变化的全部区域进行积分，并注意 $\Theta(\theta)$ 和 $\Phi(\varphi)$ 都是归一化了的函数，可以得到电子在到原子核距离为 r、厚度为 dr 的球壳内出现的概率为

$$P_{nl}(r)dr = |R_{nl}(r)|^2r^2dr\int_0^\pi|\Theta_{lm_l}(\theta)|^2\sin\theta d\theta\int_0^\pi|\Phi_{m_l}(\varphi)|^2d\varphi$$

$$= |R_{nl}(r)|^2r^2dr. \tag{14.72}$$

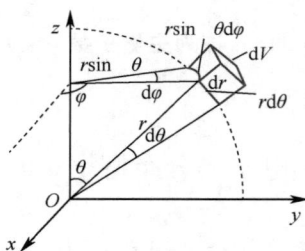

图 14.20 球坐标中的体积元

这个概率称为电子的径向分布. 现在根据归一化条件计算基态径向波函数中的常数 N. 对径向波函数在全空间积分，结果应该等于 1，即

$$\int_0^{+\infty}|R(r)|^2r^2dr = \int_0^{+\infty}N^2e^{-2\frac{r}{a_1}}r^2dr = N^2\frac{a_1^3}{4} = 1,$$

可得

$$N = \frac{2}{\sqrt{a_1^3}}.$$

这样，我们就得到基态径向波函数的表达式

$$R_{10} = \frac{2}{\sqrt{a_1^3}}e^{-\frac{r}{a_1}}. \tag{14.73}$$

在量子力学中，电子没有轨道的概念，只能给出其在空间的分布概率. 例如，基态氢原子中电子位于 $(r\rightarrow r+dr)$ 球壳内的概率为

$$P(r)dr = |R_{10}(r)|^2r^2dr = \frac{4}{a_1^3}e^{-2\frac{r}{a_1}}r^2dr,$$

r 的取值范围为 0 到 $+\infty$，在该范围内电子都有可能出现，只是不同位置出现的概率大小不同，如图 14.21 所示. 将概率密度函数 $P(r)$ 对 r 求导数，可以得到出现概率最大的距离：

$$\frac{dP(r)}{dr} = \frac{4}{a_1^3}e^{-2\frac{r}{a_1}}\left(2r - \frac{2r^2}{a_1}\right) = 0,$$

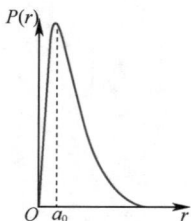

图 14.21 基态氢原子内电子径向分布函数

$$r_{\max} = a_1.$$

这其实就是第一玻尔轨道的半径，但是这里是最概然距离，电子在 a_1 附近出现的概率最大. 电子的这种分布方式被形象地称为"电子云".

根据氢原子的薛定谔方程可以得到如下重要结果：氢原子只能处于一些分立的状态，这些状态可以用 3 个量子数 n, l, m_l 来描述. 它们代表的物理意义如下.

（1）主量子数 n：代表氢原子的能量 E，其意义与玻尔理论给出的相同.

（2）角量子数 l：代表原子的角动量 L. 角动量大小为 $\hbar$，具有角动量的量纲. 为了和后面的自旋角动量区分开来，L 也称为轨道角动量. 当 n 确定后，l 有 n 个可能取值，最大值为 $n-1$. l 对能量也有些许影响，由 n 确定的能级实际上包含了若干个与 l 有关的分能级.

（3）磁量子数 m_l：代表角动量在空间的可能取向. 选定某一个特定的方向为 z 轴（实验中是外磁场的方向），角动量沿 z 轴方向的分量 L_z 的最小值为零，最大值为 $l\hbar$，共有 $2l+1$ 个取值（包含方向）. 角动量在空间的取值是分立的. 图 14.22 给出了 $l=1,2,3$ 几种情况下磁量子数的取值情况.

利用上述 3 个量子数，可以唯一确定波函数 $\varPsi_{n,l,ml}(r,\theta,\varphi)$. 只给定一个主量子数 n 时，波函数并没有完全确定. 因此，此时 l 有 n 个可能取值，而对于每一个 l，m_l 又可以有 $2l+1$ 个不同的值. l 和 m_l 不同，则波函数不同，电子处于不同的状态. 但是这些状态具有相同的能级，称该能级是简并的，处于该能级的状态数则称为能级的**简并度**. 根据简单的计算可知，氢原子能级的简并度为 n^2.

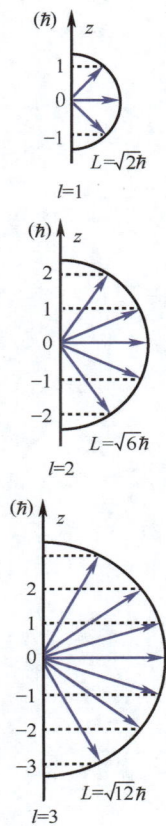

图 14.22　角动量空间量子化

14.9　多电子原子的电子分布

从元素周期表可以看出，不同种类原子的核外电子排布呈现出明显的规律性，这在 19 世纪末已经是得到确认的事实. 然而，这种规律性的背后蕴含什么样的物理机制呢？这个问题直到量子理论建立后才得到解释. 本节首先对电子的轨道磁矩做详细介绍，然后在此基础上介绍原子中核外电子的排布规律.

多电子原子的电子分布

一、电子的轨道磁矩

原子中电子绕核运动与闭合线圈的电流相似，所以原子也有磁矩. 按照磁矩的定义，原子磁矩大小写成

$$\mu = IA, \tag{14.74}$$

其中 I 是电流强度，A 是电子绕行回路所围成的面积. $\vec{\mu}$ 的方向垂直于电子绕行回路所在平面，而且与电流的环绕方向成右手螺旋关系. 一般情况下，电子绕核运动的等效电流为

$$I = \frac{e}{T}, \tag{14.75}$$

其中 e 为电子电量的大小，T 为电子运动的周期. 在 dt 时间内，电子矢径 $\vec{r}$ 扫过的面积为 $\frac{1}{2}r^2 d\varphi$，绕行一周扫过的面积为

$$A = \int_0^{2\pi} \frac{1}{2}r^2 d\varphi = \int_0^T \frac{1}{2}r^2 \frac{d\varphi}{dt} dt. \tag{14.76}$$

电子的角动量大小为 $L = mr^2 \frac{d\varphi}{dt}$，所以 $r^2 \frac{d\varphi}{dt} = \frac{L}{m}$，其中 m 是电子的质量. 在有心力场中运动，角动量守恒，L 为常量，有

$$A = \int_0^T \frac{L}{2m} dt = \frac{L}{2m}T. \tag{14.77}$$

单电子的轨道磁矩大小为

$$\mu = IA = \frac{e}{2m}L, \tag{14.78}$$

角动量和磁矩都是矢量，因为电子带负电，所以磁矩 $\vec{\mu}$ 和角动量 $\vec{L}$ 的方向相反，于是有

$$\vec{\mu} = -\frac{e}{2m}\vec{L}. \tag{14.79}$$

在量子力学中，$L = \sqrt{l(l+1)}\hbar$，l 是角量子数. 设角动量 $\vec{L}$ 在外磁场中，取外磁场 $\vec{B}$ 的方向为 z 轴正方向，角动量在 $\vec{B}$ 方向的投影为 L_z，则

$$L_z = m_l \hbar, \tag{14.80}$$

其中 m_l 为磁量子数，$m_l = 0, \pm 1, \pm 2, \cdots, \pm l$，共 $2l+1$ 个取值. $\vec{\mu}$ 在 z 轴的投影 μ_z 为

$$\mu_z = -\frac{e}{2m}L_z = -\frac{e}{2m_l}\hbar = -m_l \mu_B, \tag{14.81}$$

其中

$$\mu_B = \frac{e\hbar}{2m} = \frac{eh}{4\pi m} = 9.27401541 \times 10^{-24} \text{J/T}$$
$$= 5.78838263 \times 10^{-5} \text{eV/T}, \tag{14.82}$$

称为玻尔磁子.

二、斯特恩-格拉赫实验

1921 年，斯特恩和格拉赫用实验证实了原子的磁矩在外磁场中取向是

量子化的，由于原子磁矩和角动量的联系，这就证明了角动量在空间的取向是量子化的. 下面介绍该实验的内容.

一个磁矩为 $\vec{\mu}$ 的载流线圈放在磁感应强度为 $\vec{B}$ 的磁场中，线圈所受的磁力矩 $\vec{M}$ 为

$$\vec{M} = \vec{\mu} \times \vec{B}. \tag{14.83}$$

将磁矩由垂直于磁场方向转到与磁场成 θ 角方向，$\vec{M}$ 所做的功为

$$W = -\int_{\frac{\pi}{2}}^{\theta} M \mathrm{d}\theta = -\int_{\frac{\pi}{2}}^{\theta} \mu B \sin\theta \mathrm{d}\theta = \mu B \cos\theta, \tag{14.84}$$

负号表示力矩的方向与角位移 $\mathrm{d}\theta$ 相反. 取磁矩垂直于磁场方向，即 $\theta = \dfrac{\pi}{2}$ 的位置，为两者相互作用势能的零参考点，则磁矩 $\vec{\mu}$ 与磁场 $\vec{B}$ 成 θ 角时的势能为

$$U = -\mu B \cos\theta = -\vec{\mu} \cdot \vec{B} = -\mu_z B, \tag{14.85}$$

式中磁场方向为 z 轴方向. 如果磁场 $\vec{B}$ 在 z 轴方向不均匀，有一梯度为 $\dfrac{\partial \vec{B}}{\partial z}$，那么线圈在 z 轴方向受力大小为

$$f_z = -\frac{\partial U}{\partial z} = \mu_z \frac{\partial B}{\partial z}. \tag{14.86}$$

式（14.85）和式（14.86）同样适用于原子系统. 斯特恩-格拉赫实验就是利用这一效应，让原子射线束通过一个不均匀磁场区域，观察原子磁矩在磁力作用下的偏转.

（a）

实验装置示意如图 14.23 所示，原子射线束经过狭缝 S_1 和 S_2 后射入在 z 轴方向不均匀的磁场区域，被磁力偏转后落在屏幕 P 上，相对于出口处的位移为 s. 假设质量为 M 的原子以速率 V 经过长度为 L 的不均匀磁场，则通过时间为 $t = \dfrac{L}{V}$，有

$$s = \frac{1}{2} a t^2 = \frac{1}{2} \frac{f_z}{M} t^2 = \frac{1}{2M} \frac{\partial B}{\partial z} \left(\frac{L}{V}\right)^2 \mu_z,$$

（b）

$\mu_z > 0$ 时向上偏转，$\mu_z < 0$ 时向下偏转. 如果磁矩在磁场中可以任意取向，从正到负连续变化，那么原子射线束偏转后将在屏幕上形成连续可见的像. 实验发现屏幕上呈现的是几条清晰可见的黑斑，这说明原子磁矩只能取几个特定方向，证明了角动量在外磁场中的投影是量子化的.

从定性的角度，斯特恩-格拉赫实验表明原子角动量具有量子化的特点. 对于 Zn、Cd、Hg、Sn 等原子，射线没有偏转，因为这些原子的角量子数 $l = 0$，总角动量为零. 然而，对于 Li、Na、K、Cu、Ag、Au 等基态原子，测得的斑纹数为 2，即 $l = \dfrac{1}{2}$，$L_z = \pm\dfrac{\hbar}{2}$，这与理论预测的 $l = 0, 1, 2, \cdots$

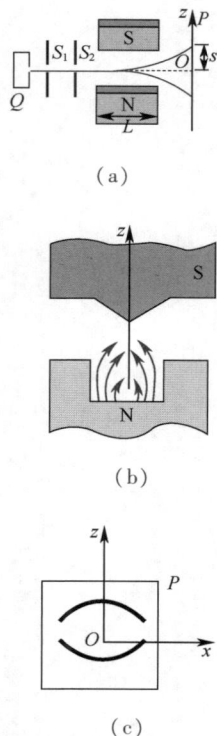

（c）

图 14.23 斯特恩-格拉赫
实验装置示意

不相符. 上述原子处于基态时, 轨道角动量应为零, 但测量结果否定了这一点, 说明必然有其他因素为原子贡献了磁矩. 这就是下面将要介绍的电子自旋磁矩.

三、电子自旋

除了上述某些原子基态磁矩的实验结果与理论结果不一致的情况, 实验结果还表明, 通过高分辨率的光谱仪可以发现 Li、Na、K、Rb、Cs、Fr 等碱金属的每条谱线, 实际上是由多条更细的谱线组成的, 这些谱线称为光谱线的精细结构. 实际上, 所有原子的光谱线都有精细结构, 只是碱金属的比较明显.

为了解释上述实验结果, 乌伦贝克和高德斯密特在 1925 年提出: 除了轨道磁矩, 电子还存在一种自旋运动, 这种自旋导致电子本身具有自旋角动量 $\vec{S}$ 和相应的自旋磁矩 $\vec{\mu}_s$. 电子自旋角动量的大小为

$$S = \sqrt{s(s+1)}\,\hbar, \tag{14.87}$$

式中 s 称为自旋量子数, 每个电子都具有相同的数值 $s = \dfrac{1}{2}$, 故

$$S = \frac{\sqrt{3}}{2}\hbar. \tag{14.88}$$

根据角动量的一般理论, 自旋角动量的空间取向也应当是量子化的, 它在外磁场方向的投影为

$$S_z = m_s \hbar, \tag{14.89}$$

m_s 称为自旋磁量子数, 只有两个取值, 即

$$m_s = \frac{1}{2}, -\frac{1}{2}. \tag{14.90}$$

自旋磁矩 $\vec{\mu}_s$ 为

$$\vec{\mu}_s = -\frac{e}{m}\vec{S}, \tag{14.91}$$

负号是因为电子带负电, $\vec{\mu}_s$ 和 $\vec{S}$ 方向相反. 它在外磁场中的投影为

$$\mu S_z = -\frac{e}{m}S_z = \mp\frac{e\hbar}{2m} = \pm\mu_{\mathrm{B}}, \tag{14.92}$$

式中 $\mu_{\mathrm{B}} = \dfrac{e\hbar}{2m}$, 是玻尔磁子. 值得注意的是

$$\frac{|\vec{\mu}_s|}{|\vec{S}|} = \frac{e}{m}, \tag{14.93}$$

而轨道磁矩与轨道角动量的比值为

$$\frac{|\vec{\mu}_l|}{|\vec{L}|} = \frac{e}{2m}, \tag{14.94}$$

两者比值为 2.

有了电子自旋的概念后, 斯特恩-格拉赫实验就可以理解了. 对于实验测得斑纹数为 2 的那些原子, 其价电子的轨道磁矩为零, 总磁矩由电子自旋磁矩贡献, 自旋磁矩在 z 轴方向的投影只有两个取值, 于是屏幕上只有两条斑纹. 测出两条斑纹的距离, 就可以计算出 μS. 测量结果为一个玻尔磁子, 这同时证明了电子自旋和自旋磁矩与自旋角动量关系的正确性.

碱金属光谱的精细结构, 其产生原因是比电相互作用小的磁相互作用, 是电子轨道运动产生的磁场和电子自旋磁矩的作用, 使原子的能级发生改变. 这种能量称为**自旋-轨道相互作用能**, 是一个小量, 因此表现为光谱线的精细结构.

电子自旋是电子的重要属性, 但是电子自旋的物理图像尚未得到清楚解释. 电子或其他微观粒子的 "自旋" 不等同于 "自转", 现代物理表明, 自旋与电子内部结构有关, 而这种联系还需要更深入的研究.

四、原子的壳层结构

在多电子原子中, 每个电子都会受到复杂的相互作用, 比如原子核和其他电子的库仑作用、电子自旋与轨道之间的相互作用等, 量子力学表明, 原子中电子的状态可以用 n, l, m_l, m_s 这 4 个量子数来描述.

（1）主量子数 n, 取值范围为 $n = 1, 2, 3, \cdots$, 原子中电子能量的主要部分.

（2）角量子数 l, 取值范围为 $l = 0, 1, 2, \cdots, n-1$, 它决定电子轨道角动量的取值. 通常, 对于同一个主量子数, 不同的 l 所对应的电子态的能量也稍有不同.

（3）磁量子数 m_l, $m_l = 0, \pm 1, \pm 2, \pm 3, \cdots, \pm l$. 它决定电子轨道角动量 $\vec{L}$ 在外磁场方向的分量.

（4）自旋磁量子数 m_s, $m_s = \pm \frac{1}{2}$. 它决定电子自旋角动量在外磁场方向的分量.

原子外电子的排布是分层次的, 这种分布层次称为电子壳层. 主量子数 n 相同的电子处于同一个壳层. 通常, 把 $n = 1, 2, 3, 4, 5, 6, 7$ 所对应的壳层分别称为 K, L, M, N, O, P, Q 层. 在每一个壳层中, 角量子数 $l = 1, 2, 3, \cdots$ 的各分壳层依次被称为 s, p, d, f, $\cdots$ 分壳层. 角量子数与分壳层符号的对应关系如表 14.1 所示. 每一个分壳层对应一个电子态, 比如 $n = 1$、$l = 0$ 的分壳层对应的就是 1s 态, $n = 2$、$l = 1$ 的分壳层对应的则是 2p 态, 以此类推, 每一个分壳层都可以根据其 n 和 l 的取值来确定所对应的电子态.

表 14.1　角量子数与分壳层符号的对应关系

l	0	1	2	3	4	5	6	7	8
分壳层符号	s	p	d	f	g	h	i	k	l

　　通过前面的讨论还可以知道，主壳层随 n 的增加，包含的分壳层数量也会增加，那么每个主壳层和分壳层能容纳的电子数分别是多少呢？要解决这个问题，就需要进一步引入下面两个基本原理.

　　（1）泡利不相容原理

　　泡利分析了大量光谱的数据后于 1925 年提出一条基本原理：在同一个原子中，不可能有两个或两个以上的电子具有完全相同的量子态（原子排布问题中指用 4 个量子数描述的状态）. 这就是**泡利不相容原理**. 这条原理不局限于原子中的电子排布问题，是量子力学中的一条基本原理.

　　下面根据这一原理计算每个主壳层上最多能容纳的电子数. 首先考虑某一个给定的主量子数 n，考虑它的角量子数为 l 的分壳层. 给定 l 后，m_l 的取值为 $m_l = 0, \pm 1, \pm 2, \pm 3, \cdots, \pm l$，共 $2l+1$ 个取值. 当 l、m_l 都给定时，m_s 只能取 $\pm \dfrac{1}{2}$. 所以角量子数为 l 的分壳层中最多能容纳 $2(2l+1)$ 个电子. 当分壳层容纳的电子数达到最大值时，称为满分壳层. 对于主量子数 n，其每个分壳层都是满壳层时，该主壳层能容纳的电子数最多为

$$Z_n = \sum_{l=0}^{n-1} 2(2l+1) = 2 \times \frac{1+(2n-1)}{2} \times n = 2n^2,$$

即原子中第 n 个主壳层最多能容纳 $2n^2$ 个电子. 比如，$n=1$ 的壳层最多能容纳 2 个电子，都在 $l=0$ 这个分壳层上，即都处于 1s 态，这两个电子组成的量子力学组态用 $1s^2$ 表示；$n=2$ 的主壳层，l 的取值为 0 或者 1，$l=0$ 分壳层能容纳的电子是两个，$l=1$ 分壳层能容纳的电子是 6 个，一共为 8 个，这 8 个电子组成的电子组态记为 $2s^2 2p^6$. 表 14.2 列出了原子中各壳层最多可容纳的电子数.

表 14.2　原子中各壳层最多可容纳的电子数

n ＼ l	0s	1p	2d	3f	4g	5h	6i	$Z_n = 2n^2$
1K	2	—	—	—	—	—	—	2
2L	2	6	—	—	—	—	—	8
3M	2	6	10	—	—	—	—	18
4N	2	6	10	14	—	—	—	32
5O	2	6	10	14	18	—	—	50
6P	2	6	10	14	18	22	—	72
7Q	2	6	10	14	18	22	26	98

（2）能量最低原理

原子系统处于正常态时，每个电子总是优先占据能量最低的能级. 当每个电子都占据能量最低的能级时，整个原子系统的能量最低，原子最稳定. 能量首先由主量子数 n 决定，所以通常电子按照主量子数从小到大的各能级逐层排列，但需要注意的是，角量子数也会对能量产生影响，所以电子填充能级时并不一定会先填满 n 较小的主壳层. 从 $n=4$ 的主壳层开始，会出现电子先填充主量子数更大的能级的情况，这是因为某些主量子数大的能级，其能量低于主量子数较小的能级. 比如，$n=4$、$l=0$ 的态（即 4s 态）的能量低于 $n=3$、$l=2$ 的态（即 3d 态）的能量，所以电子填充能级时，会优先占据 3d 态，再占据 4s 态. 总的来说，目前已知的电子填充顺序如下：

1s, 2s, 2p, 3s, 3p, [4s, 3d], 4p, [5s, 4d], 5p, [6s, 4f, 5d], 6p, [7s, 5f, 6d].

括号内是按照主量子数排列时反常的情况.

用原子壳层结构可以很好地解释元素的周期性质. 1869—1871 年，俄国化学家门捷列夫发现，按照原子序数排列可得到一张周期表，表中同一列元素的化学性质相似. 其实，从原子的壳层排布规律来看，同一列元素的原子，它们的最外层价电子数是相同的，而价电子往往决定了它们的化学性质，比如碱金属，最外层价电子都是一个，它们的性质都比较活泼，很容易产生化学反应.

本章提要

一、普朗克能量子假说

- 黑体由带电谐振子组成，这些谐振子辐射电磁波，并和周围的电磁场交换能量.
- 这些谐振子的能量不能连续变化，只能取最小能量单位 ε 的整数倍，即 $E=n\varepsilon$.

二、光电效应

- 光束可以看成由微粒构成的粒子流，这些微粒称为光量子，简称光子. 真空中，每个光子都以光速运动，对于频率为 ν 的光子，其能量为

$$\varepsilon=h\nu.$$

- 如果 ν 足够大，那么电子就获得了足够大的能量. 电子从金属表面逸出时需要克服原子核的吸引而做功，这部分功称为逸出功 W，电子离开金属表面后的最大

动能为

$$\frac{1}{2}mV_m^2 = h\nu - W,$$

这就是爱因斯坦光电效应方程.

三、光的波粒二象性

- 频率为 ν、波长为 λ 的光子的能量和动量分别为 $E = h\nu$ 和 $p = \dfrac{h}{\lambda}$.

四、康普顿散射公式

- $\Delta\lambda = \lambda - \lambda_0 = \dfrac{2h}{m_0 c}\sin^2\dfrac{\varphi}{2}$（描述了散射光波长的改变量和散射角 φ 的关系）

五、氢原子光谱的巴耳末公式

- $\lambda = B\dfrac{n^2}{n^2 - 4}$

六、玻尔氢原子理论的基本假设

- **定态假设**：原子中存在一系列不连续的能量状态，处于这些状态的电子只能在特定的轨道上绕原子核做圆周运动，但不辐射能量. 这些稳定的能量状态称为定态，相应的能量为 $E_1, E_2, E_3, \cdots$.

- **频率假设**：当原子从一个高能量的状态 E_n 跃迁到另一个低能量的状态 E_k 时，会辐射出一个光子，光子的频率满足关系

$$h\nu = E_n - E_k.$$

- **轨道角动量量子化假设** 电子绕原子核做圆周运动时，稳定轨道必须满足的条件是角动量大小 L 必须等于 $\dfrac{h}{2\pi}$ 的整数倍，即

$$L = n\frac{h}{2\pi}, \quad n = 1, 2, 3, \cdots.$$

式中，n 取正整数，称为量子数. 这个假设也叫轨道角动量量子化条件.

七、氢原子的能级

- $E_n = -\dfrac{e^2}{8\pi\varepsilon_0 r_n} = -\dfrac{1}{n^2}\left(\dfrac{me^4}{8\pi\varepsilon_0^2 h^2}\right)$

其中，n 取正整数，可见电子的总能量的确是量子化的，这些分立的能量值称为能级.

八、德布罗意波

- 一个质量为 m、以速率 ν 运动的实物粒子，具有的能量为 E，动量大小为 p，也同时具有波动性，这种波动性所对应的频率为 ν、波长为 λ. 能量 E、动量大小 p 和频率 ν、波长 λ 之间的关系为

$$E = mc^2 = h\nu,$$

$$p = m\nu = \frac{h}{\lambda}.$$

这种波称为德布罗意波或物质波. 上述两公式称为德布罗意公式.

九、德布罗意波的概率解释

• 德布罗意波在空间某位置的强度代表的是粒子在该位置出现的概率，这就是德布罗意波的统计解释. 这种统计性将粒子的波动性和粒子性联系在一起，是量子力学的基本观点之一.

十、不确定关系

• 位置和动量的不确定关系　$\Delta x \Delta p_x \geqslant \dfrac{\hbar}{2}$

• 时间与能量的不确定关系　$\Delta E \Delta t \geqslant \dfrac{\hbar}{2}$

十一、波函数及其统计解释

一维空间中能量为 E、动量为 $\vec{p}$ 的自由粒子的波函数为

$$\Psi(x,t) = \Psi_0 e^{-i\frac{2\pi}{h}(Et-px)} = \Psi_0 e^{-\frac{i}{\hbar}(Et-px)}.$$

当我们研究系统能量为确定值，不随时间变化的问题时，该波函数可写为

$$\Psi(x,t) = \psi(x) e^{-\frac{i}{\hbar}Et}.$$

其中，$\psi(x) = \Psi_0 e^{\frac{i}{\hbar}px}$. $\psi(x)$ 只与坐标有关，与时间无关，称为振幅函数，通常也简称为波函数.

某一时刻粒子出现在空间某位置附近的体积元 dV 中的概率与 $|\Psi|^2 dV$ 成正比. 波函数 Ψ 是复数，$|\Psi|^2 dV$ 可由下式代替：

$$|\Psi|^2 dV = \Psi\Psi^* dV.$$

其中，Ψ^* 是 Ψ 的共轭复数. $\Psi\Psi^*$ 表示粒子出现在某位置附近单位体积元中的概率，称为概率密度，所以德布罗意波也叫概率波. 如果波函数不为零，那么说明粒子总会出现在全部空间中的某个位置，或者说在整个空间中一定能找到该粒子，我们规定这种情况找到粒子的概率为 1，用数学公式表达为

$$\iiint_{-\infty}^{+\infty} |\Psi|^2 dx\,dy\,dz = 1,$$

这称为波函数的归一化条件.

十二、薛定谔方程

在三维空间中运动的自由粒子的波函数所满足的薛定谔方程为

$$i\hbar \frac{\partial}{\partial t}\Psi = -\frac{\hbar^2}{2m}\nabla^2\Psi + V\Psi,$$

式中 ∇^2 为拉普拉斯算符，在三维直角坐标系中，$\nabla^2 = \dfrac{\partial^2}{\partial x^2} + \dfrac{\partial^2}{\partial y^2} + \dfrac{\partial^2}{\partial z^2}$. 上式可简写为

$$i\hbar \frac{\partial}{\partial t}\Psi = \hat{H}\Psi,$$

式中 $\hat{H} = -\dfrac{\hbar^2}{2m}\nabla^2 + V$，称为哈密顿算符. 上述两式均称为薛定谔方程.

十三、氢原子的薛定谔方程

• 三维直角坐标系中的薛定谔方程

$$\nabla^2\psi + \frac{2m}{\hbar^2}\left(E + \frac{e^2}{4\pi\varepsilon_0 r}\right)\psi = 0$$

• 球坐标表示的氢原子薛定谔方程为

$$\frac{1}{r^2}\frac{\partial}{\partial r}\left(r^2\frac{\partial\psi}{\partial r}\right) + \frac{1}{r^2\sin\theta}\frac{\partial}{\partial\theta}\left(\sin\theta\frac{\partial\psi}{\partial\theta}\right) + \frac{1}{r^2\sin^2\theta}\frac{\partial^2\psi}{\partial\varphi^2} + \frac{2m}{\hbar^2}\left(E + \frac{e^2}{4\pi\varepsilon_0 r}\right)\psi = 0$$

十四、3 个量子数

• 主量子数 n：代表氢原子的能量 E，其意义与玻尔理论给出的相同.

• 角量子数 l：代表原子的角动量 L. 角动量大小为 $\hbar$，具有角动量的量纲. 为了和后面自旋角动量区分开来，L 也称为轨道角动量. 当 n 确定后，l 有 n 个可能取值，最大值为 $n-1$. l 对能量也有些许影响，由 n 确定的能级实际上包含了若干个与 l 有关的分能级.

• 磁量子数 m_l：代表角动量在空间的可能取向. 选定某一个特定的方向为 z 轴（实验中是外磁场的方向），角动量沿 z 轴方向的分量为 L_z，其最小值为零，最大值为 $l\hbar$，共有 $2l+1$ 个取值（包含方向）. 角动量在空间的取值是分立的.

十五、氢原子在基态时的径向波函数和电子的分布

在体积元 $dV = r^2\sin\theta dr d\theta d\varphi$ 内电子出现的概率为

$$|\psi_{n,l,m_l}(r,\theta,\varphi)|^2 dV = |R_{nl}(r)|^2|\Theta_{lm_l}(\theta)|^2|\Phi_{m_l}(\varphi)|^2 r^2\sin\theta dr d\theta d\varphi,$$

对 θ 和 φ 变化的全部区域进行积分，并注意 $\Theta(\theta)$ 和 $\Phi(\varphi)$ 都是归一化了的函数，可以得到电子在到原子核距离为 r、厚度为 dr 的球壳内出现的概率为

$$P_{nl}(r)dr = |R_{nl}(r)|^2 r^2 dr\int_0^\pi|\Theta_{lm_l}(\theta)|^2\sin\theta d\theta\int_0^\pi|\Phi_{m_l}(\varphi)|^2 d\overline{\varphi} = |R_{nl}(r)|^2 r^2 dr,$$

这个概率称为电子的径向分布.

十六、电子的轨道磁矩

• $\mu_z = -\dfrac{e}{2m}L_z = -\dfrac{e}{2m_l}\hbar = -m_l\mu_B$

其中，$\mu_B = \dfrac{e\hbar}{2m} = \dfrac{eh}{4\pi m} = 9.27401541\times10^{-24}\text{J/T} = 5.78838263\times10^{-5}\text{eV/T}$，为玻尔磁子.

十七、电子自旋

电子自旋角动量大小为

$$S = \sqrt{s(s+1)}\,\hbar,$$

式中 s 称为自旋量子数，每个电子都具有相同的数值. 自旋角动量的空间取向也是量子化的，它在外磁场方向的投影 S 为

$$S_z = m_s\hbar,$$

m_s 称为自旋磁量子数，只有两个取值，即

$$m_s = \frac{1}{2}, -\frac{1}{2}.$$

十八、原子中电子的状态可以用 n, l, m_l, m_s 这 4 个量子数来描述

• 主量子数 n，取值范围为 $n = 1, 2, 3, \cdots$，原子中电子能量的主要部分.

• 角量子数 l，取值范围为 $l = 0, 1, 2, \cdots, n-1$，它决定电子轨道角动量的取值. 通常，对于同一个主量子数，不同的 l 所对应的电子态的能量也稍有不同.

• 磁量子数 m_l，$m_l = 0, \pm 1, \pm 2, \pm 3, \cdots, \pm l$，它决定电子轨道角动量 $\vec{L}$ 在外磁场方向的分量.

• 自旋磁量子数 m_s，$m_s = \pm \dfrac{1}{2}$，它决定电子自旋角动量在外磁场方向的分量.

十九、原子内部电子排布满足的基本原理

• 泡利不相容原理：在同一个原子中，不可能有两个或两个以上的电子具有完全相同的量子态（原子排布问题中指用 4 个量子数描述的状态）.

• 能量最低原理：原子系统处于正常态时，每个电子总是优先占据能量最低的能级.

本章习题

14.1 下面物体属于绝对黑体的是（　　）.

A. 不辐射可见光的物体　　　B. 不辐射任何光线的物体

C. 不能反射可见光的物体　　D. 不能反射任何光线的物体

14.2 关于光子的性质，有以下说法：

（1）不论在真空中，还是在介质中，速率都是 c；

（2）它的静止质量为零；

（3）它的动量大小为 $\dfrac{k v}{t}$；

（4）它的总能量就是它的动能；

（5）它有动量和能量，但没有质量.

其中正确的是（　　）.

A.（1）（2）（3）　　　　B.（2）（3）（4）

C.（3）（4）（5）　　　　D.（3）（5）

14.3 关于不确定关系 $\Delta p_x \Delta x \geqslant \dfrac{\hbar}{2}$，有以下几种理解：

（a）粒子的动量不可能确定；

（b）粒子的坐标不可能确定；

(c) 粒子的动量和坐标不可能同时准确地确定；

(d) 不确定关系不仅适用于电子和光子，也适用于其他粒子.

其中正确的是（　　）.

A. （a），（b）　　　　　　B. （c），（d）

C. （a），（d）　　　　　　D. （b），（d）

14.4 波长为 300nm 的光照射在某金属表面时，光电子的最大动能为 $4.0×10^{-19}$J，则此金属的遏止电势差 $U_0 =$ _____，截止频率为 _____.

14.5 波长为 $\lambda_0 = 0.0708$nm 的 X 射线在石蜡上发生康普顿散射，在 $\frac{\pi}{2}$ 方向上散射的 X 射线的波长为 _____，反冲电子获得的能量为 _____.

14.6 氢原子中电子从 $n=3$ 的激发态被电离出去，需要 _____eV 的能量.

14.7 已知基态氢原子的能量为 -13.6eV，当基态氢原子被 12.09eV 的光子激发后，其电子的轨道半径将增加到玻尔半径的 _____倍.

14.8 根据量子力学理论，氢原子中电子的角动量大小为 $L= \sqrt{l(l+1)}\hbar$，当主量子数 $n= 3$ 时，电子角动量的可能取值为 _____.

14.9 锂原子中含有 3 个电子，电子的量子态可用 n, l, m_l, m_s 4 个量子数来描述，若已知基态锂原子中一个电子的量子态为 $(1,0,0,\frac{1}{2})$，则其余两个电子的量子态分别为 _____和 _____.

14.10 一个具有 $1×10^4$eV 能量的光子与一个静止自由电子相碰撞，碰撞后，光子的散射角为 60°. 问：（1）光子的波长、频率和能量各改变多少？（2）电子的动能、动量和运动方向如何？

14.11 已知氢原子基态的径向波函数为 $R(r) = (4a_0^{-3})^{\frac{1}{2}}e^{-\frac{r}{a_0}}$，式中 a_0 为玻尔半径. 求电子处于玻尔第二轨道半径（$r_2 = 4a_0$）和玻尔半径处的概率密度的比值.

14.12 钾的截止频率为 $4.62×10^{14}$Hz，用波长为 430nm 的光照射，求钾放出的电子初速度.

14.13 处于基态的氢原子吸收了能量为 12.75eV 的光子.（1）氢原子吸收光子后将跃迁到哪个能级？（2）受激发的氢原子向低能级跃迁时，可发出几条谱线？计算每条谱线的波长.

14.14 试计算 $T=330$K 的热中子的德布罗意波长（以方均根速率计算）.

14.15 将星球看作绝对黑体，利用维恩位移定律测量 λ_m 便可求得 T. 这是测量星球表面温度的方法之一. 假设测得太阳的 $\lambda_m = 0.55\mu m$，北极星的 $\lambda_m = 0.35\mu m$，天狼星的 $\lambda_m = 0.29\mu m$，试求这些星球的表面温度.

14.16 从铝中移出一个电子需要 4.2eV 的能量，现有波长为 200nm 的光照射到铝表面. 问：（1）由此发射出来的光电子的最大动能是多少？（2）遏止电势差为多大？（3）铝的截止（红限）波长有多大？

14.17　若一个光子的能量等于一个电子的静止能量，试求该光子的频率、波长、动量.

14.18　波长 $\lambda_0 = 0.0708$nm 的 X 射线在石蜡上发生康普顿散射，求在 π 方向上所散射的 X 射线的波长.

14.19　基态氢原子被 12.09eV 的光子激发后，其电子的轨道半径将增加多少倍？

14.20　光子与电子的波长都是 0.2nm，它们的动量和总动量各为多少？

14.21　已知中子的质量 $m_n = 1.67 \times 10^{-27}$kg，当中子的动能等于稳定 300K 的热平衡中子气体的平均动能时，其德布罗意波长为多少？

14.22　已知粒子在一维矩形无限深方势阱中运动，其波函数为

$$\psi(x) = \frac{1}{\sqrt{a}}\cos\frac{3\pi x}{2a}(-a \leqslant x \leqslant a),$$

那么粒子在 $x = \dfrac{5}{6}a$ 处出现的概率密度为多少？

14.23　宽度为 a 的一维无限深方势阱中粒子的波函数为 $\psi(x) = A\sin\dfrac{n\pi x}{a}$.

（1）求归一化系数 A.　（2）在 $n = 2$ 时何处发现粒子的概率最大？

14.24　求能够占据一个 d 分壳层的最大电子数，并写出这些电子的 m_l、m_s 值.

14.25　写出以下各电子态的角动量大小：（1）1s 态；（2）2p 态；（3）3d 态；（4）4f 态.

本章习题
参考答案

第 **15** 章

量子力学新应用

　　科学和技术是人类文明的基石，也是与人们的日常生活息息相关的两个领域。纵观人类的科学和技术史，两者总是相辅相成、互相促进，科学的发展会促进新技术的产生和进步，而人们对新技术的需求又会指引科学研究的方向，因此两者总是密不可分的。量子力学的诞生带来许多新的科学研究领域和新的技术，如激光、半导体、超导体、纳米科技等，这些新的科学、技术在很大程度上促进了人们生活水平的提高和人类文明的进步。本章针对激光、半导体、超导体、纳米材料等新的技术，初步介绍它们的物理基础.

15.1　激光

自从 20 世纪 60 年代激光诞生以来，激光技术及其在各个方面的应用都得到了快速发展，这完全得益于激光的单色性、方向性和相干性好以及能量密度高. 下面介绍激光的原理、特性及应用.

一、激光的基本原理

1. 自发辐射、受激吸收跃迁与受激辐射

1917 年，爱因斯坦在他的辐射理论中预见了受激辐射存在. 光与原子体系相互作用时，总是同时存在吸收、自发辐射和受激辐射 3 种过程. 假设原子中有高低两能级 E_1 和 $E_2(E_2>E_1)$. 常温下，绝大部分电子处于基态 E_1 中，激发态 E_2 上的电子会自发地跃迁到基态 E_1，同时辐射出光子 $h\nu = E_2-E_1$，这个过程叫自发辐射，如图 15.1（a）所示. 设发光物质单位体积中处于能级 E_1、E_2 的原子数分别为 N_1、N_2，则单位时间内从 E_2 向 E_1 自发辐射的原子数为

$$\left(\frac{\mathrm{d}N_{21}}{\mathrm{d}t}\right)_{\text{自}} = A_{21}N_2,$$

其中比例系数 A_{21} 称为自发辐射概率，它与入射的辐射能量密度无关.

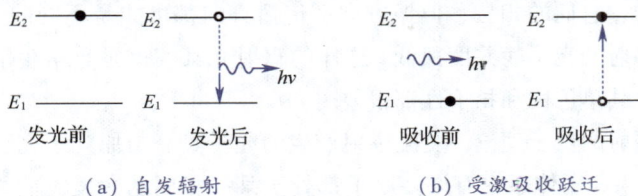

（a）自发辐射　　　　（b）受激吸收跃迁

图 15.1　自发辐射和受激吸收跃迁示意

当入射光子的能量恰好等于基态与激发态的能量差时，即 $h\nu = E_2-E_1$，处于基态的原子会吸收这些能量跃迁到激发态 E_2 上，这个过程叫受激吸收跃迁，如图 15.1（b）所示. 单位时间内发生受激吸收跃迁的原子总数与入射辐射场能量密度和处于低能级 E_1 的原子数 N_1 成正比，即

$$\left(\frac{\mathrm{d}N_{12}}{\mathrm{d}t}\right)_{\text{吸}} = W_{12}N_1,$$

比例系数 $W_{12}=B_{12}\rho(\nu,T)$ 称为吸收概率，其中 B_{12} 为吸收系数，$\rho(\nu,T)$ 为入射辐射场能量密度.

除了自发辐射和受激吸收跃迁，还有另外一种原子与光辐射之间的相互作用方式，称为受激辐射. 当外来的光子或者原子自发辐射产生的光子频率恰好满足 $h\nu = E_2-E_1$ 时，处于激发态 E_2 的原子在该光子的诱发下会向

基态 E_1 跃迁，并且发出与该光子具有相同频率、相位和偏振方向的光子，这就是受激辐射，如图 15.2（a）所示. 单位时间内受激辐射的原子数与高能级原子数 N_2 及辐射场能量密度成正比，即

$$\left(\frac{\mathrm{d}N_{21}}{\mathrm{d}t}\right)_{受} = W_{21}N_2,$$

比例系数 $W_{21} = B_{21}\rho(\nu, T)$ 为受激辐射概率，其中 B_{21} 为受激辐射系数，且 $B_{21} = B_{12}$，$\rho(\nu, T)$ 就是上述辐射场能量密度.

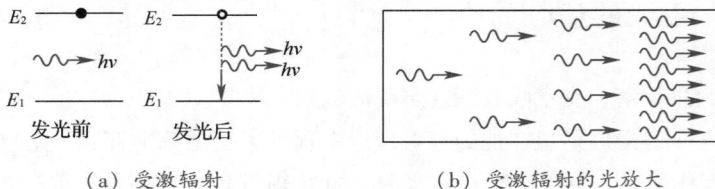

（a）受激辐射 　　　　　　（b）受激辐射的光放大

图 15.2　受激辐射和光放大示意

光子的频率、相位、偏振方向和传播方向通常用量子数来刻画. 这些量子数的每一种组合方式确定了光子的一种状态，称为光的**量子态**，也叫**光子态**. 对于给定的光源，可能的光子态的数量是很多的. 光子可处于其中一态，也可以有多个光子占据同一个态（这一点与电子不同，因为光子是玻色子，而电子是费米子）. 我们定义占据同一光子态的平均光子数目为光源的光子简并度，记作 $\bar{\delta}$.

自发辐射的光子的频率都满足 $h\nu = E_2 - E_1$，但是由于这些光子是不同原子辐射的，它们的相位、偏振方向、传播方向都可能是不同的. 也就是说，自发辐射的光子简并度很低. 这样的辐射光其实就是日常生活中看到的普通光，其单色性和相干性都很差.

按照辐射的量子理论，受激辐射产生的光子具有与原光子完全相同的光子态. 如果原子体系中有许多原子都处于某一相同的激发态能级，通过一个从外界入射的光子或者自发跃迁产生的光子的作用，可以得到两个完全相同的光子，如果这两个光子再诱导其他原子产生受激辐射光子，就能得到更多的具有完全相同特征的光子，这一过程称为**光放大**，如图 15.2（b）所示. 如果我们提供合适条件，实现了这种光放大，就能得到大量高简并度的光子，产生出单色性和相干性都很好的光束，这就是激光.

2. 粒子数反转

通过上面的讨论可以知道，光与原子体系相互作用时，如果自发辐射占优势，则发出的是普通光束；如果受激辐射占优势，就会发出激光. 那么，需要满足什么条件才能使受激辐射占优势呢？一般情况下，当体系处于温度为 T 的平衡态时，在各能级上的原子数由玻耳兹曼分布确定，即

$$\frac{N_2}{N_1} = \mathrm{e}^{-\frac{E_2-E_1}{kT}}, \tag{15.1}$$

其中 k 为玻尔兹曼常数. 式（15.1）表明, 处于最低能级的原子是最多的; 能级越高, 则处于该能级的原子数越少. 常温状态下, 激发态与基态之间的能量差大约是 $1eV$, $\dfrac{N_2}{N_1} \approx e^{-38}$, 处于激发态的原子数非常少. 受激吸收跃迁的原子数与处于低能级的原子数 N_1 成正比, 而受激辐射的原子数与处于高能级的原子数 N_2 成正比. 当 $N_2 \ll N_1$ 时, 发生受激辐射的原子数远小于受激吸收的, 即由于基态的原子数太多, 原子吸收光子跃迁到高能级的可能性更大, 这种情况下是不可能实现光放大的. 因此, 为了实现光放大, 必须使处于高能级的原子数大于处于低能级的原子数, 即 $N_2 > N_1$, 我们把这种状态称为粒子数反转. 这是产生激光的首要条件.

　　能够实现粒子数反转的介质称为激活介质. 要产生粒子数反转, 首先要求介质有适当的能级结构, 其次还要有必要的能量输入系统. 通过给低能级的原子提供能量促使它们跃迁到高能级去的过程称为抽运过程.

　　下面以四能级系统为例, 来说明粒子数反转需要什么样的能级结构. 图 15.3 所示是某原子中的 4 个能级, 当用频率为 $\nu = \dfrac{E_4 - E_1}{h}$ 的光照射时, 一部分原子将迅速跃迁到 E_4 能级, 处于该能级的原子数大幅度增加. 但是, 处于 E_4 能级的原子很不稳定, 平均寿命比较短, 很快就会以与其他原子碰撞等无辐射跃迁方式到达平均寿命较长（约 $10^{-3}s \sim 1s$）的亚稳态 E_3 能级上去. E_3 能级上将停留有大量原子, 而处于 E_2 能级上的原子数目极少, 如图 15.3（b）所示. 这样就建立起了一个粒子数反转体系. 此时, 从 $E_3 \rightarrow E_2$ 的自发辐射会引起连锁的受激辐射, 其频率 $\nu_{32} = \dfrac{E_3 - E_2}{h}$. He-Ne 激光器和 CO_2 激光器的工作物质都具有这种四能级系统. 而红宝石激光器是一个三能级系统激光器. 需要说明的是, 我们这里所说的四能级系统或三能级系统, 都是指在激光器抽运过程中直接有关的能级, 并不是说这种物质只具有这几个能级

　　3. 光学谐振腔

　　要想产生激光, 只有粒子数反转是不够的. 粒子数反转使受激辐射与受激吸收相比占了绝对优势, 但是还不能保证受激辐射超过自发辐射. 因为处于激发态能级的原子还可以通过自发辐射而跃迁到基态, 而且在热平衡条件下, 在激光器工作频率区域内（从红外到紫外）自发辐射占绝对优势. 比如, 当 $T = 1500K$ 时, 对于 $\lambda = 694.3nm$ 的光, 自发辐射的概率比受激辐射概率大 6 个数量级. 因此, 一般情况下, 即使已实现了激活物质的粒子数反转, 但如果不采取措施, 要利用受激辐射来得到激光仍然是不可能的.

　　前面我们介绍过, 自发辐射概率与辐射场能量密度无关, 而受激辐射概率与辐射场能量密度成正比, 因此, 在激光器中我们利用光学谐振腔来

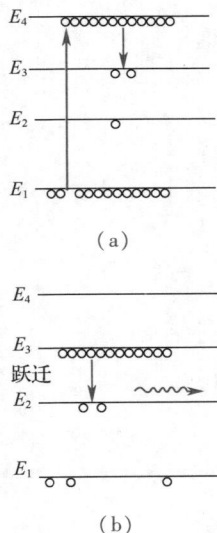

（a）

（b）

图 15.3　四能级系统
粒子数反转示意

形成所要求的强辐射场，使辐射场能量密度远远大于热平衡时的数值，从而使受激辐射概率远远大于自发辐射概率.

如图 15.4 所示，光学谐振腔的主要部分是两个互相平行并与激活介质轴线垂直的反射镜 M_1 和 M_2. 其中，M_1 是全反射镜，M_2 是部分透光反射镜. 在外界通过光、热、电、化学或核能等各种方式的激发下，谐振腔内的激活介质会在能级 E_3 和 E_2 之间实现粒子数反转. 这时由自发辐射产生的频率为 $\nu = \dfrac{E_3 - E_2}{h}$ 的光子会激发 E_3 能级上的原子产生受激辐射. 在产生的受激辐射光中，沿轴向传播的光在两个反射镜之间来回反射、往复通过已实现了粒子数反转的激活介质，不断引起新的受激辐射，使轴向行进的该频率的光得到放大，这个过程称为光振荡. 这是一种雪崩式的放大过程，使谐振腔内沿轴向的光骤然增强，所以辐射场能量密度大大增强，受激辐射远远超过自发辐射. 这种受激的辐射光从部分透光反射镜 M_2 输出，它就是激光. 沿其他方向传播的光很快从侧面逸出谐振腔，不能被继续放大. 而自发辐射产生的频率不等于 $\dfrac{E_3 - E_2}{h}$ 的光，由于根本不可能引起受激辐射，也得不到放大. 因此，实际上输出的仅是频率 $\nu = \dfrac{E_3 - E_2}{h}$ 的沿轴向传播的激光. 因此，从谐振腔输出的激光具有很好的方向性和单色性.

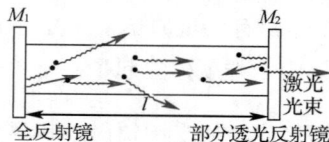

图 15.4　光学谐振腔示意

在实际激光器中，存在使光强减弱的各种损耗，如介质的吸收及散射等. 只有当光在谐振腔中来回一次所得到的增益（增益定义为光通过谐振腔单位长度时光强增加的比例）大于同一过程的损耗时，光放大才会实现. 产生激光的最小增益称为阈值增益（阈值条件），记为 G_m. 计算表明

$$G_m = \frac{1}{2L} \ln \frac{1}{R_1 R_2},$$

式中 L 是谐振腔长度，R_1 与 R_2 分别是两反射镜的反射系数. 这就是产生激光所必须满足的阈值条件. 为了达到阈值条件，要求选用增益系数大而内耗小的激活介质，并选用反射系数高的反射镜.

4. 横模与纵模

在激光技术中，经常提到激光的"模式". 按光量子理论，给定一种模式，对应于谐振腔内光子的一个量子态。激光模式有横模与纵模之分. 按光的波动理论，简单地说，在与谐振腔轴线垂直的截面上，形成的光的横向驻波模式称为横模. 产生横模的原因很多, 主要是不沿轴线方向传播的光束相互加强干涉引起的. 不同频率的光束在沿谐振腔轴线方向上形成不同的纵向驻波模式, 称为纵模, 也称为轴模. 显然, 纵模是由频率不同引起的. 谐振腔除了实现光振荡的作用, 还有一个作用就是选频, 即通过缩短谐振腔长度以扩大相邻两纵模的频率间隔, 达到减少纵模个数的目的. 在两反射镜间沿轴向行进的光束, 由于谐振腔长度 L 与光波波长之比是一个很大的数目, 所以有许许多多波长不同的光波能符合反射加强的条件, 即

$$2nL = K_1\lambda_1 = K_2\lambda_2 = \cdots, \tag{15.2}$$

式中 n 是腔内激活介质的折射率, K 是纵模模数. 如果 $n=1, L=1\text{m}, \lambda=0.5\text{m}$, 则 K 可达 4×10^6. 但产生激光的某一波长的单色光总是有一定宽度的: 根据原子处于激发态的平均寿命 $\Delta\tau \approx 10^{-8}\text{s}$, 按测不准关系, 由 $\Delta E\Delta\tau \geqslant \hbar$ 和 $\Delta E = h\Delta\nu$ 可知 $\Delta\nu = \dfrac{\Delta\tau}{h} \geqslant \dfrac{1}{2\pi\Delta\tau}$, 即谱线的自然宽度约为 10^7Hz, 再加上其他因素的影响, 一般谱线宽度约为 10^9Hz. 另一方面, 由式 (15.2) 微分可知, 两个相邻纵模 K 和 $K+1$ 之间的波长间隔为

$$\Delta\lambda = -\frac{\lambda}{K} = -\frac{\lambda^2}{2nL},$$

而频率间隔为

$$\Delta\nu' = -\frac{c\Delta\lambda}{\lambda^2} = \frac{c}{2nL},$$

因此, 在腔长 L 内能获得的干涉加强的纵模数量为

$$N = \frac{\Delta\nu}{\Delta\nu'} = \frac{\Delta\nu}{d}2nL \approx \frac{2nL\times10^9}{c}.$$

还是有限的几个. 如 $\lambda=632.8\text{nm}$ 的 He-Ne 激光, $\Delta\nu \approx 10^9\text{Hz}$, 而 $\Delta\nu' \approx 15\times10^7\text{Hz}$, 则最大模数 $N=6$. 如果腔长 L 再变短, 则模数 N 还可以减少. 为了提高所输出的激光的单色性, 我们往往需要单模输出, 所以必须在有限的几个纵模里再选出一个单模来. 最简单的方法是缩短激光管的长度 L. 还可以通过在谐振腔内放置法布里-珀罗标准具来实现, 它使纵模中只有一个纵模有高的透射率, 从而使原来的多模激光器变成单模激光器.

二、激光器

激光器是产生激光的器件或装置, 它由 3 部分组成: 工作物质、激励 (又叫泵浦) 系统和谐振腔 (有些激光器如氮分子激光器, 可以没有谐振腔). 现在激光器的波长已从射线区一直扩展到远红外区, 最大连续功率输出达 10^4W, 最大脉冲功率输出达 10^{14}W. 表 15.1 列出了常用激光器的参数和主要性能.

表 15.1　常用激光器的参数和主要性能

激光器名称	工作物质	典型波长/nm	性能
红宝石	掺 Cr^{3+} 红宝石	694.3	脉冲、大功率
YAG	掺 Nd^{3+} 钇铝石榴石	1064	连续、中小功率
钕玻璃	掺 Nd^{3+} 玻璃	1059	大功率
氦氖	He-Ne 混合气	632.8，1150，3390	连续、小功率
氩离子	Ar^+	488.0，514.5	连续、大功率
二氧化碳	CO_2	1060	脉冲、连续、大功率
氮分子	N_2	337.1	脉冲
氦镉	He，蒸气 Cd	441.6，325.0	连续、中功率
氦锌	He，蒸气 Zn	747.9，589.4	—
氦硒	He，蒸气 Se	522.8，497.6	—
染料	染料液体	590～640	连续可调谐、小功率
半导体	GaAs/GaAlAs	800～900	可调谐、小功率

第一个连续工作的气体激光器是 1961 年 2 月制成的氦氖（He-Ne）激光器，目前应用得非常广泛．它是一个气体放电管，工作物质是氦气和氖气的混合气体．谐振腔两端的反射镜放置在放电管外，叫外腔式激光器．反射镜有用两个凹球面的，也有用一凹一平或两个平面的．放电管的窗口与真空放电管的轴线成布儒斯特角，这种窗口叫作布儒斯特窗．这样可以使输出的激光成为完全偏振光．图 15.5 是外腔式 He-Ne 激光器的示意图．在放电管的端部封入电极，电极间加上千伏以上的高压，使气体放电．放电时在电场中受到加速的电子与 He 原子碰撞，使 He 原子激发到一些较高能态上．

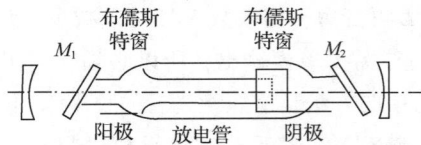

图 15.5　He-Ne 激光器示意

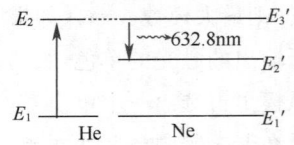

图 15.6　He-Ne 的原子能级示意

图 15.6 是 He-Ne 的原子能级示意图．其中 He 有一个能级 E_2 的平均寿命较长（亚稳态）．Ne 也有一个亚稳态能级 E，与 He 的 E_2 能级接近。激发到 E_2 的 He 原子在与 Ne 原子碰撞时，就会把能量传给基态 Ne 原子，使大量 Ne 原子激发到 E 能级．Ne 原子还有一个比 E 稍低的能级 E_2，但因为 He 原子没有与之相近的能级，不可能通过与 He 原子碰撞使 Ne 原子激发到 E_2 能级，所以 Ne 原子的 E_3' 和 E_2' 能级形成粒子数反转．只要有一个 Ne 原子发生 $E_3 \rightarrow E_2$ 的自发辐射，就会产生受激辐射和光放大．再经过谐振腔的选模、放大和控制作用，就可以得到一定输出功率的单色性、相干性、

方向性都很好的激光.

三、激光的特性

1. 单色性好

光的谱线宽度 $\Delta\nu$ 描述了光的单色性. 单色性较好的普通光 $\Delta\nu$ 为 $10^7\mathrm{Hz}\sim10^9\mathrm{Hz}$,而经过稳频的 He-Ne 激光器,波长为 632.8nm 的红光可得到频宽 $\Delta\nu\approx10^{-1}\mathrm{Hz}$,单色性提高了 10^8 倍以上. 激光极好的单色性,使激光可作为长度标准进行精密测量.

2. 方向性好

光的方向性用光束的发散角来度量. 激光的发散角可以做到小于或等于 $10^{-5}\mathrm{rad}$. 因此,激光束几乎是平行光束. 若将激光射向几千米之外,光束直径也只增加几厘米. 根据这一特性可把激光用于定位、导向、测距等工作.

3. 相干性好

光束的空间相干性是与方向性(发散角)紧密相关的. 激光具有极好的方向性即意味着同时具有极好的空间相干性,用它做相干光源时,干涉图样有良好的可见度. 光束的时间相干性与单色性紧密相关. 激光具有极好的单色性即意味着它同时具有极好的时间相干性,用它做相干光源时,可以观察到较高级次的干涉条纹,可以进行长距离范围的精密测量.

4. 能量集中

由于激光束方向性好,使能量在空间高度集中,利用激光脉冲或锁模调 Q 等措施,还可以使能量压缩到极短时间内发射,所以激光光源有极大的亮度.

*四、激光的应用

激光在各个技术领域被广泛应用,基本上是利用了激光是定向的强光和具有很好的单色性、相干性这几个特性. 但是激光的这几个特性往往不能截然分开,所以有的应用(如非线性光学)与激光的这几个特性都有关.

1. 激光测距

激光测距有 3 种方法. 其一是干涉测长,利用激光优越的相干性,以激光波长为基准,测量干涉条纹数目的变化,进而转换为长度的变化. 前面介绍的迈克耳孙干涉仪就是干涉测长的一个典型粒子. 干涉测长法测量数十米的长度能精确到1m 之内. 其二是激光调制测距,对激光加以强度调制后发射出去,接收到被照射物的反射光,求出发射光与反射信号调制波的相位差,进而转换成被测距离. 激光调制测距法测量数千米距离,误差可精确到几厘米. 其三是激光雷达测距, 测量激光脉冲往返时间即可以精确测定距离. 用这种方法测量地球与月球的距离（约 $3.8×10^8\text{m}$）, 误差仅为几十厘米.

2. 激光加工与激光医疗

激光的空间相干性很好, 能把光束聚焦成光强为 $10^6\,\text{W/cm}^2 \sim 10^{10}\,\text{W/cm}^2$ 的小光斑, 它能以很精细（约 1m）的空间尺度加热材料, 达到打孔、焊接、机械加工以及控制加热以产生材料的结构变化等目的. 同时, 特定的材料对合适波长的激光吸收深度很小, 可以在材料表面浅层加热, 并且不会污染材料. 激光光束甚至可以穿过任何透射材料, 从而可用来加工密闭的内部零件.

激光的这种高强度的聚焦光束也广泛用于医学领域. 它可用作手术刀, 高度精确地选择病变部位进行手术. 利用激光的光致离解作用可清除病变组织而保护健康的组织. 利用激光诱发的冲击波可清除续发性白内障, 配合使用光导纤维可粉碎各种体内器官中的结石.

3. 光信息处理和激光通信

激光在信息处理方面的应用, 其一是光盘的高速高密度记录. 无论是声盘还是视盘, 均是利用调制方法把激光束变成数字激光信号, 用此信号在母盘上产生坑穴存储并形成轨迹. 再现时用激光照射, 读取坑穴以还原声像. 光盘的存储密度比磁盘高出几百倍. 这种应用已进入寻常百姓的日常生活之中. 计算机中 CD-ROM（只读光盘）的原理也基本相似, 它的记录容量最高可达到 8GB.

激光信息处理的另一应用是**激光打印机**. 它类似于电子照相式复印机, 受打印信息控制的激光束对感应体进行扫描式曝光辐照, 感应体上受辐照部分和未受辐照部分的静电电荷分布不同, 利用静电吸引作用可以成像并印到普通打印纸上. 激光打印的文件图像十分清晰, 其品质大大高于针式打印机. 激光通信是以激光为载波, 用信息振幅去调制该载波以实现信息传输. 其优点是光波频带宽, 可容纳更大量的信息. 现在已广泛使用的光纤通信就是光通信的主要形式.

4. 激光在受控核聚变中的应用

利用极高功率的激光脉冲来加热氘、氚混合物, 使其温度达到 0.1 亿 $\sim$ 2 亿度, 便可开始发生核聚变而放出巨大的能量. 由于氘、氚混合物的质量及激光的能量都可被控制, 我们称这一过程为受控核聚变. 人们有可能利用聚变中的能量作为电力的能源这一方面的研究仍在进行中.

5. 激光的非线性效应

激光强大的电场和物质作用时, 产生非线性效应, 这为光学开辟了一个新的应用方向.

15.2　固体的能带结构

固体是指具有确定形状和体积的物体，可分为三大类：一是晶体，如食盐、云母、金刚石等；二是非晶体，如玻璃、松香、沥青等；三是准晶体. 迄今人类只对晶体有较为成熟的理论，但目前对非晶体和准晶体的研究也很活跃. 因为固体是由大量原子紧密结合而成的，它的结构和性质既决定于原子间的相互作用，又与原子中外层电子的运动有重要关系. 实践证明，固体的许多性质无法用经典理论解释，必须用量子理论才能说明. 本节所说的固体指的是晶体.

一、晶体结构和晶体分类

1. 晶体结构

从外观上看，晶体具有规则的几何形状. 从微观上看，晶体中的分子、原子或离子在空间的排列都呈规则的、具有周期性的阵列形式，这种微观粒子的三维阵列称为**晶体点阵**（简称晶格）. 晶体的基本特征是规则排列，表现出长程有序性. 图 15.7 中（a）、（b）、（c）、（d）分别是 NaCl、CsCl、Cu 和金刚石的晶格结构示意图. 由于晶格的周期性，我们可以在其中选取一定的单元，只要将它不断重复地平移，就可得到整个晶体. 这样的重复单元称为**晶胞**.

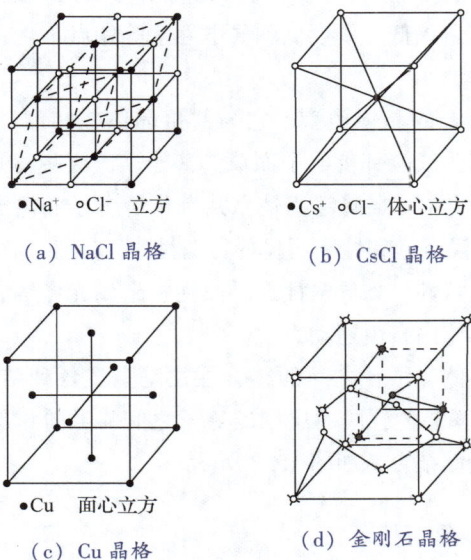

●Na⁺　○Cl⁻　立方

（a）NaCl 晶格

●Cs⁺　○Cl⁻　体心立方

（b）CsCl 晶格

●Cu　面心立方

（c）Cu 晶格

（d）金刚石晶格

图 15.7　常见晶体的晶格结构示意

2. 晶体分类

晶体按结合力的性质可分成以下 4 种基本类型.

（1）离子晶体

这种晶体的正、负离子相间排列，它们的结合靠离子之间的库仑吸引力，称为离子键. 最典型的是元素周期表中 IA 族的碱金属元素 Li、Na、K、Rb、Cs 和ⅦA 族的卤元素 F、Cl、Br、I 形成的化合物，如 NaCl 晶体. 离子晶体一般硬度高、熔点高、性脆、导电性弱. 离子键没有方向性和饱和性.

（2）共价晶体

原子晶体的结合力称为共价键，故原子晶体又称共价晶体. 氢分子 H_2 是典型的靠共价键结合的. 当两个氢原子相互靠近形成分子时，两个自旋相反的价电子将在两个氢核之间运动，为两个氢核所共有，这时它们同时与两个氢核有较强的吸引力作用，形成共价键，从而将两个原子结合起来. 具有代表性的共价晶体有金刚石、半导体材料锗、硅、碳化硅等. 共价键具有方向性和饱和性，共价晶体具有高硬度、高熔点、高沸点、不溶于所有寻常液体的特性. 这类晶体在低温时电导率很低，但当温度升高，或掺入杂质时，电导率会随之增大.

（3）分子晶体

组成分子晶体的微粒是电中性的无极性分子，其结合力主要来自各分子相互接近时诱发的瞬时电偶极矩. 这种结合力称为范德瓦耳斯力，相应的结合键称为范德瓦耳斯键. 这种键没有方向性和饱和性. 大部分有机化合物、Cl_2、CO_2、CH_4、SO_2 以及稀有气体如 Ne、Ar、Kr、Xe 等，在低温下形成的晶体都是分子晶体. 由于范德瓦耳斯力很弱，这种结合力很小，所以分子晶体具有熔点低、硬度低和导电性差等特点.

（4）金属晶体

金属是一种重要的晶体类型，它与共价晶体较相似. 在金属晶体中，原子失去了它的部分或全部价电子而成为离子实. 这些离开了原子的价电子为全部离子实所共有. 金属键就是靠共有化价电子和离子实之间的库仑力实现的. 金属键没有饱和性和明显的方向性.

金属所具有的特性，如导电性、导热性、金属光泽等，都与共有化价电子可以在整个晶体内自由运动有关.

对于大多数晶体，微粒之间的结合往往是上述各种结合的一种混合，称为混合键. 如石墨晶体，同一层中碳原子之间靠共价键结合，而不同层面间靠范德瓦耳斯键结合，如图 15.8 所示.

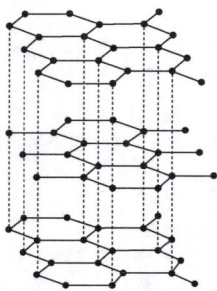

图 15.8　石墨的层状晶体结构示意

二、固体的能带

固体中原子的能级结构和孤立原子不同，形成所谓的"能带". 为了弄清能带形成的原因，我们先要了解什么叫电子共有化.

1. 电子共有化

为简单起见，我们来讨论只有一个价电子的原子，这样的原子可以看成由一个电子和一个正离子（原子实）组成，电子在正离子电场中运动. 单个原子的势能曲线如图 15.9（a）所示. 当两个原子靠得很近时，每个电子将同时受到两个正离子电场的作用，这时势能曲线如图 15.9（b）中的实线所示. 当大量原子做规则排列而形成晶体时，晶体内形成了周期性势场，势能曲线如图 15.9（c）所示. 实际的晶体是三维点阵，势场也具有三维周期性.

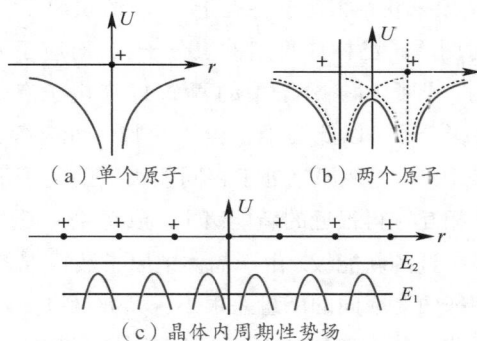

（a）单个原子　　　（b）两个原子

（c）晶体内周期性势场

图 15.9　势能曲线随原子数的变化

要确定电子在晶体内周期性势场中的运动状态，需要求解薛定谔方程，这里从略，仅就此做一些定性说明. 对能量为 E_1 的电子来说，势能曲线代表着势垒. 由于 E_1 较小，相对地，势垒宽度就很宽了，因此，电子穿透势垒的概率十分微小，基本上可以认为电子仍是束缚在各自原子实的周围. 对于能量较大（如 E_2）的电子，其能量超出了势垒的高度，所以它可以在晶体内自由运动，而不再受特定原子的束缚. 还有一些能量略大于 E_1 的电子，虽不能越过势垒高度，但可以通过隧道效应而进入相邻原子中. 这样，在晶体内便出现了一批属于整个晶体原子所共有的自由电子. 这种由于晶体中原子的周期性排列而使价电子不再为单个原子所有的现象，称为**电子的共有化**.

2. 能带的形成

量子力学证明，晶体中电子共有化的结果，使原先每个原子中具有相同能量的电子能级，因各原子间的相互影响而分裂成为一系列和原来能级很接近的新能级，这些新能级基本上连成一片而形成能带. 下面定性解释能带的形成原因.

按泡利不相容原理，同一原子系统中，不可能有两个或两个以上的电子具有完全相同的一组量子数 (n, l, m_l, m_s). 当大量分子、原子紧密结合成晶体时，其中共有化电子是属于整个晶体系统的，系统中也就不可能有量子数完全相同、处于同一能态的两个或两个以上的电子. 例如两个氢原子，相距很远且各自孤立时，它们的核外电子处于基态（1s态），量子数 n, l, m_l 为 $1, 0, 0$，自旋量子数可以都是 $\frac{1}{2}$，也可以都是 $-\frac{1}{2}$，即可以处于具有相同能量的能级. 当两个原子相互靠近形成一个氢分子时，由于电子的共有化，这两个 1s 电子的自旋就只有一个是 $\frac{1}{2}$，另一个是 $-\frac{1}{2}$，这样才能达到能量最小的稳定态. 这两个 1s 电子实际上处于有微小区别的不同能态，形成氢分子中的两个能级. 氢分子能量 E 与原子间距 r 的关系如图 15.10 所示. 两个原来相距很远、各处于 1s 态的氢原子，当它们的间距缩小到 r_0 时（这时两原子已构成稳定的氢分子），对应于 r 有两个能量值（图中 A 点和 B 点），即此时氢分子中的两个 1s 态电子有了两个能级. 这种情况通常叫作能级分裂. 以此类推，当 N 个原子相互靠近形成晶体时，它们的外层电子被共有化，使原来处于相同能级上的电子不再具有相同的能量，而处于 N 个相互靠得很近的新能级上. 或者说，孤立原子的每一个能级分裂成 N 个很接近的新能级. 由于晶体中原子数目 N 非常大，所形成的 N 个新能级中相邻两能级间的能量差很小，其数量级为 10^{-22} eV，几乎可以看成连续的，因此，N 个新能级具有一定的能量范围，通常称它为能带，如图 15.11 所示.

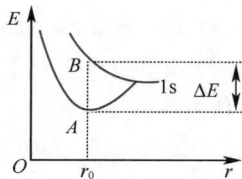

图 15.10　氢分子能量与原子间距关系　　　图 15.11　能带示意

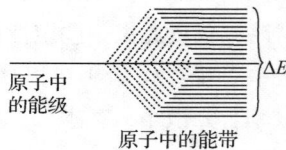

能带的宽度与多种因素有关. 一是与原子间距有关，间距越小，能带越宽. 二是与原子中的内层与外层电子的状态有关. 对于内层电子，由于它们距自身原子核很近，受邻近原子核的作用较弱，因此内层能带宽度较小. 而外层价电子由于与自身原子核和相邻原子核的距离处于同等数量级，受相邻原子核的作用强烈，因此外层价电子的能级分裂的能带较宽. 以此类推，比价电子能量更高的激发态能级分裂出的能带更宽.

由于原子中的每个能级在晶体中要分裂成一个能带，所以在两个相邻的能带间，可能有一个不被允许的能量间隔，这个能量间隔称为禁带. 两个能带也可能相互重叠，这时禁带消失，如图 15.12 所示.

电子在这些能带中分布情况如何呢？

根据泡利不相容原理，每个能带可以容纳的电子数等于与该能带相应的原子能级所能容纳的电子数的 N 倍，这里 N 是组成晶体的原子个数. 例如，由 N 个原子组成的晶体中，其 2s 能带总共可以容纳 $2N$ 个电子，其 2p

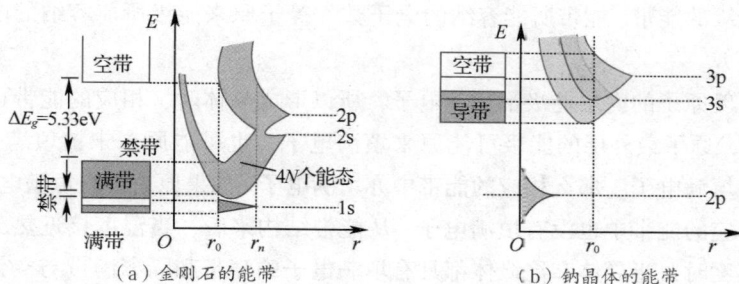

图 15.12　禁带示意

能带总共可以容纳 6N 个电子, 等等.

　　能带形成后, 电子是怎样填入能带内各能级中去的呢? 它们的填充方式与原子的情形相似, 仍然服从能量最小原理和泡利不相容原理. 正常情况下, 总是优先填能量较低的能级. 如果一个能带中的各能级都被电子填满, 这样的能带称为满带. 不论有无外电场作用, 当满带中任一电子由它原来占有的能级向这一能带中其他任一能级转移时, 因受泡利不相容原理的限制, 必有电子沿相反方向转移以与之抵消, 这时总体上不产生定向电流, 所以满带中的电子不参与导电过程, 如图 15.13 (a) 所示. 由价电子能级分裂而形成的能带称为价带, 通常情况下价带为能量最高的能带, 价带可能被填满成为满带, 也可能未被填满. 与各原子的激发能级相应的能带, 在未被激发的正常情况下没有电子填入, 称为空带. 由于某种原因电子受到激发而进入空带, 在外电场作用下, 这些电子在空带中向较高的空能级转移时, 没有反向的电子转移与之抵消, 可形成电流, 因此表现出导电性, 所以空带又称为导带, 如图 15.13 (b) 所示. 有的能带 (一般为价带) 只有部分能级被电子占据, 在外电场作用下, 这种能带中的电子向高一些的能级转移时, 也没有反向的电子转移与之抵消, 也可形成电流, 表现出导电性, 因此未被电子填满的能带也称为导带, 如图 15.13 (c) 所示.

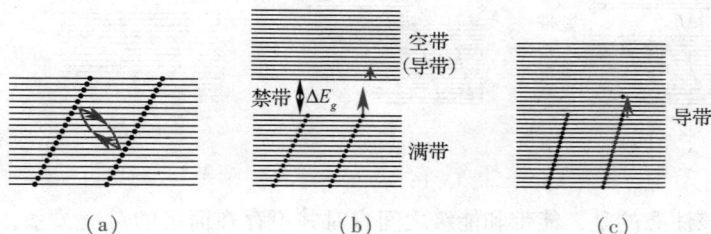

图 15.13　晶体导电性示意

三、导体和绝缘体

　　根据前面的讨论, 当 N 个原子形成晶体时, 原子能级分裂成包含 N 个相近能级的能带. 能带所能容纳的电子数, 等于原来能级所能容纳的电子数乘以 N.

一般原子的内层能级都填满电子, 所以形成晶体时, 相应的能带也填满电子. 原子最外层的能级可能原来填满电子, 也可能原来未被填满. 如果原来填满电子, 那么相应的能带中亦填满电子. 如果原来没有填满电子, 那么相应的能带中也没有填满电子. 从能带结构来看, 当温度接近热力学温度零度时, 半导体和绝缘体都具有填满电子的满带和隔离满带与空带的禁带. 半导体的禁带比较窄, 禁带宽度 ΔE_g 为 $0.1\text{eV} \sim 1.5\text{eV}$, 如图 15.14 所示. 因此, 用不大的激发能量 (热、光或电场) 就可以把满带中的电子激发到空带中去, 使其参与导电.

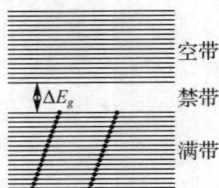

图 15.14 半导体能带结构

绝缘体的禁带一般很宽, 禁带宽度 ΔE_g 为 $3\text{eV} \sim 6\text{eV}$, 如图 15.15 所示. 若用一般的热激发、光照或外加电场不强时, 满带中的电子很少能被激发到空带中去. 因此, 在这些情况下, 一般没有电子参与导电, 表现出电阻率很大 (ρ 为 $10^{16}\Omega \cdot \text{m} \sim 10^{20}\Omega \cdot \text{m}$). 大多数的离子型晶体 (如 NaCl、KCl 等) 和分子型晶体 (如 Cl_2、CO_2 等) 都是绝缘体.

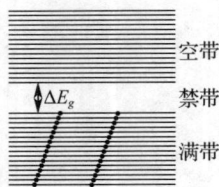

图 15.15 绝缘体能带结构

导体的情况就完全不同, 其能带结构, 或者是能带中只填入部分电子而成导带, 或者是满带与另一相邻空带紧密相连或部分重叠, 或者是导带与另一空带重叠, 如图 15.16 所示. 在图 15.16 所示的情况里, 如有外电场作用, 它们的电子很容易从一个能级跃入另一个能级, 从而形成电流, 显示出很强的导电能力. 单价金属如 Li, 其能带结构大体如图 15.16 (a) 所示. 一些二价金属如 Be、Ca、Mg、Sr、Ba 等的能带结构如图 15.16 (b) 所示. 另一些金属如 Na、K、Cu、Al、Ag 等的能带结构大致如图 15.16 (c) 所示.

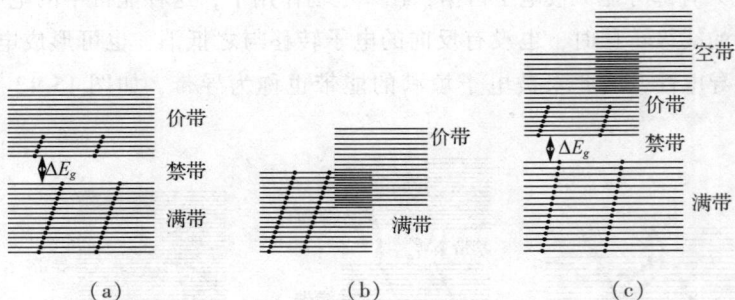

(a)　　　　　　　(b)　　　　　　　(c)

图 15.16 导体导电示意

应该注意的是, 能带和能级之间有时并不存在简单的对应关系, 而且也不是永远可以根据原来原子中各能级是否填满电子来判断晶体的导电性质. 例如, 二价金属 Ca 和 Mg, 它们最外层的价电子能级中有两个电子, 形成晶体时, 与价电子能级相应的能带好像应该填满电子, 但是由于价电子能带和它上面的空带相重叠, 如图 15.16 (b) 所示, 导致晶体中所有的价电子填不满叠合后的能带, 所以这种晶体是导体.

总之，一个好的金属导体，它最上面的能带，或是未被电子填满，或是虽被填满，但这填满的能带与空带相重叠.

四、半导体

从能带理论知道，半导体的满带和空带之间存在禁带，但这个禁带宽度要比绝缘体的小得多. 热运动的结果，可使一部分电子从满带跃迁到空带，这不但使空带具有导电性能，而且使满带也具有导电性能. 这时满带出现了空位，常称为**空穴**. 在外电场作用下，进入空带的电子可参与导电，称为电子导电. 而满带中的其他电子在电场作用下填充空穴，并且它们又留下新的空穴，因而引起空穴的定向移动，效果就像一些带正电的粒子在外电场作用下定向运动一样，这种由于满带中存在空穴所产生的导电性能称为空穴导电. 对于没有杂质和缺陷的半导体，其导电机构是电子和空穴的混合导电，这种导电称为本征导电，参与导电的电子和空穴称为**本征载流子**. 这种没有杂质和缺陷的半导体称为**本征半导体**.

在纯净半导体里，可以用扩散的方法掺入少量其他元素的原子. 所掺进的原子，对半导体基体而言称为杂质. 掺有杂质的半导体称为杂质半导体. 杂质半导体的导电性能较本征半导体有很大的改变.

由能带理论可知，当原子相互接近形成固体时，外层电子的显著特点是电子的共有化. 电子共有化是电子在不同原子的相同能级上转移而引起的，电子不能在不同能级上转移，因为不同能级具有不同的能量值. 杂质原子与原来组成晶体的原子不一样，因而杂质原子的能级和晶体中其他原子的能级并不相同，在这些能级上的电子由于能量的差异，不能转移到其他原子的能级上去，即它们不参与电子的共有化. 尽管如此，杂质原子的能级在半导体导电上却起着很重要的作用.

量子力学证明，杂质原子的能级处于禁带中. 不同类型的杂质，其能级在禁带中的位置亦不同. 有些杂质原子的能级离导带较近，有些离满带较近. 杂质原子能级的位置不同，杂质半导体的导电机构也不同，按照其导电机构，杂质半导体一般可以分为两类：一类以电子导电为主，称为 N 型（或电子型）半导体；另一类以空穴导电为主，称为 P 型（或空穴型）半导体.

1. N 型半导体

在四价元素如硅或锗半导体中，掺入少量五价元素如磷或砷等杂质，可形成 N 型半导体. 如图 15.17（a）所示，四价元素硅的原子，最外层有 4 个价电子，形成共价键晶体. 掺入五价元素的杂质磷后，这些杂质原子将在晶体中分散地替代一些硅原子. 由于磷原子有 5 个价电子，其中 4 个可以和邻近的硅原子形成共价键，结果是杂质原子在其所在位置上成为具

有净正电荷+e 的离子，多余的一个电子在这离子的电场范围内运动. 理论计算表明，这种多余的价电子的能级处在禁带中，而且靠近导带，如图 15.17（b）所示.

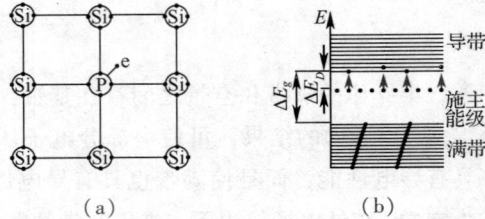

图 15.17　N 型半导体及其能带结构

这种杂质价电子很容易被激发到导带中去，所以这类杂质原子称为施主，相应的杂质能级称为施主能级. 施主能级与导带底部之间的能量差值 ΔE_D 比禁带宽度 ΔE_g 小得多，约为 10^{-2} eV，所以在较低温度下，施主能级中的电子可以被激发到导带中去. 因此，这种半导体中杂质原子的数目虽然不多，但是在常温下，导带中的自由电子浓度却比相同温度下纯净半导体导带中自由电子浓度大好多倍，这就大大提高了半导体的导电性能. 这种主要靠施主能级被激发到导带中去的电子来导电的半导体称为 N 型半导体或电子型半导体.

2. P 型半导体

如果在硅或锗的纯净半导体中，掺入少量三价元素如硼、镓等杂质原子，那么这种杂质原子与相邻的四价硅或锗原子形成共价键结构时，将缺少一个电子，这相当于一个空穴，如图 15.18（a）所示. 相应于这种空穴的杂质原子能级也出现在禁带中，并且靠近满带，如图 15.18（b）所示. 满带顶部与杂质原子能级之间的能量差值 ΔE_A 一般不到 0.1eV. 在温度不是很高的情况下，满带中的电子很容易被激发到杂质原子能级，同时在满带中形成空穴. 这种杂质原子能级收容从满带迁来的电子，所以这类杂质原子又称为受主，相应的杂质原子能级称为受主能级. 这时，半导体中的空穴浓度较之纯净半导体中的空穴浓度增加了好多倍，其导电性能显著增加. 这种杂质半导体的导电机构主要为满带中的空穴，其称为 P 型半导体或空穴型半导体.

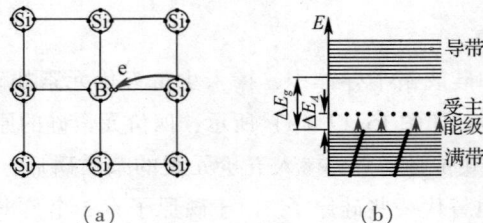

图 15.18　P 型半导体及其能带

3. P-N 结

在一片本征半导体的两侧各掺以施主型（高价）和受主型（低价）杂质，就构成一个 P-N 结. 这时由于 P 型半导体一侧空穴的浓度较大，而 N 型半导体一侧电子的浓度较大，因此 N 型中的电子将向 P 型区扩散，P 型中的空穴将向 N 型区扩散，结果在交界面两侧出现正负电荷的积累，在 P 型一侧是负电荷，N 型一侧是正电荷，这些电荷在交界面处形成一电偶层，即 P-N 结，其厚度约为 10^{-7}m，如图 15.19（a）所示. 在 P-N 结内存在由 N 型指向 P 型的电场，起到阻碍电子和空穴继续扩散的作用，最后达到动态平衡. 此时，因为 P-N 结中存在电场，所以两半导体间存在一定的电势差 U，电势自 N 型向 P 型递减，这就是 P-N 结处的接触电势差，如图 15.19（b）所示.

由于接触电势差 U 的存在，在分析半导体的能带结构时，必须把由该电势差引起的附加电子静电势能 eU 考虑进去. 因为 P-N 结中，P 型一侧积累了较多的负电荷，所以 P 型一侧相对 N 型一侧电势较低，这样在 P 型导带中的电子相比在 N 型导带中的电子有较大的能量，能量差值为 eU. 如果原来两半导体的能带如图 15.20（a）所示（为简单起见，图中只画出满带的顶部和导带的底部），则在 P-N 结处，能带发生弯曲，如图 15.20（b）所示.

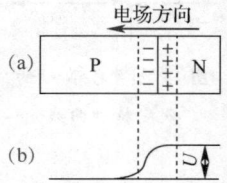

图 15.19　P-N 结

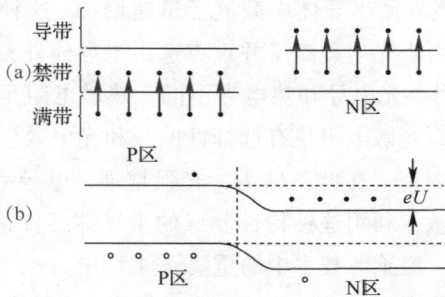

图 15.20　P-N 结形成后能带的变化

在 P-N 结处，势能曲线呈弯曲状，构成势垒区，它将阻止 N 区的电子和 P 区的空穴进一步向对方扩散，所以 P-N 结中的势垒区又称为阻挡层.

由于阻挡层的存在，当把外加电压加到 P-N 结两端时，阻挡层处的电势差将发生改变. 如把电源正极接到 P 区，而电源负极接到 N 区（称为正向连接），外电场的方向与阻挡层的电场方向相反，使 P-N 结中电场减弱，势垒降低，或者说使阻挡层减薄. 于是 N 区中的电子和 P 区中的空穴就容易通过阻挡层，不断向对方扩散，形成从 P 区到 N 区的正向电流，P-N 结导通. 外加电压增大，电流增大. 反之，当把电源负极接到 P 区而电源正极接到 N 区（称为反向连接）时，外电场方向与 P-N 结中电场方向相同，将使 P-N 结中电场加强，势垒增高，阻挡层加厚，N 区中的电子和 P 区中的空穴就更难越过阻挡层. 只有 P 区的少数电子和 N 区的少数空穴能通过阻挡层形成微弱的反向电流，而且随着反向电压的升高，反向电流很快达到饱和. P-N 结的伏安特性曲线如图 15.21 所示. 由于反向电流很弱，通常说 P-N 结具有单向导电作用. 利用其单向导电性，可以做成晶体二极管，做整流用；也可以把各种类型半导体适当组合，制成各种晶体管. 随着超精细小型化技术的发展，还可制成各种规模的集成电路，广泛应用于电子计算机、通信、雷达、宇航、电视等技术领域.

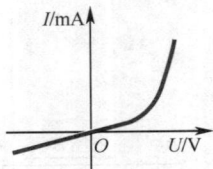

图 15.21　P-N 结的伏安特性曲线

4. 半导体的其他特性和应用

半导体还有一些其他的特性和应用，下面仅就热敏电阻、光敏电阻、温差电偶等的原理和应用做简单介绍.

热敏电阻：半导体的电阻随温度的升高而指数下降. 这是因为随着温度升高，由于热激发，半导体中的载流子（电子或空穴）显著增加. 热激发载流子称为热生载流子. 特别在杂质半导体中，因为施主能级和受主能级处于禁带中，所需要的激发能量远比禁带宽度对应的能量小，所以热生载流子的增加尤为显著. 其导电性能随温度的变化十分灵敏，通常把这种电阻随温度的升高而降低的半导体器件称为热敏电阻. 由于热敏电阻具有体积小、热惯性小、寿命长等优点，因此其被广泛应用于自动控制.

光敏电阻：在可见光照射下，半导体硒的电阻将随光强的增加而急剧减小. 这是由于光激发使半导体中载流子迅速增加. 这种光激发的载流子称为光生载流子，由于光生载流子并没有逸出半导体外，因此又称其为内光电效应. 应该注意，光电导和热电导不同，热敏电阻是一种没有选择性的辐射能接收器；而光敏电阻是有选择性的，和光电效应类似，要求照射光的频率大于红限频率，在此条件下，光强越强，电导率越大. 电导率随光强的变化十分灵敏，利用这种特性制成的半导体器件称为光敏电阻. 光敏电阻是自动控制、遥感等技术中的重要元件.

温差电偶：两种不同的金属导体组成的闭合回路，如果两个接头处于不同的温度，那么在回路中将产生温差电动势，这个回路称为温差电偶或热电偶. 如果把两种不同的半导体组成回路，并使两个接头处于不同温度，也会产生温差电动势，而且比金属组成的热电偶的电动势大得多. 这是因为半导体中的自由电子或空穴是由热激发产生的，随着温度升高，自由电子或空穴的浓度极为迅速地增长. 由于存在温度差，半导体中的自由电子或空穴就由浓度大、运动速度较大的热端跑到冷端，同时也有少量自由电子或空穴由冷端运动到热端. 在 N 型半导体中载流子是电子，结果造成冷端带负电，热端带正电. 而在 P 型半导体中，则冷端带正电，热端带负电. 因此，冷热两端产生电势差. 随着电势差的增加，半导体内电场也开始增强，并且阻止载流子由热端向冷端扩散，而加速其由冷端到热端的运动，最后达到动态平衡. 这种动态平衡决定了半导体中因温差而形成的温差电动势，它比金属中的温差电动势大数十倍.

此外，还有半导体光电池、半导体发光材料和半导体激光器等，广泛应用于工农业生产，以及科研、通信、测量、宇航等各种技术领域.

15.3 超导电性

超导电现象的研究，从 1911 年昂尼斯（H. K. Onnes）首先发现超导现象，到 1987 年人们成功获得高温超导材料并在世界上激起"超导热"，中间经历了 70 多年. 目前超导物理学已成为凝聚态物理学的一个重要分支. 本节将简要介绍超导的基本特性、超导的微观机制、超导材料的分类、超导理论新动向及超导电性在工业上的应用.

一、超导的基本特性

1. 零电阻效应

超导电性是荷兰物理学家昂尼斯于 1911 年在实验中发现的. 他在测量低温下纯水银的电阻时发现，水银的电阻并不像预料的那样随着温度的降低而连续减小，而是在 4.15K 时突然全部消失，如图 15.22 所示. 1913 年，他将原来的实验装置加以改进和简化后，再对锡和铅进行实验时，也发现了类似的现象. 从此以后，"超导电性"一词就被用来描述物质的这种新状态.

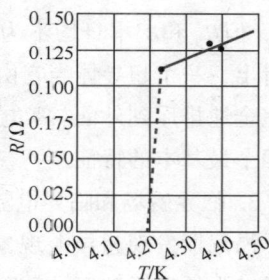

图 15.22　水银的电阻变化

所谓超导电性，是指当某些金属、合金及化合物的温度低于某一值时，电阻突然为零的现象. 当物质具有超导电性时，我们把这种状态称为超导态，把在某一温度下能呈现出超导态的物质称为超导体. 当超导体在某一温度值时，它的电阻突然消失，这个温度值即为该超导体的临界温度 T.

需要说明的是，只有在稳恒电流的情况下才有零电阻效应. 或者说，超导体在其临界温度以下也只是对稳恒电流没有阻力.

法奥（J. File）和迈奥斯（R. G. Mills）利用精确核磁共振方法测量超导电流产生的磁场，来研究螺线管内超导电流的衰变. 他们的结论是超导电流的衰减时间不低于 10 万年.

昂尼斯由于液化了稀有气体氦和发现了超导电性，而荣获 1913 年的诺贝尔物理学奖.

2. 迈斯纳效应（完全抗磁性）

发现超导电现象之后的 22 年间，人们对于超导体的认识，仅限于它的零电阻特性，而对于它的磁特性并没有真正认识。1933 年迈斯纳（W. Meissner）等人将铅和锡样品放入外磁场中，对样品处于正常态（有电阻的状态）和超导态时的磁场分布进行细致观察，结果发现，当样品处于正常态时，样品内有磁通分布；当样品冷却到临界温度 T 以下而处于超导态时，原来进入样品内的磁感线立即被完全排斥到样品外。这就是说超导体处于超导态时，不管有无外磁场存在，超导体内的磁通总是等于零的，即有 $B \equiv 0$，在外磁场中，处于超导态的超导体内磁感应强度大小总是为零的特性称为超导体的完全抗磁性。这种现象称为迈斯纳效应。

完全抗磁性实际上是外磁场 $\vec{B}_0$ 与外磁场在超导体中激起的感生电流所产生的附加磁场 $\vec{B}'$ 在超导体内共同叠加的结果。

当把处于超导态的超导体放进外磁场时，由于电磁感应，在超导体的表面层会激发出感生电流（这是一种永久性的超导电流）。感生电流在超导体内激发的附加的磁感应强度 $\vec{B}'$，在超导体内处处与外磁场的磁感应强度 $\vec{B}_0$ 等值反向，相互抵消，因而使总的磁感应强度 $\vec{B} = \vec{B}_0 + \vec{B}' = \vec{0}$，即 $\vec{B}' = -\vec{B}_0$。但 $\vec{B}_0$ 和 $\vec{B}'$ 本身均不为零，其磁感线的分布如图 15.23 所示。由图可以看出，一个超导体当它由正常态转为超导态时，就会把内部的磁感线立即完全地排斥到外面。零电阻特性和完全抗磁性，是超导体处于超导态时的两个最基本的特征。

3. 临界磁场和临界电流

昂尼斯发现超导电现象以后，于 1914 年又通过实验发现，超导态能被足够强的磁场破坏。实验表明：当样品处于超导态时，若磁场（可以是外加的，也可以是超导电流自己产生的，也可以是二者之和）高于某一临界值 H_c，样品电阻便突然出现，即超导态受到破坏。H_c 称为超导体的临界磁场。实验还表明，对于给定的超导物质，H_c 是温度的函数，它可近似地表示为

$$H_c = H_{c0}\left[1 - \left(\frac{T}{T_c}\right)^2\right], \tag{15.3}$$

式中 H_{c0} 为 $T = 0\mathrm{K}$ 时超导体的临界磁场。

受临界磁场所限，超导体所能承载的电流也受到限制，这个限制电流即为临界电流 I_c。由于临界磁场是外加磁场和超导电流的磁场共同叠加形成的，故 I_c 的值是外加磁场的函数。

概括地说，超导材料只有满足 $T < T_c$、$H < H_c$、$I < I_c$ 时才能处于超导态，其中任何一项不能满足，其超导态就会受到破坏。

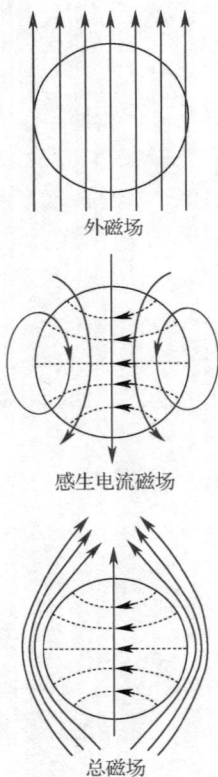

外磁场

感生电流磁场

总磁场

图 15.23 超导的完全抗磁性

4. 同位素效应

1950 年雷诺（Reynolds）等人和依·麦克斯韦（E. Maxwell）分别发现超导临界温度 T_c 与元素的同位素质量 M 有关，即

$$M^{\alpha}T_c = 常量（\alpha = 0.50 \pm 0.03），\qquad (15.4)$$

这就是同位素效应. 同位素效应说明超导不仅与超导体的电子状态有关，而且与金属的离子晶格有关.

5. 能隙

理论研究表明，超导体中电子的能量存在类似半导体禁带的情况，只不过这个禁带非常窄，只有 10^{-4}eV 量级，电子吸收一个红外光子即可跃迁通过这一能量间隙，故称之为能隙，常用符号 Δ 表示.

超导体处于超导态时，除了上述基本特性，还有磁通量子化、约瑟夫孙效应等一些奇特性质，这里就不一一介绍，有些性质在讲到超导应用时一并说明.

二、超导的微观机制

对于超导体所具有的这些特性，从 20 世纪 30 年代起物理学家们就陆续提出了不少唯象的理论. 这些理论可以帮助人们理解零电阻现象和迈斯纳现象，但不能说明超导电性的起源问题. 这个谜底直到 20 世纪 50 年代才由美国的 3 位物理学家揭开.

1. 金属导体电阻的电子理论

早期的超导体都是在金属及它们的合金中发现的. 当超导体由正常态转变为超导态时电阻一下子就消失了，超导体的微观结构到底发生了什么变化？为回答这个问题，下面简略地介绍金属导体电阻的电子理论.

按照量子力学的观点，电子的行为要由满足薛定谔方程的电子波来描述. 理论证明，在一个严格的周期性势场中，电子波是没有散射的，电子也不与晶格交换能量，因此也就没有电阻. 而由于缺陷和热振动的存在，使金属中原子实所形成的势场不能是严格周期性的. 电子波在非严格周期性势场中传播将会发生散射，散射的结果使自由电子的动量发生变化，即使电子在电流方向上的加速运动受到阻碍，这就是电阻. 由于散射的原因有缺陷和热振动两个方面，因此金属中的电阻也可分成两部分，即杂质电阻 ρ_i 和热振动电阻 ρ_t. 杂质电阻与杂质浓度有关，而与温度无关. 热振动电阻与温度有关. 理论研究表明，$\rho_t \propto T$，即非超导物质的电阻随温度下降的曲线是平缓而光滑的. 如上所述，一个排列非常整齐、没有杂质的理想离子晶体，只有在晶格没有热振动时（$T = 0$K）才没有电阻. 而超导体，在临界温度 T_c 以上，即处于正常态时，它的电阻随温度下降的曲线也是平缓而光滑的. 但是到了临界温度时，其电阻突然消

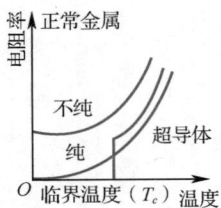

图 15.24 超导体电阻
消失示意

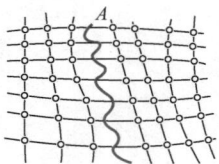

图 15.25 晶格由于电子
密度起伏引起的振动而
产生的格波和极化径迹

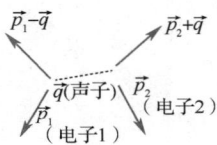

图 15.26 电子-声子
相互作用

巴丁

失，如图 15.24 所示. 显然处于超导态的物质，其电子的行为是有异于这种自由无序化电子波的.

图 15.25 展示了晶格由于电子密度起伏引起的振动而产生的格波和极化径迹. 当第一个电子由格波区域出来而该波场还没有消退时，第二个电子刚好进入该格波区域. 由于格波区域是正离子高浓度区，因此第二个电子会受到较大的吸引而沿着晶格离子极化的方向去追随第一个电子运动. 现在假如我们忘掉晶格离子的极化，而把注意力集中到这一对电子上，那么就会看到这一对电子间存在一种有效吸引.

对于上述这种现象，我们通常用下面的物理术语来描述. 根据量子场理论，两个微观粒子之间的作用都是通过交换这种或那种场量子来实现的. 例如，电子间的库仑作用就是通过交换光子实现的. 按上述思路，我们把电子间上述那种有效吸引，描述成这一对电子是通过交换声子而出现吸引的. 如图 15.26 所示，动量为 $\vec{p_1}$ 的电子在格波波场区域内释放出一个声子，该声子被第二个电子吸收. 设声子的动量为 $\vec{q}$，则作用后第一个电子的动量变为 $\vec{p_1}-\vec{q}$，第二个电子的动量变为 $\vec{p_2}+\vec{q}$，这两个电子通过交换声子而产生了吸引作用，这种作用即为"电声作用".

2. BCS 理论

对超导电微观理论最有成效的探索是美国物理学家巴丁（Bardeen）、库珀（Cooper）和施里弗（Schrieffer）在 1957 年做出的，被称作 BCS 理论. 在"电声作用"的基础上，1956 年库珀用量子场论的理论证明了：只要两个电子之间存在净的吸引作用，不论多么微弱，结果总能形成电子对束缚态. 形成束缚态的一对电子，称为**库珀电子对**，简称**库珀对**. 即处于超导态的价电子，不再是单独一个个地处于自由态，而是配成一对对的束缚态.

在库珀对的基础上，施里弗提出了超导体超导基态波函数，并证明了由于电子配成库珀对，使整个导体处于更为有序化的状态，因此它的能量更低. 处于束缚态的库珀对电子的能量与处于正常态的两个自由电子的能量差值，就是超导体中的能隙. 反之，这个能隙也可称为库珀对的结合能，即拆散一个库珀对所需的能量.

计算表明，库珀对的结合能是非常微弱的（约 10^{-4} eV），这就意味着这个电子对中的两个电子相隔较远，相隔距离约为 10^{-4} cm，但这却是晶格间距的 1 万倍左右. 也就是说，在每一个束缚电子对伸延成的体积内包含上百万个其他电子对，它们是彼此交叠的. 而根据泡利不相容原理，不能有相同量子态的两个电子占据同一能态. 与此限制相适应，这些相互交叠的库珀对电子的动量就只能统一到每个电子对的总动量为零，每个电子对的自旋角动量也必须为零，即要求每对库珀对电子，它们的动量大小相等、方向相反，且自旋方向相反. 至于对与对之间，每个电子的动量可以各不相同. 也就是说, 在超导态中, 电子的有序化是指它们动量的有序化, 而不是指它们位置的有序化.

简言之, BCS 理论的核心是: 在超导态中, 电子通过电声作用而结成束缚态的库珀对, 而泡利不相容原理则使所有的库珀对电子有序化为群体电子的动量和角动量均为零.

当超导体处于超导态时, 所有价电子都是以库珀对作为整体与晶格作用, 即它的一个电子与晶格作用而得到动量 $\vec{p}$ 时, 另一个电子必同时失去动量 $\vec{p}$, 使总动量仍然保持不变. 也就是说, 库珀对作为整体不与晶体交换动量, 也不变换能量, 能自由地通过晶格. 当有外加电场并形成传导电流后, 库珀对的动量沿着电流方向增加而形成定向流动, 但所有电子对携带的动量还是相同的. 若此时去掉外加电场, 便没有电子对的加速运动了, 这时库珀对虽然也受到晶格的散射, 但在 T_c 以下, 这个散射提供的能量还不足以把库珀对分解, 故库珀对电子在散射前后总动量仍然保持不变, 即电流的流动不发生变化, 因此没有电阻. 但在临界温度 T_c 以上, 这种散射就使库珀对被拆散. 这时单个自由电子的散射将使它的动量发生变化而出现电阻.

BCS 理论不仅成功解释了零电阻效应, 还成功解释了迈斯纳效应, 以及超导态比热、临界磁场等实验结果. 巴丁等人也因此在 1972 年获得了诺贝尔物理学奖.

三、超导材料的分类

人们按照超导体在临界磁场 H_c 时将磁通排斥在超导体外的方式不同, 把超导材料分为两类. 下面详细介绍这两类超导材料, 并简要介绍高温超导材料.

1. 第 I 类超导材料

这类超导材料在磁场 H_c 以下, 磁通是完全被排斥在超导体之外的, 而只要磁场高于 H_c, 磁通就完全透入超导体中, 材料也恢复到正常态. 即这类超导材料由超导态向正常态转变时没有任何中间态, 只要出现 $T > T_c$、$H > H_c$、$J > J_c$ 中的任何一种情况, 就立即恢复到正常态.

属于第 I 类超导材料的是除铌 (Nb)、钒 (V)、锝 (Tc) 以外的纯超导物质, 如铱 (Ir, $T_c = 0.14$K)、镉 (Cd, $T_c = 0.56$K)、锌 (Zn, $T_c = 0.85$K)、汞 (Hg, $T_c = 4.15$K), 铅 (Pb, $T_c = 7.2$K). 这类超导材料的 T_c 和 H 一般很低. 由于低温技术难以获得, 故这类超导材料的应用前景有限.

2. 第 II 类超导材料

这类超导材料存在两个临界磁场, 即下临界磁场 H_{c1} 和上临界磁场 H_{c2}. 当材料处于下临界磁场 H_{c1} 时是完全超导态. 当磁场超过 H_{c1} 但仍在 H_{c2} 以下，即 $H_{c1} < H < H_{c2}$ 时，材料处于混合态，这时材料的大部分处于超导态，而部分处于正常态．即从 H_{c1} 开始，磁通就部分地透入超导体中，而且随着磁场的增强，透入的磁通也随之增加，当磁场达到上临界磁场 H_{c2} 时，磁通完全地透入材料中，并且材料完全恢复到有电阻的正常态，如图 15.27 所示．

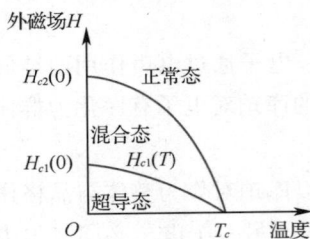

图 15.27　第Ⅱ类超导体

值得注意的是，第Ⅱ类超导材料在其处于混合态时，虽然完全抗磁性开始部分地受到破坏，但零电阻效应依然保持在磁通透入的部分，电流与磁场之间存在相互作用，这种作用在材料中会引起电阻效应并会局部升温，使磁通透入的范围更大，进而使局部升温范围扩大而导致超过临界温度．对于这种情况，在具体运用时可以通过技术处理而防止．

属于第Ⅱ类超导材料的有铌、钒、锝及合金、化合物等．第Ⅱ类超导材料，尤其是化合物的超导材料，其临界温度相对较高，故在技术上有重要应用的主要是第Ⅱ类超导材料．

3. 高温超导材料

赵忠贤

高温超导

超导最引人注目的特点，就是在临界温度以下的零电阻效应．然而直到 1986 年以前，人们发现的超导材料几乎都只能在液氦温区工作．而氦气稀少，制备液氦技术的复杂和成本之高昂大大地限制了人们对超导体的研究和应用．1986 年 1 月，IBM 公司（国际商业通用机械公司）研究所的物理学家缪勒（K. A. Muller）和贝德诺兹（J. G. Bednorz），意外地发现镧、钡、铜三元氧化物这种陶瓷材料在 35K 出现了超导性．后经反复实验，证明这种情况是确实存在的．当年 12 月日本东京帝国大学和美国波士顿大学宣布重复了缪勒等人的实验，这一事件引起了世界各国的重视，世界各地的科学家纷纷对这种氧化物超导体进行系列研究，我国物理学家也有出色的表现．1986 年 12 月 25 日，中科院物理所的赵忠贤等人获得了锶、镧、铜氧化物的临界温度为 48.6K，1987 年 2 月 24 日，他们又获得了钡、钇、铜氧化物的临界温度为 92.8K．从 1986 年 12 月开始，全世界掀起了"超导热"．新的超导材料之所以鼓舞人心，是因为它能在液氮温区工作．氮的沸点是 77K，而获得液氮要比获得液氦容易得多，且氮是空气的主要成分，资源丰富．因此，超导材料的临界温度提高到液氮范围，这是一个重大的突破，给超导的实际应用带来了非常广阔的前景．

由于缪勒和贝德诺兹在高温超导材料中的关键性突破，为高温超导材料的研究开辟了新的道路，他们荣获了 1987 年的诺贝尔物理学奖．

四、超导理论新动向

1986 年高温超导材料的出现，不仅改变了应用的前景，对超导理论的研究也起了推进作用. 过去超导材料主要是金属和合金，而现在主要是多元金属氧化物. 人们普遍关心的是：对于新的超导材料，以金属超导材料为对象的 BCS 理论是否依然有效？根据新发表的一些文献，实验证明电子在超导体中配成库珀对这一点仍然是必要的，而人们对形成库珀对的机制有不同的看法. 1987 年安德孙（D. W. Anderson）提出的共振理论认为，新的超导体存在母体和掺杂两部分，如 La–Ba–Cu–O 中，La_2CuO_4 是母体，其本身是绝缘体，电子在晶格附近配成自旋相反的共价键，通过掺杂的驱动，这种共价电子共振转变为超流的库珀对而形成超导. 罗伏兹（J. Ruvalds）则提出固体中电子气的密度发生起伏，以波的形式传递而形成所谓的电荷密度波，而它的量子称为等离子激元，起了 BCS 理论中声子的作用. 这两种理论都是全电子理论，即形成电子对与晶格无直接关系. 还有一种所谓"激子机制"而形成电子对的. 这种理论认为金属（如 Ba）与半导体（如 CuO_2）是以一层层形式的结构而存在的，称为 M–S–M 结构. M（金属）中的电子排斥 S（半导体）中的电子而形成空穴，空穴又与 M 中的电子形成电子–空穴对，这种电子–空穴对称为激子. 在两边的 M 中，两个电子通过激子而配成电子对. 目前这些理论都不是很成熟，超导理论工作者都在关注实验将会得到什么有意义的结果，并以此来指导超导理论工作的方向.

五、超导电性在工业上的应用

1. 超导磁体

无论是现代的科学研究还是现代工业，都需要研制出大尺度、强磁场、低消耗的磁体. 但现有材料制成的磁体却不能全面满足上述要求. 用铁磁材料制成的永久磁体，它两极附近的磁场只能达到 7000Gs～8000Gs；电磁铁，由于铁芯磁饱和效应的限制，也只能产生 25000Gs 的磁场；通以大电流的铜线圈，它产生的磁场虽然可以高达 100kGs，但耗电达 1600kW，且每分钟须耗用 4.5t 水来冷却，此外体积庞大也是它的一个缺点，一个能产生 50kGs 的铜线圈重达 20t.

用超导线圈制成磁体却能做到大尺度、强磁场、低消耗. 例如可以产生几万高斯的超导磁体只需耗电几百瓦（主要用于维持超导材料需要的低温），其质量只有几百千克，而且无须耗用大量的冷却水. 目前，世界上已制成的超导磁体产生的磁场已高达 170kGs，现在正在研制

200kGs～300kGs 的超导磁体. 此外，超导磁体所产生的磁场，在持久工作的时间稳定性、大空间范围内的均匀性和磁场梯度等方面都比普通磁体强得多.

超导磁体已被应用于高能物理、磁悬浮列车（目前拥有磁悬浮列车的国家只有中国、德国、日本等少数几个国家）和医用核磁共振成像设备，用超导磁体制成的功率达 2400W 的单极电动机早在 20 世纪 60 年代已经问世（其主要应用于需要连续运转但转速变化太大的地方，如轧钢机、船舶驱动和发电站的辅助电动机等）. 另外，能在大尺度范围内产生强磁场的超导磁体，在未来新能源磁流体发电机及在受控核聚变中用于约束等离子体等方面必将发挥重要作用. 有人设想过，将超导磁体运用于交流发电机上，这样可以提高单机容量. 由于高温超导材料的突破，可以预计，高温超导磁体的应用将会更为广泛.

2. 超导电缆

电能在零电阻输送时是完全没有损耗的，这无疑是用超导电缆进行电力输送最充分的理由. 在液氦低温区（4.2K）有实验性电缆. 结论是用于超高压特大容量的电力传输，在技术上是完全可行的. 目前，困难大体集中在如下几个方面：在经济上，比较低的运营费用必须抵得过昂贵的投资；在技术方面，低温电缆所要求的绝缘介质在低温下的强度还有待解决；在传输线、制冷站或电缆中出现故障时，提供相应的保护以保证电流的供应不间断也是问题；超导电缆低温屏蔽上如出现故障，不能很快得到修复等. 然而，由于人类对电能需求的迅速增长，随着高温超导材料临界温度的提高，超导电缆在传输电力时的无能量损耗这个巨大的优势，正在吸引越来越多的人去探索，因此我们可以相信，超导电缆的实际应用为时不远了.

3. 超导储能

将一个超导体圆环置于磁场中，降温至圆环材料的临界温度以下，撤去磁场，由于电磁感应，圆环中有感生电流产生. 只要温度保持在临界温度以下，电流便会持续下去. 已有的实验表明，这种电流的衰减时间不低于 10 万年. 显然这是一种理想的储能装置，称为超导储能. 超导储能的优点很多，主要是功率大、重量轻、体积小、损耗小、反应快等，因此应用很广，如大功率激光器需要在瞬时提供数千乃至上万焦耳的能量，这就可由超导储能装置来承担. 超导储能还可用于电网. 当大电网中负荷小时，把多余的电能储存起来，负荷大时又把电能送回电网，这样就可以避免用电高峰和用电低谷时的供求矛盾.

15.4　纳米材料

　　1965 年诺贝尔物理学奖获得者、美国著名物理学家费因曼教授
（R. P. Feynman）曾发问："如果有一天人类能够按照自己的意志安排一个
个原子和分子，将会产生什么样的奇迹呢？"今天，这个美好的愿望已经
开始变成现实. 20 世纪 90 年代初，随着人们对凝聚态物理的深入研究，
一项崭新的科学技术——**纳米科技**诞生了. 1 纳米（nm）即 10 埃（Å），
纳米科技是在 0.1nm～100nm 范围内研究与应用原子分子的科学技术.
1990 年 4 月，IBM 公司的研究人员用液氮温度的扫描隧道显微镜装置，一
次移动一个原子，用 35 个 Xe（氙）原子在 Ni（镍）面上拼出"IBM"3
个字母，用扫描隧道显微镜扫描一遍，字母清晰地显示在屏幕上. 这是人
类首次成功地按自己的意愿安排和操纵原子，科学家们称它为原子尺度上
的"艺术杰作"，从而也宣告了纳米科技的诞生.

　　在基础领域，纳米科技主要与介观物理、量子力学和混沌物理有关，
尤其是介观物理. 而在工程技术领域，则要用到计算机、微电子和扫描隧
道显微镜等技术. 纳米科技的发展又促使一系列新科技诞生，如纳米材料
学、纳米电子学、纳米生物学、纳米机械学和纳米天文地质学等.

一、纳米材料学

　　众所周知，材料是人类赖以生存和发展的物质基础. 随着人类社会的
进步，人们对材料也在不断地提出新的需求. 以往人们对材料追求的是无
位错、无缺陷、具有长程有序的完美晶体，后来发展到追求具有优异性能
但不存在长程有序的非晶体. 纳米材料是线度为纳米量级的超微颗粒材料，
其颗粒大小范围为 0.1nm～100nm（约为原子半径的 10 倍）. 现在，从广
义上来说，纳米材料是指在三维空间中至少有一维处于纳米尺度范围或由
它们作为基本单元构成的材料. 如果按维数，纳米材料的基本单元可以分
为 3 类：①零维，指在空间三维均在纳米尺度，如纳米尺度颗粒、原子团
簇等；②一维，指在空间有两维处于纳米尺度，如纳米丝、纳米棒、纳米
管等；③二维，指在空间有一维处于纳米尺度，如超薄膜、多层膜、超晶
格等. 因为这些单元往往具有量子性质，所以对于零维、一维和二维的基
本单元，分别又有量子点、量子线和量子阱之称. 纳米材料大部分是用人
工制备的，属于人工材料. 但是自然界中早就存在纳米微粒和纳米固体.
例如，天体的陨石碎片，人体和兽类的牙齿，都是由纳米微粒构成的. 此
外，浩瀚的海洋就是一个庞大超微粒的聚集场所. 通过对这些纳米粒子进
行研究，可以了解海洋、了解生命的起源，以及获取开发海洋资源的信息.

最近科学家们发现，海龟的头部有磁性的纳米微粒，它们靠这种微粒完成几万千米的长途迁移而不会迷失方向；蜜蜂的体内也存在磁性的纳米粒子，这种磁性的纳米粒子具有"罗盘"的作用，可以为蜜蜂的活动导航；等等.

人工制备纳米材料是将纳米颗粒在一定条件下加压制成固体材料，或用沉积的方法制成薄膜，包括纳米金属、纳米陶瓷、纳米高分子材料和纳米复合材料等. 纳米颗粒内包含的原子数一般为 $10^2 \sim 10^4$ 个，其中有 50% 以上为界面原子. 这样的系统既非典型的微观系统，也非典型的宏观系统，而是典型的介观系统. 有时多一个或少一个原子就能导致纳米微粒的性能急剧变化. 这种材料的结构既不同于长程有序的晶体，也不同于长程无序、短程有序的非晶态玻璃，而表现为既无长程有序又无短程有序的新的物质状态，并由此具备一般晶体和非晶体材料都不具备的奇特性能，如硬度、强度、韧性、导电性和磁性等，都非常优异. 这些奇特性能主要产生于超微颗粒的小尺寸效应、表面效应和量子效应.

1. 纳米颗粒的奇异特性

（1）小尺寸效应

当固体颗粒的尺寸逐步减小，小到一定的临界尺寸时，会出现一些奇特效应. 在颗粒尺寸达到或小于电子的德布罗意波长以及超导体的相干长度（约 102nm）时，晶体中的周期性边界条件不复存在，此时其声、光、电、磁、热力学性质均呈现小尺寸效应. 如当颗粒尺寸小于可见光波长时，其对光的反射率低于 1%，于是颗粒将失去原有的光彩而呈黑色；用纳米颗粒压制的陶瓷材料具有良好的韧性；磁性颗粒会出现磁性丧失；超导相会向非超导相转变，以及结构的不稳定性等.

（2）表面与界面效应

球形颗粒的表面积与直径的平方成正比，其体积与直径的立方成正比，故表面积与体积之比与直径成反比、颗粒直径越小，比值越大. 例如，一个边长为 1m 的立方体，其表面积为 $6m^2$，若将此立方体切割成边长为 1mm 的立方体，再按原样堆砌成边长为 1m 的立方体，体积没变，但其小立方体表面积之和为 $6000m^2$，比原来增大了 1000 倍. 由于表面积增大，表面原子占总原子数的比例也将显著增加，其表面活性也将大为增强. 所以，超微粉末很容易引起燃烧和爆炸. 这是因为表面原子近邻配位不完全，所以本身极不稳定，一遇到其他原子便极易与之结合. 图 15.28 为一简单立方结构晶粒的二维平面图，图中实心圆代表位于表面的原子，空心圆代表内部原子. 位于表面的原子近邻配位不完全，图中 E 原子缺少一个近邻的原子，C、D 原子均缺少两个近邻的原子，A 原子则缺少 3 个近邻的原子，A 原子由于受到其他原子的束缚少，所以极不稳定，很容易跑到附近的空位上，与其他原子结合形成较稳定的结构. 这种表面原子的活性不但

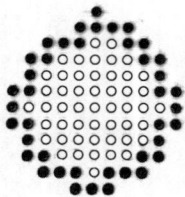

图 15.28　表面与
界面效应

引起表面原子的输运和构型的变化，同时也会引起表面电子自旋构象和电子能级的变化.

（3）量子效应

量子力学成功地揭示了原子的能级结构，由无数个原子结合成固体时，原子间的相互作用使单独原子的价电子能级合并成能带. 能带理论阐明了宏观导体、半导体和绝缘体之间的区别. 对介于原子、分子与大块固体之间的超微颗粒而言，大块材料中连续的能带又变窄，逐渐还原分裂为分立的能级. 能级间距随颗粒尺寸减小而增大. 当温度较低，原子分子的热运动能量以及电场能或磁场能比平均的能级间距还小时，就会呈现一系列与宏观物体截然不同的反常特性，这就是量子效应. 例如，在低温条件下，导电的金属在超微颗粒时可以变成绝缘体，比热会出现反常变化，光谱线会向短波方向移动等.

此外，纳米微粒还具有宏观隧道效应. 隧道效应原指微观粒子具有贯穿势垒（势垒高度可大于粒子的平均能量）的能力. 纳米材料的一些宏观量（如磁化强度）亦具有隧道效应，但这属于宏观的量子隧道效应范畴.

2. 纳米材料简介

（1）原子团簇

原子团簇是由多个原子组成的小粒子，它们比无机分子大，但比具有平移对称性的块体材料小，它们的原子结构（键长、键角和对称性等）和电子结构不同于分子，也不同于块体. 描述原子团簇特性的学科是近年来才发展起来的，称为原子团簇物理. 原子团簇的尺寸一般小于 20nm，约含几个到 10^5 个原子. 原子团簇具有很多独特性质：①有硕大的表面体积比而呈现出表面或界面效应；②幻数效应；③原子团尺寸小于临界值时的"库仑爆炸"；④原子团逸出功的振荡行为等. 目前研究原子团簇的结构与特性主要有两方面工作，一方面是理论计算原子团簇的原子结构、键长、键角和排列能量最小的可能存在结构；另一方面是实验研究原子团簇的结构与特性，制备原子团簇，并设法保持其原有特性压制成块，进而开展相关应用研究.

（2）纳米颗粒

纳米颗粒是指颗粒尺寸为纳米量级的超微颗粒，它的尺度大于原子团簇，小于通常的微粉，一般在 1nm～100nm 之间. 这样小的物体只能用高倍电子显微镜观察. 为此，日本名古屋大学的上田良工教授给纳米颗粒下了一个定义：用电子显微镜才能看到的微粒称为纳米颗粒. 纳米颗粒与原子团簇不同，它们一般不具有幻数效应，但具有量子效应，如体积效应、表面效应和分形聚集特性等. 纳米颗粒的应用，除了光、电、磁、敏感和催化特性方面，还可以将 5nm～50nm 的纳米颗粒在高真空下原位压制成纳米材料，或制作纳米颗粒涂层，或根据纳米颗粒的特性设计紫外反射涂层、红外吸收涂层、微波隐身涂层，以及其他的纳米功能薄膜.

（3）纳米碳管

碳纳米材料家族

（a）锯齿碳纳米管

（b）扶手椅碳纳米管

（c）螺旋角在 0～30°
之间的一般情形

图 15.29　几种碳纳米管

1991 年，饭岛澄男（S. Iijima）通过高清晰度电子传输显微镜的电极放电，发现了一种新型的针状碳分子——纳米碳管. 纳米碳管是圆柱状分子，大家知道，石墨是一种层状六角结构，每一层在二维平面内铺开但其边缘是不稳定的，这正像一张薄纸，其边缘会翘起，从而形成一种更稳定的卷筒结构，即碳管. 如果是单层石墨卷起来，则为单壁碳管；若是多层，则为多壁碳管. 图 15.29 展示了几种碳纳米管. 碳管直径小可至 1nm，长可达数毫米. 由于碳管的长度远大于直径，而且其直径尺寸小至纳米量级，因此在物理上可以认为碳管是一维或准一维体系.

纳米碳管在很多方面都有十分有趣的性质. 它的重量很轻，却有很高的弹性模量. 当对它侧向施压力时，纳米碳管并不直接折断，而是像吸管一样弯曲；压力消失时，纳米碳管又重新变直. 纳米碳管有相当大的表面，所以有毛细现象，可以做催化剂. 在导电性方面，纳米碳管可以分为 3 类——金属性的、窄能隙半导体、宽能隙半导体，与其直径和螺旋性有关. 具有 Zigzag 型的纳米碳管，即沿轴线方向的碳原子键呈反式聚乙炔结构，其导电性为金属性的；而呈顺式聚乙炔结构的则为宽能隙半导体；介于二者之间的螺旋结构，其导电性介于金属与半导体之间.

（4）纳米固体

以纳米微粒为基本单元，适当排列可形成一维量子线、二维量子面和三维纳米固体. 纳米固体材料是将超微颗粒在高压力下压制成型，或再经一定热处理工序后生成的致密型固体材料. 这种材料有巨大的颗粒间界面，从而使之具有高韧性. 如对纳米陶瓷器件进行表面热处理，可使材料内部保持韧性，但表面却显示出高硬度、高耐磨性与抗腐蚀性. 由原子团簇堆压成的纳米金属材料具有很大的强度和稳定性，以及很强的导电能力，这类材料存在大量晶界，呈现出特殊的机械、电磁、光和化学性质. 人们已经发现，由纳米硅晶粒和晶界组成的固体材料，其晶粒和边界几乎各占体积的一半，具有比本征硅晶体高的电导率和载流子迁移率，电导率的温度系数很小，这些特性正在进一步研究中.

（5）纳米薄膜与纳米涂层

纳米薄膜是将某种颗粒嵌于不同材料的薄膜中所生成的复合薄膜. 它具有纳米结构的特殊性质，目前可以分为两类：①含有纳米颗粒、原子团簇的薄膜，或纳米颗粒与原子团簇基质薄膜；②纳米尺寸厚度的薄膜，其厚度接近电子自由程和德拜长度，可以利用其显著的量子特性和统计特性组装成新型功能器件. 例如，嵌有原子团簇的功能薄膜相当于大原子超原子，使原子膜材料具有三维特征，该薄膜会在基质中呈现出调制掺杂效应. 而纳米厚度的信息存储薄膜具有超高密度功能，用其制成的集成器件具有惊人的信息处理能力. 纳米磁性多层膜具有典型的周期性调制结构, 可导致磁性材料的饱和磁化强度减小或增强. 对这些材料的研究具有重要的理论和实用价值.

3. 纳米材料的应用

（1）纳米材料在微电子器件方面的应用

当电子器件进入纳米尺寸时, 量子效应十分明显, 因此, 纳米材料应用在电子器件上, 会出现普通材料所不能达到的效果. 目前, 对于纳米硅材料的研究和应用正逐步走向深入, 例如, 已有人尝试用纳米硅材料制作单电子隧穿体管, 也有人尝试制作纳米硅基超晶格.

（2）纳米材料在磁记录方面的应用

纳米磁性材料的发展十分迅速, 纳米尺寸的多层膜除了在微电子器件方面的应用, 还在磁记录、磁光存储等方面具有优势, 它为实现记录材料高性能化和记录高密度化创造了条件. 例如, 每平方厘米需要记录 1000 万条以上的信息, 这就要求每条信息记录在几微米甚至更小的面积内. 纳米微粒能为这种高密度记录提供有利条件. 磁性纳米微粒由于尺寸小, 具有单磁畴结构, 矫顽力很高, 用它制成磁记录材料有望提高信噪比, 改善图像质量. 现在, 日本松下电器公司已制成纳米级微粉录像带, 它具有图像清晰、信噪比高、失真十分小的优点.

（3）纳米材料在传感器上的应用

由于纳米材料具有巨大的表面和界面, 对外界环境如温度、光、湿度等十分敏感, 外界环境的改变会迅速引起表面或界面离子价态和电子输运发生变化, 响应速度快, 灵敏度高. 此外, 纳米陶瓷材料用于传感器也具有巨大潜力. 例如, 利用纳米铌酸锂（$LiNbO_3$）、钛酸锂（$LiTiO_3$）、锆钛酸铅（PZT）和钛酸锶（$SrTiO_{33}$）的热电效应, 可制成红外检测传感器.

（4）在催化方面的应用

直接利用铂黑、银、三氧化二铝、三氧化二铁等纳米微粒在高分子反应中做催化剂, 可以大大提高反应效率, 较好地控制反应速率和温度. 在固体火箭燃料中掺合铝的纳米颗粒, 可提高燃烧效率.

二、纳米科技的其他主要领域

1. 纳米电子学

在电子器件中, 半导体纳米材料和磁性纳米材料的应用是一个新的领域, 研究纳米尺寸的分子电子器件已经成为一个专门的应用研究学科——纳米电子学. 在纳米尺度上, 电子的波动性十分明显, 量子力学效应将占主要地位, 所以纳米电子学必须采用量子力学来处理电子器件问题. 这不仅会引起电子器件技术上的革命，而且会给理论和实验提出新的课题.

2. 纳米生物学

纳米生物学是在纳米尺度上去研究生命物质，目前涉及的内容大体有：

（1）利用 STM 在纳米尺度上了解生物大分子的精细结构以及其结构与功能的联系，这是整个现代生物学发展的基础；

（2）在纳米尺度上获取并分析细胞的生命信息；

（3）研制纳米"机器人"，使其能够直接进入人体中疏通脑血栓，清除血脂沉积物，甚至研制纳米"导通"，直接杀死癌细胞或吞噬病毒. 这在医学上是具有十分诱人前景的新事物，将成为医学研究的一个热点.

3. 纳米工程技术

纳米工程技术是指纳米级加工与装配，甚至操纵单个原子的技术. 1987 年美国加利福尼亚大学伯克利分校用半导体微加工技术制成了直径只有零点几毫米的齿轮，开创了微型机械研究的先河. 法国生物微孔公司已在薄膜材料上打出了孔径只有几个纳米的微孔.

总之，纳米科技是未来科技的一个重要发展领域. 美国国家研究理事会在帮助五角大楼规划其未来的研究战略时，明确了未来 30 年中的 10 个主要研究方向，其中"纳米尺寸过程的控制"和"高级制造加工"两项均与纳米技术有关. 我国将纳米技术研究列入国家的"攀登计划""863 计划"和"火炬计划". 1999 年，中国科学院化学研究所的科技人员利用纳米加工技术，在石墨表面通过搬迁碳原子而绘制出了一张世界上最小的中国地图——纳米中国地图，其大小相当于将一张 $1m^2$ 的地图放在中国辽阔的国土上一样. 目前我国已有了微直升机、微电动机、微泵、微喷器、微传感器等一系列微机电系统元件问世，这些袖珍的纳米工具，标志着我国对纳米技术的掌握不亚于任何国家.

专家预言，未来的数次工业革命将与纳米技术密切相关. 我们相信纳米技术将带给人类更方便、更美好的新生活.

本章提要

一、激光产生的基本原理和条件

- 受激辐射
- 光放大

- 粒子数反转
- 光学谐振腔

二、激光的特性

- 单色性好
- 方向性好
- 相干性好
- 亮度高

三、激光的应用

- 激光测距
- 激光加工与激光医疗
- 光信息处理与激光通信
- 激光在受控核聚变中的应用
- 激光的非线性效应

四、晶体类型

- 离子晶体
- 共价晶体
- 分子晶体
- 金属晶体

五、固体的能带

晶体中电子共有化的结果，使原先每个原子中具有相同能量的电子能级，因各原子间的相互影响而分裂成一系列和原来能级很接近的新能级，这些新能级基本上连成一片而形成能带.

六、导体和绝缘体

绝缘体的禁带一般很宽，所以在外电场作用下，一般没有电子参与导电，表现出电阻率很大.

导体的能带结构，或者是能带中只填入部分电子而成导带，或者是满带与另一相邻空带紧密相连或部分重叠，或者是导带与另一空带重叠. 如有外电场作用，其电子很容易从一个能级跃入另一个能级，从而形成电流，显示出很强的导电能力.

七、本征半导体

半导体的满带和空带之间的禁带宽度要比绝缘体的小得多. 热运动等方式可使一部分电子从满带跃迁到空带，这不但使空带具有导电性能，而且使满带也具有导电性能. 对于没有杂质和缺陷的半导体，其导电机构是电子和空穴的混合导电，这种导电称为本征导电，参与导电的电子和空穴称为本征载流子. 这种没有杂质和缺陷的半导体称为本征半导体.

八、杂质半导体的分类

1. N 型半导体

在四价元素如硅或锗半导体中，掺入少量五价元素如磷或砷等杂质，可形成 N 型半导体.

2. P 型半导体

如果在硅或锗的纯净半导体中，掺入少量三价元素如硼、镓等杂质原子，那么这种杂质原子与相邻的四价硅或锗原子形成共价键结构时，将缺少一个电子，这种杂质半导体的导电机构主要取决于满带中的空穴，所以称其为 P 型半导体或空穴型半导体.

3. P-N 结

在一片本征半导体的两侧各掺以施主型（高价）和受主型（低价）杂质，就构成一个 P-N 结.

九、半导体的应用

- 热敏电阻
- 光敏电阻
- 温差电偶

十、超导的基本特性

- 零电阻特性
- 迈斯纳效应
- 临界磁场和临界电流
- 同位素效应
- 能隙

十一、超导的微观机制

- 电声作用
- BCS 理论

BCS 理论的核心：在超导态中，电子通过电声作用而结成束缚态的库珀对，而泡利不相容原理则使所有的库珀对电子有序化为群体电子的动量和角动量均为零.

十二、超导材料的分类

- 第 I 类超导材料
- 第 II 类超导材料
- 高温超导材料

十三、超导材料在工业上的应用

- 超导磁性
- 超导电缆
- 超导储能

十四、纳米材料学

（1）纳米颗粒的奇异特性：小尺寸效应、表面与界面效应、量子效应.

（2）纳米材料的分类：纳米颗粒、纳米团簇、纳米碳管、纳米固体、纳米薄膜与纳米涂层.

（3）纳米材料的应用：微电子器件、磁记录、传感器、催化等.

十五、纳米科技的其他主要领域

- 纳米电子学
- 纳米生物学
- 纳米工程技术

本章习题

15.1　激光器中利用光学谐振腔（　　）.

A. 可以提高激光束的方向性，而不能提高激光束的单色性

B. 可以提高激光束的单色性，而不能提高激光束的方向性

C. 可以同时提高激光束的方向性和单色性

D. 既不能提高激光束的方向性，也不能提高其单色性

15.2　与绝缘体相比较，半导体的能带结构的特点是（　　）.

A. 导带也是空带

B. 满带与导带重合

C. 满带中总是有空穴，导带中总是有电子

D. 禁带宽度较窄

15.3　P 型半导体中杂质原子所形成的局部能级（也称受主能级），在能带结构中应处于（　　）.

A. 满带中

B. 导带中

C. 禁带中，但接近满带顶

D. 禁带中，但接近导带底

15.4　当把永久磁铁放在超导体板上方时，将发生下列哪种现象？（　　）

A. 吸引　　　　　　　　　B. 排斥

C. 超导体板均匀磁化　　　D. 无任何效应

15.5　按照 BCS 理论，超导体中导电的电子是库珀对电子，库珀对电子之间（　　）.

A. 存在因库仑力引起的斥力

B. 存在通过格波作用的斥力

    C. 存在因库仑力引起的引力

    D. 存在通过格波作用的引力

15.6 激光器的基本结构包括 3 部分，即 ＿＿＿＿＿＿＿、＿＿＿＿＿＿＿、

    ＿＿＿＿＿＿＿.

15.7 下列哪些是产生激光的条件？＿＿＿＿＿＿＿.

    ①自发辐射　②受激辐射　③粒子数反转

    ④三能级系统　⑤谐振腔

15.8 太阳能电池中，本征半导体锗的禁带宽度是 0.67eV，它能吸收的辐射的最大波长为＿＿＿＿＿＿＿.

15.9 若在四价元素半导体中掺入五价元素原子，则可构成＿＿＿＿＿＿＿型半导体，参与导电的多数载流子是＿＿＿＿＿＿＿.

15.10 超导现象的基本特征是，在外磁场足够弱的条件下，超导材料在其各自的临界温度 T_c 以下时，将具有＿＿＿＿＿＿＿和＿＿＿＿＿＿＿的性质.

15.11 受激辐射和自发辐射各有什么特点？

15.12 实现粒子数反转需要什么条件？如果激光的工作物质中只有基态和激发态，能否实现粒子数反转？

15.13 谐振腔在激光的形成过程中起什么作用？

15.14 能带是怎样形成的？如何从晶体的能带结构图区分导体、半导体和绝缘体？

15.15 本征半导体和杂质半导体在导电性上有何区别？

15.16 利用霍尔效应可以判断半导体中的载流子类型，试说明判断方法.

15.17 处于超导态的超导体主要具有哪些特征？

15.18 BCS 理论的基本内容是什么？该理论是如何解释超导体的零电阻效应的？

15.19 什么是纳米技术？

15.20 纳米颗粒有哪些奇特的性质？

15.21 什么是纳米电子学？

本章习题
参考答案